"十三五"国家重点出版物出版规划项目
现代机械工程系列精品教材
普通高等教育"十三五"汽车类规划教材

机械振动基础

主　编　薛红涛
副主编　张步云
参　编　王　勇　张云顺

机械工业出版社

本书为“十三五”国家重点出版物出版规划项目。

本书是车辆工程专业本科必修课的教材，内容与机械系统的运动学和动力学相关。书中探讨了各种振动现象的机理，阐明了振动的基本规律，从而为解决实践中可能发生的振动问题提供理论依据。本书主要内容包括：振动的基本知识、单自由度系统的振动、多自由度系统的振动、无限自由度系统的振动、运动方程解法、振动控制原理、振动数据分析。

本书可以作为机械工程、车辆工程、汽车服务工程等机械类专业教材，也可作为交通工程、土木工程等专业教材，还可作为汽车、机械等领域的科技人员、工程技术人员的参考书。

本书配有 PPT 课件，采用本书作为教材的教师可以登录 www.cmpedu.com 注册下载，或向编辑（tian.lee9913@163.com）索取。

图书在版编目（CIP）数据

机械振动基础/薛红涛主编. —北京：机械工业出版社，2019.10
“十三五”国家重点出版物出版规划项目. 现代机械工程系列精品教材
普通高等教育“十三五”汽车类规划教材
ISBN 978-7-111-63516-1

Ⅰ.①机… Ⅱ.①薛… Ⅲ.①机械振动-高等学校-教材
Ⅳ.①TH113.1

中国版本图书馆 CIP 数据核字（2019）第 180356 号

机械工业出版社（北京市百万庄大街 22 号 邮政编码 100037）
策划编辑：宋学敏 责任编辑：宋学敏 李 乐 王小东
责任校对：王 延 封面设计：张 静
责任印制：张 博
三河市国英印务有限公司印刷
2019 年 9 月第 1 版第 1 次印刷
184mm×260mm · 10.75 印张 · 249 千字
标准书号：ISBN 978-7-111-63516-1
定价：29.80 元

电话服务	网络服务
客服电话：010-88361066	机 工 官 网：www.cmpbook.com
010-88379833	机 工 官 博：weibo.com/cmp1952
010-68326294	金 书 网：www.golden-book.com
封底无防伪标均为盗版	机工教育服务网：www.cmpedu.com

前言

振动理论在现代航空、航天、车辆、船舶等工程领域中起着重要作用并有广泛的应用，是一门主要研究机械系统的运动学与动力学的工程理论学科。经过长期的发展，关于振动的理论研究已经形成了一套相对成熟的体系。编者根据长期的教学实践和我国工程教育专业认证理念，博采国内外相关领域著作、教材之长，针对现代工程领域中最新的科学问题与工程问题，紧密结合前沿研究课题，重新梳理了振动理论的进展，强化了振动理论的工程应用。

本书系统性更强，体系更清晰，内容安排全方位立体化，专注于对理论进行贯穿式的阐释；配以最新科研问题案例阐释理论，恰当地运用现代计算机技术以及相应的软件，辅助读者更透彻地理解基本理论；重点提出成熟的基础理论在学术前沿课题上的应用，引导学生发现问题、解决问题，着重培养解决复杂振动工程问题的能力。

本书符合机械工程、车辆工程、土木工程等学科本科生的培养方案和教学大纲要求，适用于高年级本科生教学。本书共 7 章，第 1 章介绍了机械振动的基本知识，阐明了学习机械振动的必要性；第 2、3、4 章分别介绍了单自由度系统、多自由度系统、无限自由度系统振动的基本概念和研究方法，是线性振动的基本内容；第 5 章介绍了运动方程的数值计算方法，主要包括直接积分法与振型叠加法；第 6 章介绍了振动控制的基本原理，研究了被动控制、半主动控制与主动控制的方法；第 7 章介绍了振动数据分析方法，主要包括信号数据前处理与正式数据处理的方法。章后附有一定量的习题，以便学生巩固和消化课程的主要内容，拓宽其工程应用背景。

本书由薛红涛任主编，张步云任副主编。第 1、4 章由张云顺编写，王勇校稿；第 2、6 章由王勇编写，薛红涛、张云顺校稿；第 3 章由薛红涛编写，张步云校稿；第 5、7 章由张步云编写，薛红涛校稿；全书由薛红涛负责统稿。本书在编写过程中得到江苏大学有关领导和部门的支持，在此一并表示衷心的感谢。

由于本书涉及的内容广泛，很多新技术与应用仍处在发展和完善阶段，同时由于编者水平有限，书中难免有错误与不妥之处，敬请广大读者批评指正。

编　者

目　录

第1章 振动的基本知识

在机械结构设计中，载荷是需要考虑的重要因素之一。这种载荷通常由一个恒定载荷和一个与时间相关的可变载荷组成。其中，可变载荷导致了许多的严重事故，机械振动学分析了机械结构在波动载荷作用下的性能，这对于设计机械结构，保障其安全是必不可少的。在本章中，将展示各种振动的例子，说明机械振动学的重要性。

1.1 生活及工程中的振动

在机械结构中，由于振动而引起事故的例子被大量的报道。以下，通过两个有代表性的例子叙述其概要。

1. 桥的自激振动

受到风力影响而导致振幅加大致桥倒塌的例子。1940 年 7 月 1 日开通的横跨美国华盛顿州塔科马海峡的大吊桥十分有名。如图 1-1 所示，这座桥长 853m，宽 11.9m，由当时的先进技术人员设计而成。图 1-2 所示竣工后的塔科马大桥在仅仅 4 个月就倒塌了。当时倒塌的原因为受到风速为 19m/s 的行风影响，桥身因发生扭转而产生剧烈振动，发生振动时，先是上下方向的小幅振动，随后产生以跨度中央为节点的对称扭转变形，使桥床发生了振动周期为 14min^{-1}的颠覆性巨大振动。经过往复的异常振动后桥梁倒塌了。这是由于风速大于某一临界值时，桥的自身振动会发生随着时间而增强的自激振动。这种自激振动现象被称为 flatter。设计师在计算这座桥可承受的最大静载荷时，仅考虑了其受到最大速度为 60m/s 的横风影响的情况，并未考虑桥受到由于风力和建筑物的干扰所产生的自激振动的影响。因此，在该事故发生后，桥梁设计开始进行抑制自激振动的探讨。例如图 1-3 所示，1998 年建成的连接本州和四国的明石海峡大桥，被设计成能够承受风速 80m/s 和震级 8.5 级的地震载荷的吊桥。

2. 大型涡轮发电机事故

在旋转体中，无论精度如何提高，重心位置都不能完全与转轴中心一致，在半径方向上存在微小的重心位置偏移（也称偏心 eccentricity 量）与转子的不匹配（unbalance）。这个不平衡，通过转子转动，变成一种外作用的离心力（centrifugal force），以与转速相同的频率振动。即使起初以小的幅度振动，通过提高转速达到某转速时，也会发生大幅度的振动。这种情况下的旋转速度称为临界速度（critical speed）。特别是滑动轴承，如果轴振动变大，则轴承与轴承接触成为事故发生的原因。在回转体方面，这种不平衡引起的异常振动较为常见。为了减弱这种不平衡振动，防止事故于未然，减少不平衡的组合（balancing）变得很重要。

在660MW级蒸汽涡轮机上壳的转子中经常出现如图1-4所示的振动事故。另外，加上不平衡振动，轴承部的振动为0.2~0.3mm，破损的同时发生了火灾事故。这是由于轴承不平衡振荡与转子系统的共振（resonance）而引发的巨大振动事故。由于结合技术的进一步改进，这样的大事故得到了有效的避免。关于这个旋转体的振动，将在之后的章节学习。

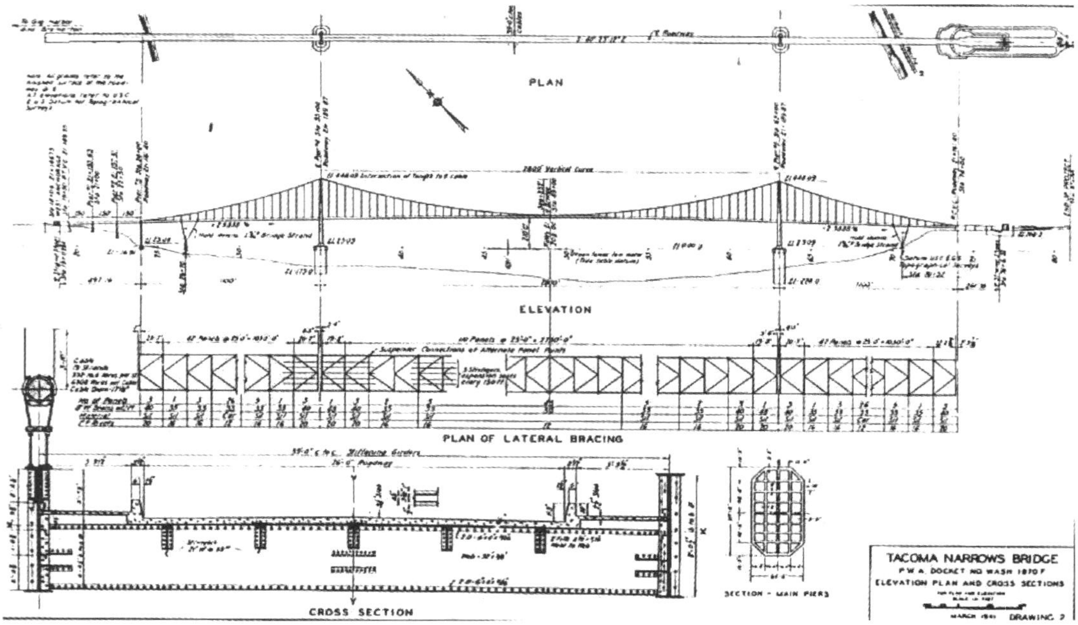

图 1-1　大桥结构图

图 1-2　塔科马大桥竣工图

图 1-3　明石海峡大桥

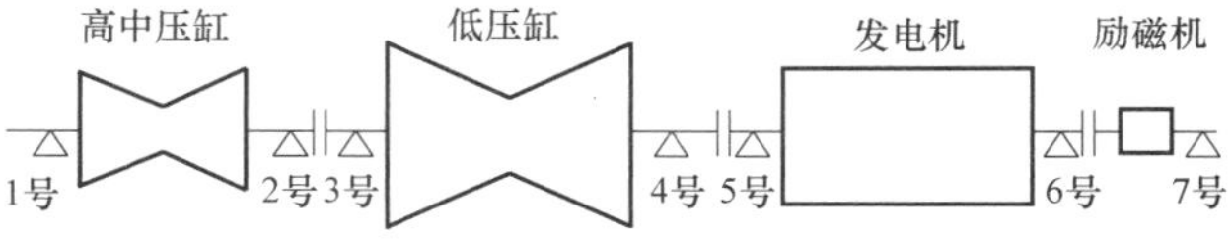

图 1-4　蒸汽发电机组轴系

1.2 振动分类

振动的分类有许多标准，可以根据不同的分类标准将振动分为多种类别。

1.2.1 以振动现象分类

1. 自由振动

振动仅在振动系统的初始条件下发生。周期性外力是随时间重复相同值的振动，不会影响振动系统。响应从某个稳定状态到另一个稳定状态，例如脉冲输入或阶跃输入变化的瞬态响应也是自由振动。通常情况下，自由振动衰减，振动最终会停止。

1）冲击（impulse）输入振动。例如：钢琴、太鼓、铜钹、木琴。

2）阶跃输入振动。例如：汽车离合器接合时的冲击转矩。

3）给予初始位移的振动。例如：吉他、筝。

2. 受迫振动

有振动系统以外的周期性外力输入。周期性外力不仅包括谐波振动，还包括随机振动（谐波振动的叠加）。对于受迫振动，只要振动的外力起作用，振动就会一直持续。

例如：电子风琴，电子音乐合成器，汽车的制动冲击（由于制动鼓的椭圆形振动），汽车行驶时路面振动的输入对车身/零件造成的振动，以及汽车发动机怠速振动引起的配件振动。

3. 自激振动

即使周期性外力对振动系统不起作用，只要保持恒定的外力等，振动系统将持续振动。

1）负阻尼，也就是说是阻尼系数为负值的振动现象（包括弛豫振动：这意味着，在位移和速度较小时负阻尼起作用，在较大的时候正阻尼起作用，它发生在非线性阻尼力大于惯性力，并以接近方波的波形振动时）。例如：小提琴，小号，单簧管，长笛，由风引起电线的振动，自行车的跳动，干摩擦等。

2）时滞（因时滞引起的不稳定振动）。例如：机床起动时，由于控制系统的时滞而产生的振动现象。

3）参数振动（在弹簧常数随时间变化的系统中，存在由内部能量引起的振动，而不是来自于外部的振动输入。这一类的振动也称为自激振动）。例如：荡秋千，圆周方向上刚度不均匀的轴旋转振动。

4）系数矩阵的非对称耦合（运动方程的矩阵是不对称的）振动。例如：在黑板上绘制线条时出现的抖动振动，库仑摩擦发生的场合（摩擦系数为常数，与相对速度无关的摩擦），其他还有使用滑动轴承的奶油搅拌机。

1.2.2 以线性、非线性振动系统分类

1. 线性振动

振动系统的质量、阻尼系数和刚度系数为常量，即运动方程中的各物理量，包括加速

度、速度、位移与力呈一次函数相关的振动系统。

2. 非线性振动

振动系统不是线性的，例如在弹簧系统中的弹性和滞回性，或随着位移量逐渐变硬的弹簧，反之变软等情况，在运动方程中各物理量的加速度、速度、位移对力不以一次函数形式表示的振动系统。在 1.2.1 小节 3 中介绍的多数自激振动系统被归类为非线性振动。

1.2.3 其他分类

(1) 以振动系统的自由度分类 以振动系统的自由度可以分为单自由度系统、两自由度系统、多自由度系统和连续体。

(2) 以振动的方向分类 以振动的方向可以分为直线方向上的振动、轴向振动、曲线方向上的振动和振子的振动。

(3) 以衰减分类 以衰减可以分为比例黏性衰减、一般黏性衰减、构造衰减（历史衰减）和库仑摩擦。其中，构造衰减（历史衰减）是由衰减项表示的滞回性，因此被归类为非线性振动系统；库仑摩擦通过摩擦阻力使振动衰减，被归类为非线性振动系统。

1.3 机械振动

当地震等外力施加到机械结构时，结构表现出特征性行为。这种行为随着外力的大小和时间的变化而变化。因此，想要掌握机械结构这种时变性的行为，掌握函数的特性是十分重要的。

1.3.1 机械振动的定义

振动（vibration）是指物体具有平均值（mean value）或以平衡点（equilibrium point）为中心，随时间交替波动的现象。当机械结构发生这种振动时，会产生噪声（noise），并使得机械的性能降低。此外，机械结构发生反复变形，会导致材料疲劳损坏的发生。另一方面，在汽车中，为了提高舒适度，同样也需要各种结构来缓和振动。

1.3.2 机械振动与波形的关系

就像每个人的个性是不同的一样，机械振动也具有个性。认识一台机器振动的个性的方法，就是观察振幅与时间之间的关系波形。观察这种波形，对机械特性进行全面性的评价是十分重要的。

图 1-5 展示了一些典型的振动波形，纵向为位移，横向为时间。图 1-5a 所示是典型的简谐振动（simple harmonic vibration）。时钟摆的运动与这种波形相同。图 1-5b 所示是机械受到冲击时产生的振动。它的波形会随着时间的推移而逐渐消失。这种振动在阐明机械振动特性方面发挥着重要作用。图 1-5c 展示了随着时间变化位移逐渐增长的波形，称为自激振动（self-excited vibration）。图 1-5d 所示是一个由两个振动周期在近距离同时发生时的波形，振幅的衰减和放大是交替产生的一种现象。寺庙里铜钟发声时的振动就是这种

波形。图 1-5e 中展示的波形是不规则的振动。在时间或振幅上未表现出规律性（random vibration）。地震的波形就是典型的随机振动。

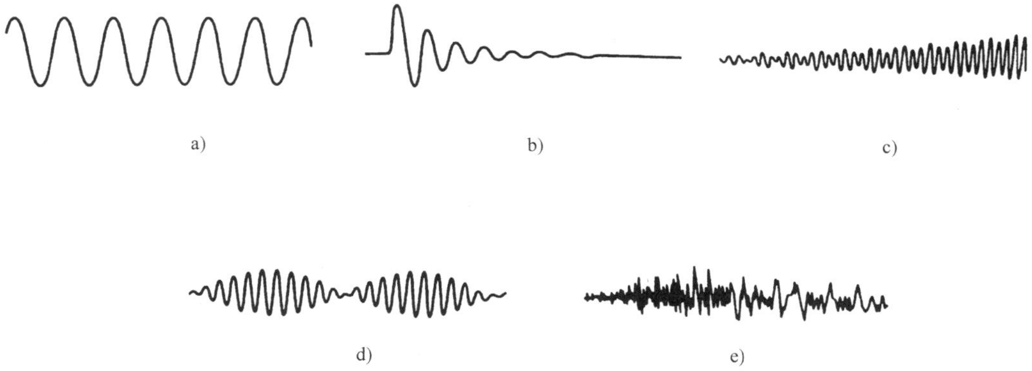

图 1-5　一些典型的振动波形

a）受迫振动　b）自由振动　c）自激振动　d）摇摆振动　e）地震的振动

1.4　机械振动问题及对策

机械振动会引发大量工程问题，解决这些问题，要针对不同的振动产生原因进行讨论。

1.4.1　机械振动问题及对策

产生机械振动的原因多种多样，下面列举了主要问题及其对策方案。

1. 受迫振动的情况

1）抑制受迫振动的外力或位移：除去旋转体的不平衡，除去制动鼓的歪斜等。

2）使受迫振动的外界激振频率与振动系统的固有频率不一致：改变外力的激振频率，改变振动系统的刚性和质量。但是，当外力激振频率发生变化时，对于变更后的振动系统的新固有频率仍有引起共振的可能。

3）提高振动系统的振型腹部振动在方向上的刚度（固定等）。

4）使受迫振动外力的施加点与振动系的节点一致。

5）使受到受迫振动外力的振动系统振型的腹部与耦合振动系统振型的节点一致：为了不使两者相连的振动系统的腹部一致，改变振动系统的刚性。

6）动力吸振器等的反谐振。但是，仅在受迫振动的外力振动频率为定值的情况下有效。当外力振动频率变动的情况下，系统在反谐振频率前后仍发生共振现象，故无法使用。

7）当作为振动系统支撑点部位的安装应力较高时，提高支撑点部位的强度。

8）提高振动系统的衰减力（使用制振钢板等）。

2. 自激振荡的情况

1）负性阻尼的情况：抑制负性阻尼（有时仅抑制振动系统的一部分负性阻尼，振动也会减少)。

2) 在由于系数矩阵的不对称耦合力引起的自激振动的情况下，考虑结构自身的变更。

3) 与振动系统对应的“受迫振动的情况”相同，考虑下一步：①提高振动系统的振动模式的腹部振动方向的刚度；②使振动系统的振动模式的腹部和节点一致；③提高振动系统的阻尼。

1.4.2 具体现象及应对方法

针对这些引起机械振动的问题及其解决方法，下面给出一些实例加以说明。

1. 强制输入的振动（制动力矩的不稳定输入）

卡车行驶过程中当驾驶员轻微制动减速时，其驾驶舱会发生约11Hz上下振动现象。若制动盘在制造过程中存在歪斜，将扭曲的制动盘用螺钉在制动鼓上拧紧后，制动鼓的滑动面呈椭圆形，尽管驾驶人给出了一定的制动力，但制动力矩仍在制动，导致制动力矩在制动鼓的一次回转周期内发生了两次改变。对其进行分析我们可以发现，在车速57~58km/h附近，制动器变动的频率为11Hz，产生了谐振现象。

作为对策可以通过改善制动盘的制造工序，使制动盘不发生歪斜，从而可消除由制动引起的受迫振动输入。在该振动解析中，如果前轴加上轮胎旋转一周而产生的摆振(shimmy)，通过增加前轴悬架弹簧的重叠板的板间摩擦，可提高衰减力，也能减弱制动过程中的振动。

2. 自激振动（基于制动衬里摩擦特性）

制动衬里摩擦材料的负阻尼特性是制动器发出响声的主要原因。因此需要改善制动衬里材料的负阻特性，即使负梯度特征转变为正梯度特征。但是，必须满足衬里材料所要求的热稳定性和耐磨损特性等各种条件。在制动盘的全表面贴上作为特殊用途的改善负阻尼的改善衬里（以下简称改善衬里）是很难的，因此考虑在制动盘的一部分安装改善衬里。

考虑图1-6所示的2自由度模型，取质量、弹簧常数、阻尼系数的数值为实际值，利用摩擦特性的负梯度关系（$c_{\mu1}$与$c_{\mu2}$关系），对振动系统进行劳斯（Routh）稳定判别。发现即使在模型的支持侧（$c_{\mu1}$）为负梯度，自由端侧（$c_{\mu2}$）为正或接近正梯度的情况下，振动系统的稳定性能也会被改善。这样虽然不是制动和制动鼓的滑动时的完全模拟，但是部分的摩擦特性被改良，振动抑制也呈现效果。

因此，通过详细的模型进行进一步解析和实际的试验验证，证明制动盘在多大范围改

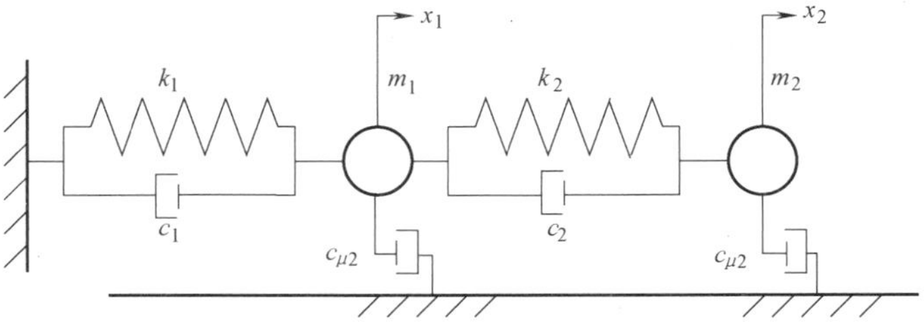

图1-6　二自由度模型

善衬里会有效果，为了开发出可将原有衬里与改进衬里均贴在一片制动器上的混合衬里，目前正在开发制动衬片材料。

另外，用来判定模型稳定的劳斯判据的公式如下：

$$\left.\begin{aligned} m_1\ddot{x}_1+(c_{\mu1}+c_1)\dot{x}_1+c_2\dot{x}_1-c_2\dot{x}_2+k_1x_1+k_2(x_1-x_2)=0 \\ m_2\ddot{x}_2+(c_{\mu2}+c_2)\dot{x}_2-c_2\dot{x}_1+k_2(x_2-x_1)=0 \end{aligned}\right\} \tag{1-1}$$

其解为

$$\{x_1\}=\{x_1\}e^{\lambda t},\{x_2\}=\{x_2\}e^{\lambda t} \tag{1-2}$$

这样，特征方程为

$$\lambda^4+A_3\lambda^3+A_2\lambda^2+A_1\lambda+A_0=0 \tag{1-3}$$

对于劳斯判据判稳，稳定振动的表现为

$$A_0,\ A_1,\ A_2,\ A_3>0,\qquad A_1A_2A_3-A_0A_3^2-A_1^2>0 \tag{1-4}$$

当满足上述条件，即振动稳定。

3. 弯曲板和圆筒的耦合振动（制动片和制动鼓）

制动噪声是由于衬里的负阻尼特性所致，可看作制动片（弯曲板）与制动鼓（圆筒）的连成振动所引起的共振现象。一个制动鼓中安装有两对制动片的振动模式，从基本模型到高次模型均为旋转对称型，对称于制动鼓的中心。

因此，分析制动鼓和制动片的组合模型可以发现，当单一制动鼓和单一制动片的固有频率接近时，制动鼓和制动片的耦合振动的响应增大。

为了抑制这种耦合振动，从基本模型到高次模型，只要能将各阶振动模型的固有频率与固有模型的腹部以及节点位置的振动频率分开，就能降低制动噪声。但是，实际上很难设计出这样的制动片，在低阶振动模型或高阶振动模型中，制动鼓和制动片通常发生共振现象。

因此，作为简便方法，将低次模式下共振的制动片与高次模型下共振的制动片嵌入了一个制动鼓系统中，使之成为非对称制动（刚性不同的一对两片制动）结构的制动器。因此，从低次模型到高次模型，均有一制动片与制动鼓谐振，因此能够减少耦合振动。

1.5　机械振动优势及应用

在机械构造物方面，解决振动导致的令人不愉快问题，对于改善生活舒适性是不可缺少的。但是，完全消除振动是不可能的，因此，通过以下例子简述为了削弱不良振动而开发的振动缓和技术。

1. 汽车乘坐舒适性的改善

在振动缓和技术中，为了使汽车的乘坐舒适度得以提升，在汽车结构设计方面使用许多零部件。例如防止路面振动的影响，有必要对汽车结构的悬架装置（suspension）进行合理设计。悬架装置在行驶过程中起到缓解因路面凹凸而产生的轮胎振动向车体传递的作用，考虑到车体振动时的简化模型，可将车体视为质量块，悬架装置被替换为弹簧和阻尼系统，从而实现了汽车的模型化（modeling）。

如图 1-7a 所示，悬架可以用弹簧和阻尼器进行替代。如上所述，我们能够分析出轮胎也起到缓和从路面传来振动的作用。如图 1-7b 所示，轮胎也可以用阻尼器和弹簧来表示。而当轮胎爆胎时，由于弹簧作用消失，支撑悬架的平衡位置发生侧偏，而导致旋转过程中产生不平衡动，伴随方向盘和车身晃动，这种问题可以通过提前安装平衡块进行不平衡修正。

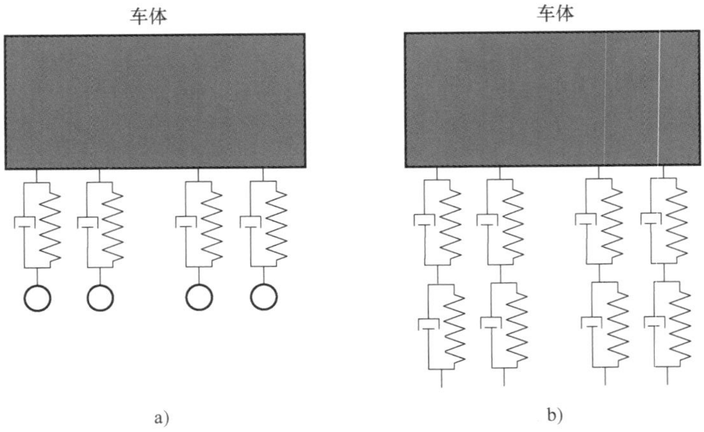

图 1-7 车辆简化模型

a）悬架简化模型 b）悬架-车轮简化模型

除此之外，为了缓解作为动力源的发动机传递出的振动，可以使用具有弹簧作用的防震橡胶，以减少发动机的振动对乘车人员造成的不适感。这样，为了更加舒适地驾驶汽车，振动工学起着重要的作用。

2. 地震的缓和

地震的振动波形的一个例子如图 1-5e 所示。这样的地震会使建筑物损坏，即使不损坏，建筑物也会伴随晃动。住在铁路和道路附近的人，每当电车和大型卡车通过时，家也会跟着发生摇晃，这种摇晃是由于地基的振动传递到建筑物和构造物上而产生的现象。除此之外，工厂的起重机和压缩机等可动机械也是通过地基进行振动传播而产生振感。这种振动不仅会使建筑物振动，还会给人体带来不适。

通过在地基和建筑物之间插入橡胶等，可以减少对建筑物振动的影响，使人能够避免被振动的干扰。这种做法被称为振动绝缘（isolation），免震建筑就是其中的代表之一。

3. 摇晃的缓和

在滑雪场和观光地的缆车上，受风的影响缆车会发生摇晃，对乘坐舒适和安全造成了不利影响的同时，缆车摇晃也会撞到铁柱上，由于缆车受到冲击有时会脱离滑轮，导致缆车下降而发生安全事故，因此许多缆车在风速 15m/s 左右时停止运行，以便避免晃动所带来的危害。部分缆车和升降机均配备动力吸振器（dynamic damper，dynamic vibration absorber）的制振装置。图 1-8 所示为动力吸振器的原理图，这种结构可用于减少缆车在空中的摇晃，也可用于阻止高层建筑物的摇晃。其原理为，如果物体上附加的弹簧-质量共振系统的频率与物体的振动频率相同时，弹簧-质量共振系统会产生反作用力，减轻物体的振动或摇晃。配备此装置后，缆车可运行风速达到 20m/s。

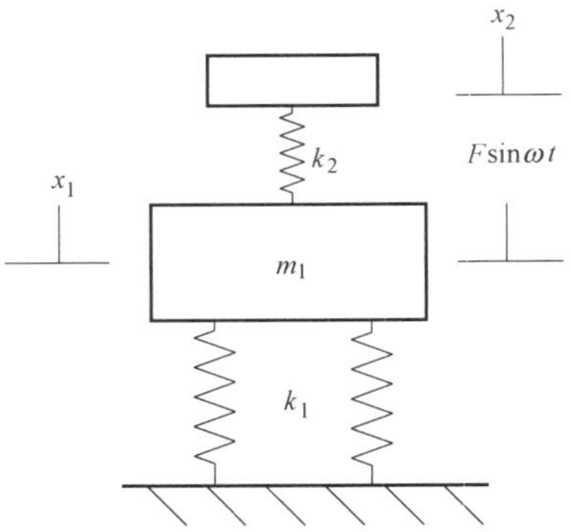

图 1-8 动力吸振器的原理图

第2章

单自由度系统的振动

实际工程中有许多振动问题在一定条件下都可以简化成单自由度系统的振动问题，因此，研究单自由度系统的振动具有非常普遍的实际意义，并且单自由度系统的振动理论是机械振动的理论基础，要掌握多自由度系统及无限自由度系统的振动理论，也需要首先研究单自由度系统的振动。本章基于弹簧-质量-阻尼系统来研究单自由度系统的振动理论，主要包括单自由度系统的自由振动，以及简谐激励、周期激励与任意激励作用下单自由度系统的受迫振动。

2.1　无阻尼单自由度系统的自由振动

典型的无阻尼单自由度系统如图 2-1 所示，由一个弹簧连接一个质量块，构成单自由度弹簧-质量系统，其中质量块的质量为 m，弹簧的原长为 l_0，刚度系数为 k。工程中许多实际振动系统都可以简化成此单自由度弹簧-质量系统，例如高层建筑的某层、列车的某节车厢、弹性体上的某点在某个方向上的振动都可以简化成此模型。

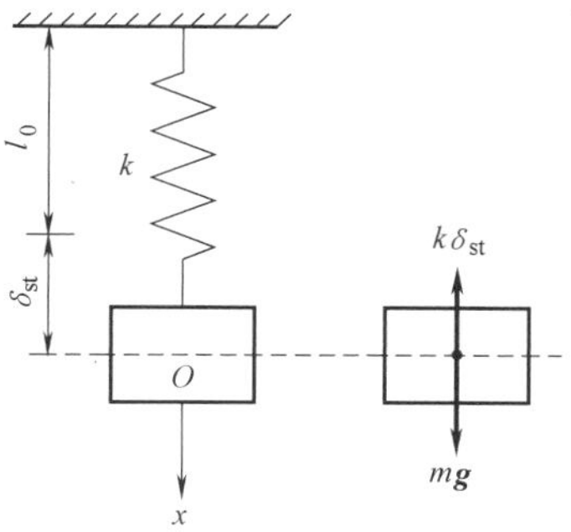

图 2-1　单自由度弹簧-质量系统

2.1.1　自由振动方程

如图 2-1 所示，以弹簧-质量系统为研究对象，取质量块的静平衡位置为坐标原点 O，建立图示坐标系，x 轴正方向沿弹簧变形方向垂直向下。对质量块进行受力分析，依据牛顿第二定律可得

$$m\ddot{x} = -k(x+\delta_{st}) + mg \tag{2-1}$$

式中，δ_{st} 为弹簧的静变形，根据静力平衡条件有

$$mg - k\delta_{st} = 0 \tag{2-2}$$

将式（2-2）代入式（2-1）可得

$$m\ddot{x} + kx = 0 \tag{2-3}$$

式（2-3）即为单自由度弹簧-质量系统在弹性力 $-kx$ 作用下的**运动微分方程**，又称为无阻尼单自由度系统的**自由振动微分方程**，也是一个二阶常系数线性齐次微分方程。根据微分方程理论，式（2-3）的解具有如下形式：

$$x = \bar{x}e^{st} \tag{2-4}$$

式中，$\bar{x}$ 和 s 为常量。将式（2-4）代入式（2-3）可得

$$(ms^2+k)\bar{x}=0 \tag{2-5}$$

若系统的振动位移不恒为零，则有

$$ms^2+k=0 \tag{2-6}$$

式（2-6）是以 s 为变量的代数方程，称为系统的**特征方程**，其特征根为

$$s=\pm \mathrm{j}\omega_{\mathrm{n}} \tag{2-7}$$

式中，$\mathrm{j}=\sqrt{-1}$；$\omega_{\mathrm{n}}=\sqrt{\dfrac{k}{m}}$称为系统的**固有圆频率**，简称为**固有频率**，单位为 rad/s（弧度/秒）。因此式（2-3）的通解为

$$x=c_1\mathrm{e}^{\mathrm{j}\omega_{\mathrm{n}}t}+c_2\mathrm{e}^{-\mathrm{j}\omega_{\mathrm{n}}t} \tag{2-8}$$

由欧拉公式可得

$$x=c_1(\cos\omega_{\mathrm{n}}t+\mathrm{j}\sin\omega_{\mathrm{n}}t)+c_2(\cos\omega_{\mathrm{n}}t-\mathrm{j}\sin\omega_{\mathrm{n}}t)=a_1\cos\omega_{\mathrm{n}}t+a_2\sin\omega_{\mathrm{n}}t \tag{2-9}$$

式中，$a_1=c_1+c_2$，$a_2=\mathrm{j}(c_1-c_2)$，由系统运动的初始条件来确定，初始条件是指系统在初始时刻的位移与速度。设 $t=0$，$x=x_0$，$\dot{x}=\dot{x}_0$，可得

$$a_1=x_0, a_2=\frac{\dot{x}_0}{\omega_{\mathrm{n}}} \tag{2-10}$$

因此无阻尼单自由度系统的自由振动为

$$x=x_0\cos\omega_{\mathrm{n}}t+\frac{\dot{x}_0}{\omega_{\mathrm{n}}}\sin\omega_{\mathrm{n}}t \tag{2-11}$$

式（2-11）可写成如下形式：

$$x=A\sin(\omega_{\mathrm{n}}t+\varphi) \tag{2-12}$$

其中系统的振幅和初相位分别为

$$A=\sqrt{x_0^2+\left(\frac{\dot{x}_0}{\omega_{\mathrm{n}}}\right)^2}, \varphi=\arctan\left(\frac{\omega_{\mathrm{n}}x_0}{\dot{x}_0}\right) \tag{2-13}$$

式（2-13）表明振幅 A 和初相位 φ 随运动初始条件的不同而改变。

2.1.2 简谐振动及其特征

式（2-12）表明无阻尼单自由度系统的自由振动以固有频率 ω_{n} 做简谐振动，当系统的位移是以时间的正弦函数或余弦函数所做的振动时，都称为**简谐振动**。确定简谐振动需要三个要素：频率、振幅和初相位，简谐振动具有以下几个重要特征：

1. 简谐振动是一种周期运动

对于周期运动，有如下关系：

$$x(t+T)=x(t) \tag{2-14}$$

式（2-14）表明经过一定的时间间隔，振动将重复原来的过程，将振动重复一次所需的时间间隔称为**振动周期** T，单位为 s(秒)。根据三角函数公式，式（2-12）对应的振动周期为

$$T_{\mathrm{n}}=\frac{2\pi}{\omega_{\mathrm{n}}}=2\pi\sqrt{\frac{m}{k}} \tag{2-15}$$

式中，T_n为无阻尼单自由度系统自由振动的固有周期，此时不考虑阻尼等其他因素对振动周期或频率的影响。将单位时间内振动重复的次数称为**振动频率**f，单位为Hz（赫兹），式（2-12）对应的振动频率为

$$f_n=\frac{1}{T_n}=\frac{\omega_n}{2\pi}=\frac{1}{2\pi}\sqrt{\frac{k}{m}} \tag{2-16}$$

当ω_n和f_n同时出现时，将ω_n称为**固有圆频率**，f_n称为**固有频率**。ω_n、T_n和f_n只与振动系统的刚度系数k和质量块的质量m有关，而与运动的初始条件无关，它们是振动系统的固有特征。

对于图2-1所示的单自由度弹簧-质量系统，可以通过弹簧的静变形δ_{st}方便地计算出其固有频率，由式（2-2）有$k=mg/\delta_{st}$，因此可得

$$\omega_n=\sqrt{\frac{g}{\delta_{st}}} \tag{2-17}$$

2. 简谐振动位移、速度与加速度之间的关系

分别对式（2-12）两边的时间t求一次和两次导数可得速度和加速度为

$$\begin{cases}\dot{x}=\omega_n A\cos(\omega_n t+\varphi)=\omega_n A\sin(\omega_n t+\varphi+\pi/2)\\ \ddot{x}=-\omega_n^2 A\sin(\omega_n t+\varphi)=\omega_n^2 A\sin(\omega_n t+\varphi+\pi)\end{cases} \tag{2-18}$$

式（2-18）表明简谐振动位移、速度与加速度之间的关系为：三者振动频率相同；速度的相位超前位移$\pi/2$，加速度的相位超前位移π；速度和加速度振幅分别是位移振幅的ω_n和ω_n^2倍。

3. 简谐振动的合成

对于两个简谐振动$x_1=A_1\sin\omega_1 t$、$x_2=A_2\sin\omega_2 t$，当两个简谐振动同频时，合成运动仍为简谐振动，且频率不变；当两个简谐振动频率比为有理数时，合成运动为周期振动，但不是简谐振动，合成振动的周期是两个简谐振动周期的最小公倍数；当两个简谐振动频率比为无理数时，合成运动为非周期振动；当两个简谐振动的频率十分接近时（$\omega_1\approx\omega_2$），合成运动为周期性的拍振，特殊情况当$A_1=A_2=A$时，合成运动$x=x_1+x_2=2A\cos[(\omega_1-\omega_2)t/2]\sin[(\omega_1+\omega_2)t/2]$，如图2-2所示，其中$\omega_1=2\pi f_1$，$\omega_2=2\pi f_2$，$f_1=0.94\text{Hz}$，$f_2=1.04\text{Hz}$，$A_1=A_2=1$，图中虚线为合成运动的包络线。

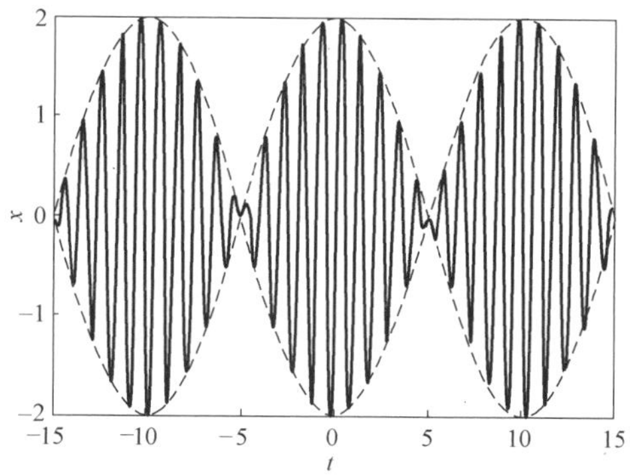

图2-2　拍振波形

例2-1　在图2-3和图2-4中，质量块的质量为m，两弹簧的刚度系数分别为k_1和k_2，求并联弹簧与串联弹簧系统的固有频率。

解：（1）并联弹簧

对于并联弹簧系统，当质量块处于静平衡位置时，两弹簧的静变形都为δ_{st}，根据静力平衡条件有

$$mg=(k_1+k_2)\delta_{st} \tag{a}$$

则并联弹簧的等效刚度系数为

$$k=\frac{mg}{\delta_{st}}=k_1+k_2 \tag{b}$$

式（b）表明，**弹簧并联后的等效刚度系数为各并联弹簧刚度系数之和**。弹簧并联的特点是：各弹簧变形量相等，则并联弹簧系统的固有频率为

$$\omega_n=\sqrt{\frac{k_1+k_2}{m}} \tag{c}$$

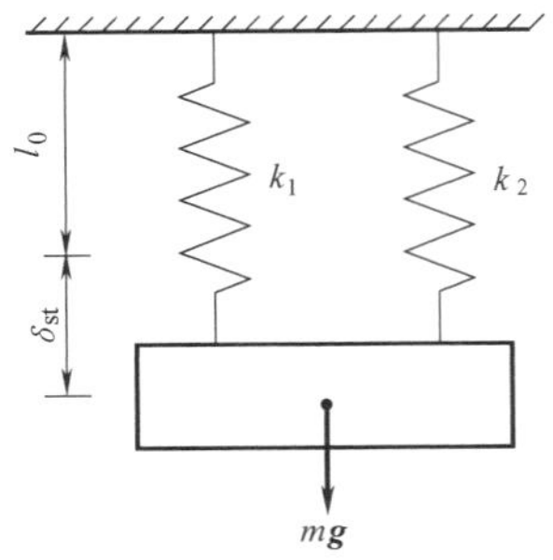

图 2-3　并联弹簧

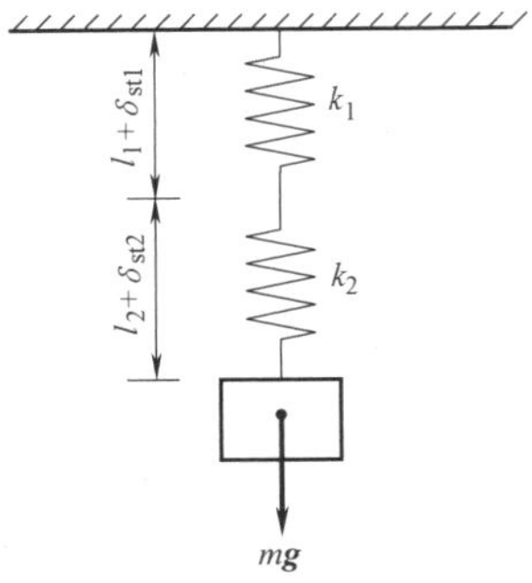

图 2-4　串联弹簧

（2）串联弹簧

对于串联弹簧系统，当质量块处于静平衡位置时，两弹簧总的静变形 δ_{st} 为各弹簧的静变形之和，即

$$\delta_{st}=\delta_{st1}+\delta_{st2} \tag{d}$$

且每个弹簧所受的拉力都等于重力，即

$$mg=k_1\delta_{st1},mg=k_2\delta_{st2} \tag{e}$$

则串联弹簧的等效刚度系数为

$$k=\frac{mg}{\delta_{st}}=\frac{1}{\frac{1}{k_1}+\frac{1}{k_2}}=\frac{k_1k_2}{k_1+k_2} \tag{f}$$

式（f）表明，**弹簧串联后的等效刚度系数的倒数为各串联弹簧刚度系数的倒数之和**。弹簧串联的特点是：弹簧串联后的等效刚度系数比原来任一弹簧的刚度系数都要小，则串联弹簧系统的固有频率为

$$\omega_n=\sqrt{\frac{k_1k_2}{(k_1+k_2)m}} \tag{g}$$

2.2　等效单自由度系统

图 2-1 所示为一个典型的单自由度弹簧-质量系统模型，在实际工程中，有许多振动系统可以简化成这种模型，它们具有相同形式的振动方程，即这些振动系统具有等效性，

下面将具体讨论这种单自由度系统。

2.2.1　单自由度扭转系统

汽车传动轴、发动机曲轴在运转过程中产生扭转振动，简称**扭振**。典型的单自由度扭转系统如图 2-5 所示，铅垂圆轴上端固定，下端与水平圆盘固连，圆盘对圆轴的转动惯量为 J。

若在圆盘的水平面内施加一个力矩，再突然撤去，则圆盘将在水平面内做扭转振动，这种装置也称为**扭摆**。假设圆轴的质量可以略去不计，圆轴的扭转刚度为 k_T，表示使圆盘产生单位转角所需的力矩，设在某一时间 t 圆盘的角位移为 θ，则该系统的运动微分方程为

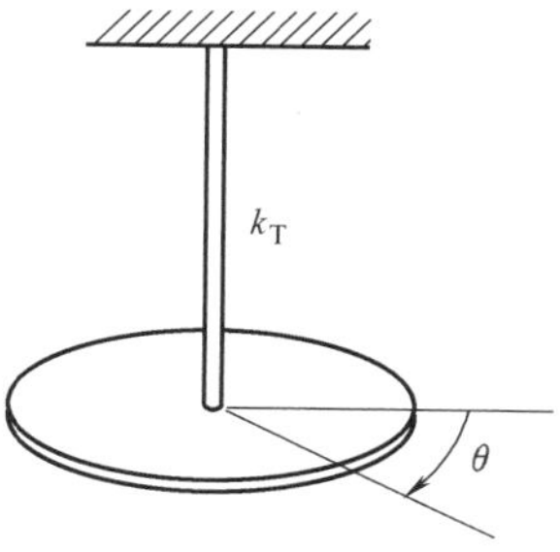

图 2-5　单自由度扭转系统

$$J\ddot{\theta}+k_T\theta=0 \tag{2-19}$$

扭转振动的固有频率为

$$\omega_n=\sqrt{\frac{k_T}{J}} \tag{2-20}$$

可以看出，式（2-19）与式（2-3）具有相同的形式，参照式（2-11），单自由度扭转系统的自由振动为

$$\theta=\theta_0\cos\omega_n t+\frac{\dot{\theta}_0}{\omega_n}\sin\omega_n t \tag{2-21}$$

该系统与单自由度弹簧-质量系统的对应关系为 $\theta\to x$，$J\to m$，$k_T\to k$。

2.2.2　单摆

绕水平轴转动的细长杆，下端附有一重锤，组成**单摆**，也称为**数学摆**，如图 2-6 所示。

假设细长杆的质量和重锤的体积可以略去不计，细长杆长为 l，重锤质量为 m，图 2-6 所示的摆的铅垂位置 OS 是静平衡位置，设在某一时间 t 摆偏离静平衡位置的角度为 θ，则单摆的运动微分方程为

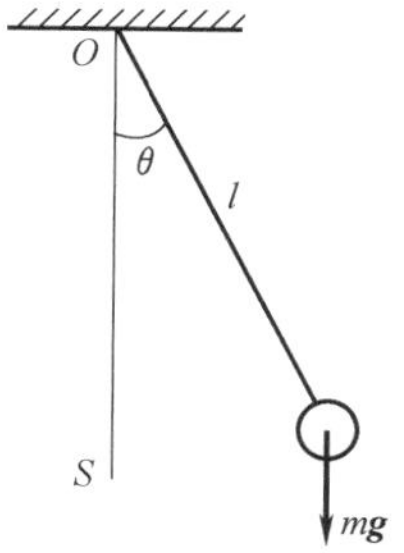

图 2-6　单摆振动

$$ml^2\ddot{\theta}+mgl\sin\theta=0 \tag{2-22}$$

当单摆的振动幅度不大时，$\sin\theta\approx\theta$，式（2-22）可简化为

$$\ddot{\theta}+\frac{g}{l}\theta=0 \tag{2-23}$$

则单摆振动的固有频率为

$$\omega_n=\sqrt{\frac{g}{l}} \tag{2-24}$$

由此可见，当单摆以微小振幅振动时，其振动周期与重锤的质量无关。

2.2.3 简支梁横向振动

一均匀简支梁横向振动模型如图 2-7 所示，假设简支梁的质量全部集中在梁的中部，且为 m，选取梁的中部挠度 δ 作为系统的位移，根据材料力学公式，可得简支梁的静挠度为

$$\delta=\frac{Fl^3}{48EI} \tag{2-25}$$

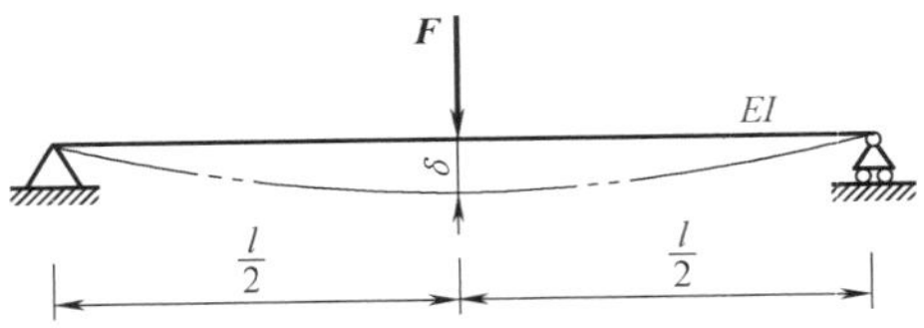

图 2-7 简支梁横向振动模型

式中，E 为梁的弹性模量；I 为梁横截面的惯性矩；EI 为梁截面的抗弯刚度。

定义简支梁的等效刚度为

$$k_e=\frac{F}{\delta}=\frac{48EI}{l^3} \tag{2-26}$$

系统运动微分方程为

$$m\ddot{x}+k_e x=0 \tag{2-27}$$

则简支梁横向振动的固有频率为

$$\omega_n=\sqrt{\frac{k_e}{m}}=\sqrt{\frac{48EI}{ml^3}} \tag{2-28}$$

需要注意的是，这里 m 不是简支梁的总质量，但可通过梁上各点位移关系和动能等效原则获得。

2.3 固有频率的计算方法

计算振动系统的固有频率，在振动研究中具有十分重要的意义。在 2.1 节与 2.2 节中，一般先列出系统的运动微分方程再确定其固有频率。计算单自由度系统的固有频率也常采用能量法和瑞利法，能量法是基于机械能守恒定律来计算系统的固有频率，瑞利法是在考虑弹性元件质量的基础上计算系统的固有频率。

2.3.1 能量法

在无阻尼单自由度振动系统中没有能量损失，在振动过程中，动能与势能不断转换，但系统总的机械能守恒，振动将永远持续下去。因此，可根据机械能守恒定律计算系统的固有频率。在任一瞬时，系统机械能守恒，有

$$T+V=\text{常量} \tag{2-29}$$

式中，T 是动能，由系统质量产生；V 是势能，表示系统重力做功产生的势能或弹性变形产生的势能。对式（2-29）两边的时间 t 求导可得

$$\frac{\mathrm{d}}{\mathrm{d}t}(T+V)=0 \tag{2-30}$$

将系统的动能与势能代入式（2-30），化简后即可得出系统的运动微分方程。

若取静平衡位置为势能零点，根据自由振动的特点，当系统在静平衡位置时，势能为零，动能具有最大值 T_{max}，此时的动能就是系统全部的机械能；当系统在最大偏离位置时，动能为零，势能具有最大值 V_{max}，此时的势能就是系统全部的机械能。由机械能守恒定律，有

$$T_{max}=V_{max} \tag{2-31}$$

若系统的自由振动为简谐振动，则由式（2-31）可直接计算系统的固有频率，而不需要列出系统的运动微分方程。

例 2-2　绕水平轴 O 转动的细长杆，下端附有一重锤，组成单摆，在细长杆上有一连接弹簧，当系统在静平衡位置时，细长杆处于水平状态，如图 2-8 所示。假设细长杆与弹簧的质量以及重锤的体积可以略去不计，细长杆长为 l，重锤质量为 m，弹簧离 O 端的距离为 a，求系统的固有频率。

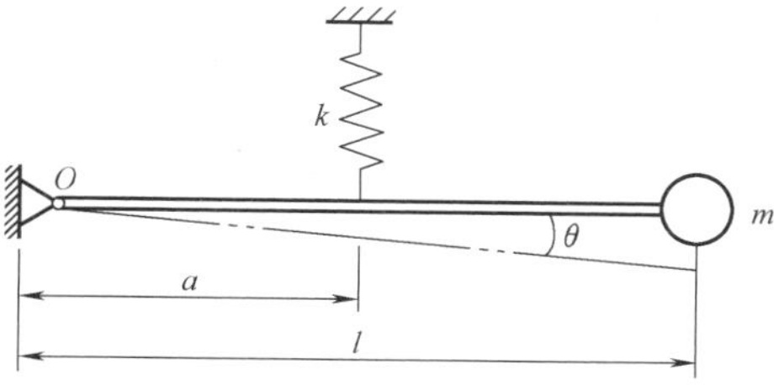

图 2-8　单摆-弹簧系统

解：设在某一时间 t，细长杆偏离静平衡位置的角度为 θ，且系统的振动幅度不大，弹簧的伸长量及重锤的位移可近似表示为 $a\theta$ 与 $l\theta$，则系统的动能与势能可表示为

$$T=\frac{1}{2}m(l\dot{\theta})^2 \tag{a}$$

$$V=\frac{1}{2}k(\delta_1^2-\delta_2^2)-mgl\theta \tag{b}$$

式中，$\delta_1=\delta_{st}+a\theta$，$\delta_2=\delta_{st}$，$\delta_{st}$ 为弹簧的静变形，在静平衡位置处，有

$$k\delta_{st}a=mgl \tag{c}$$

将式（c）代入式（b），则系统的势能可化简为

$$V=\frac{1}{2}k(a\theta)^2 \tag{d}$$

设系统做简谐振动，其运动方程为

$$\theta=\theta_m\sin(\omega_n t+\varphi) \tag{e}$$

则系统的角速度、最大动能及最大势能分别为

$$\begin{cases}\dot{\theta}=\dfrac{\mathrm{d}\theta}{\mathrm{d}t}=\omega_n\theta_m\cos(\omega_n t+\varphi)\\ T_{max}=\dfrac{1}{2}m(l\dot{\theta}_{max})^2=\dfrac{1}{2}ml^2\omega_n^2\theta_m^2\\ V_{max}=\dfrac{1}{2}k(a\theta_{max})^2=\dfrac{1}{2}ka^2\theta_m^2\end{cases} \tag{f}$$

因此可得系统的固有频率为

$$\omega_n=\frac{a}{l}\sqrt{\frac{k}{m}} \tag{g}$$

2.3.2 瑞利法

在前面求解系统的固有频率时均假设弹性元件的质量可以忽略不计，这种假设在许多工程问题中，求解精度能达到要求。但在某些问题中，弹性元件本身的质量可能占系统总质量的一定比例，此时若忽略弹性元件的质量，将会导致计算的固有频率偏高，产生一定的误差。为此瑞利（Rayleigh）提出了一种近似方法，运用能量法，将一个分布质量系统简化成一个单自由度系统，从而考虑了弹性元件质量对系统固有频率的影响，使计算的固有频率精度较高，这种方法也称为**瑞利法**。需要注意的是在运用瑞利法求解系统的固有频率时，要先假设系统的振动形式，而通常是将系统的静变形作为假定的振动形式。

例 2-3 在图 2-9 所示的弹簧-质量系统中，考虑弹簧的质量，弹簧单位长度的质量为 ρ，在静平衡位置处的长度为 l，质量块的质量为 m，求系统的固有频率。

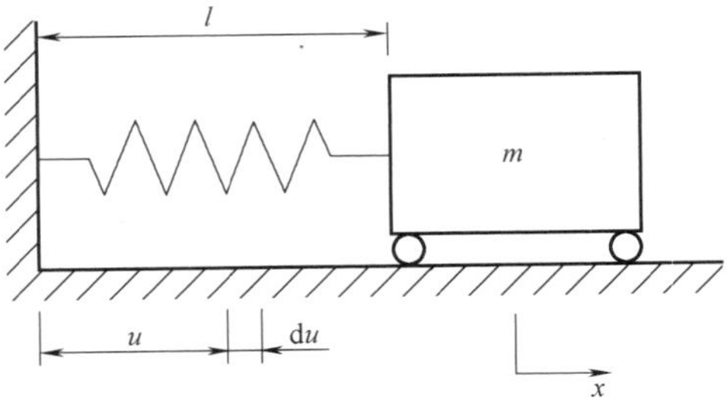

图 2-9 考虑弹簧质量的弹簧-质量系统

解：假设弹簧在振动过程中的变形是均匀的，弹簧各截面的位移与它离固定端的距离成正比，即与静变形相同。当质量块的位移为 x 时，弹簧离固定端距离为 u 处的位移为 $\frac{u}{l}x$，弹簧在 u 处的微段 $\mathrm{d}u$ 的动能为

$$\mathrm{d}T_s=\frac{1}{2}\rho\left(\frac{u}{l}\dot{x}\right)^2\mathrm{d}u \tag{a}$$

整个弹簧的动能为

$$T_s=\int_0^l\frac{1}{2}\rho\left(\frac{u}{l}\dot{x}\right)^2\mathrm{d}u=\frac{1}{2}\times\frac{\rho l}{3}\dot{x}^2 \tag{b}$$

质量块的动能为

$$T_m=\frac{1}{2}m\dot{x}^2 \tag{c}$$

系统的总动能为质量块与弹簧的动能之和

$$T=T_m+T_s=\frac{1}{2}m\dot{x}^2+\frac{1}{2}\times\frac{pl}{3}\dot{x}^2 \tag{d}$$

系统的势能为

$$V=\frac{1}{2}kx^2 \tag{e}$$

由 $T_{max}=V_{max}$ 可得

$$\frac{1}{2}\left(m+\frac{\rho l}{3}\right)\dot{x}^2_{max}=\frac{1}{2}kx^2_{max} \tag{f}$$

设系统做简谐振动，有 $x=A\sin(\omega_n t+\varphi)$，$x_{max}=A$，$\dot{x}_{max}=\omega_n A$，则系统固有频率为

$$\omega_n=\sqrt{\frac{k}{m+\rho l/3}} \tag{g}$$

式中，ρl 为弹簧的总质量，式（g）表明运用瑞利法考虑弹簧质量对系统固有频率的影响时，相当于将弹簧质量的 1/3 加入到质量块 m 中。

在运用瑞利法求解系统的固有频率时，所假设系统的振动形式越接近系统实际的振动形式，所求得的系统固有频率越精确。研究表明，以系统的静变形作为假设的振动形式，所求得的系统固有频率精度较高。

例 2-4　简支梁-质量块系统如图 2-10 所示，简支梁质量均匀分布，且单位长度的质量为 ρ，质量块的质量为 m，求系统的固有频率。

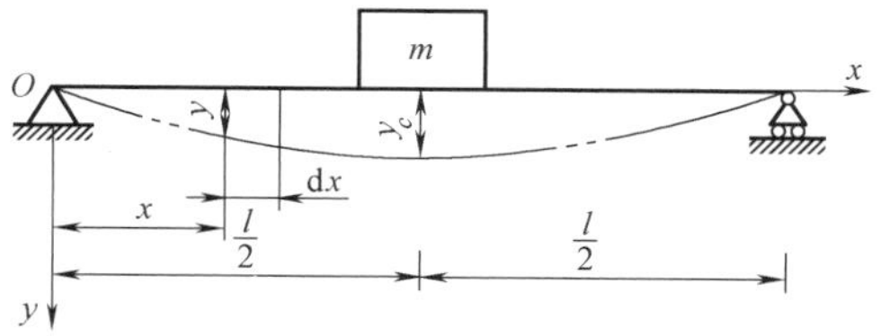

图 2-10　简支梁-质量块系统

解：假设简支梁在自由振动时的动挠度曲线与简支梁中间有集中载荷 mg 作用下的静挠度曲线相同，根据材料力学知识，离支座距离 x 处的梁的位移为

$$y=\frac{mg}{48EI}(3l^2x-4l^3)=y_c\frac{3l^2x-4l^3}{l^3} \tag{a}$$

式中，y_c 为简支梁中点挠度，根据材料力学公式，简支梁在中点处的静挠度为

$$y_{cs}=\frac{mgl^3}{48EI} \tag{b}$$

则简支梁的动能为

$$T_b=2\int_0^{\frac{l}{2}}\frac{1}{2}\rho\left(\dot{y}_c\frac{3l^2x-4l^3}{l^3}\right)^2\mathrm{d}x=\frac{1}{2}\times\frac{17}{35}\rho l\dot{y}_c^2 \tag{c}$$

质量块的动能为

$$T_{\mathrm{m}}=\frac{1}{2}m\dot{y}_c^2 \tag{d}$$

系统的总动能为质量块与简支梁的动能之和

$$T=T_{\mathrm{m}}+T_{\mathrm{c}}=\frac{1}{2}m\dot{y}_c^2+\frac{1}{2}\times\frac{17}{35}\rho l\dot{y}_c^2 \tag{e}$$

系统的势能为

$$V=\frac{1}{2}k_{\mathrm{e}}y_c^2 \tag{f}$$

且简支梁的等效刚度 k_{e} 为

$$k_{\mathrm{e}}=\frac{mg}{y_{cs}}=\frac{48EI}{l^3} \tag{g}$$

由 $T_{\max}=V_{\max}$ 可得

$$\frac{1}{2}m\dot{y}_{c\max}^2+\frac{1}{2}\times\frac{17}{35}\rho l\dot{y}_{c\max}^2=\frac{1}{2}k_{\mathrm{e}}y_{c\max}^2 \tag{h}$$

设系统做简谐振动，有 $y_{\mathrm{m}}=A\sin(\omega_{\mathrm{n}}t+\varphi)$，$y_{c\max}=A$，$\dot{y}_{c\max}=\omega_{\mathrm{n}}A$，则系统的固有频率为

$$\omega_n = \sqrt{\frac{k_e}{m+17\rho l/35}} = \sqrt{\frac{48EI/l^3}{m+17\rho l/35}} \tag{i}$$

2.4 有阻尼单自由度系统的自由振动

对于前面所述的无阻尼自由振动，在振动过程中，振幅是不变的，振动将永远持续下去。但在实际振动系统中不可避免地存在阻力，因此随着时间的推移，自由振动的振幅将会逐渐衰减，直至最后趋于零而停止振动，在振动中这些阻力称为阻尼。阻尼产生的因素较多，例如物体在润滑或干燥表面运动时，会产生干摩擦阻尼；物体在流体介质中运动时，会产生黏性阻尼（如油液阻尼、空气阻尼）等。

黏性阻尼是振动系统中比较常见的一种阻尼，当物体低速运动（速度小于 0.2m/s）时，所受的黏性阻尼力与速度成正比，方向与速度方向相反，表示为

$$F=-cv \tag{2-32}$$

式中，c 为黏性阻尼系数，单位为 N · s/m。由于黏性阻尼力与速度呈线性关系，黏性阻尼也称为线性阻尼，它与物体的尺寸、形状以及介质的性质有关。通常假设振动系统中的阻尼为黏性阻尼，以便简化振动问题，而实际振动系统存在的其他阻尼也可通过等效方法将其等效为相应的黏性阻尼。

典型的有阻尼单自由度系统如图 2-11 所示，其在图 2-1 的基础上增加了一个阻尼器。

与无阻尼单自由度系统类似，取质量块的静平衡位置为坐标原点 O，建立图示坐标系，x 轴正方向沿弹簧变形方向垂直向下，利用式（2-2），可得系统的运动微分方程

$$m\ddot{x}+c\dot{x}+kx=0 \tag{2-33}$$

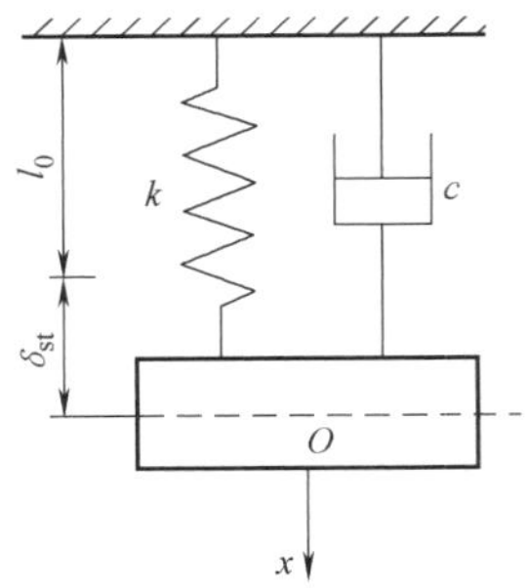

图 2-11 单自由度弹簧-质量-阻尼系统

根据微分方程理论，式（2-33）的解的形式与式（2-4）一致，将式（2-4）代入式（2-33）可得系统的特征方程

$$ms^2+cs+k=0 \tag{2-34}$$

相应的特征根为

$$s_{1,2}=-\frac{c}{2m}\pm\sqrt{\left(\frac{c}{2m}\right)^2-\frac{k}{m}} \tag{2-35}$$

为便于分析，引入无量纲参数 ζ，它等于 $c/(2m)$ 与 $\sqrt{k/m}$ 之间的比值，即

$$\zeta=\frac{c/(2m)}{\sqrt{k/m}}=\frac{c}{2\sqrt{mk}}=\frac{c}{2m\omega_n}=\frac{c}{c_c} \tag{2-36}$$

式中，ω_n 是系统的固有频率；定义 $c_c=2m\omega_n$ 为系统临界阻尼系数；ζ 称为阻尼比，则系统的特征根可表示为

$$s_{1,2}=-\zeta\omega_n\pm\omega_n\sqrt{\zeta^2-1} \tag{2-37}$$

由此可见，当阻尼比取不同值时，系统的特征根将会出现实特征根或复特征根，下面按照 $\zeta>1$，$\zeta=1$ 及 $\zeta<1$ 三种情况进行讨论。

1. 过阻尼情况（$\zeta>1$）

此时系统的特征根是一对互异的实特征根，式（2-33）的通解为

$$x=a_1\mathrm{e}^{(-\zeta+\sqrt{\zeta^2-1})\omega_{\mathrm{n}}t}+a_2\mathrm{e}^{(-\zeta-\sqrt{\zeta^2-1})\omega_{\mathrm{n}}t} \tag{2-38}$$

式中，a_1、a_2 由系统运动的初始条件确定。设 $t=0$ 时，$x=x_0$，$\dot{x}=\dot{x}_0$，可得

$$a_1=\frac{\dot{x}_0+\left(\zeta+\sqrt{\zeta^2-1}\right)\omega_{\mathrm{n}}x_0}{2\omega_{\mathrm{n}}\sqrt{\zeta^2-1}},a_2=\frac{-\dot{x}_0-\left(\zeta-\sqrt{\zeta^2-1}\right)\omega_{\mathrm{n}}x_0}{2\omega_{\mathrm{n}}\sqrt{\zeta^2-1}} \tag{2-39}$$

将式（2-39）代入式（2-38）可得系统的自由振动响应。典型的过阻尼系统自由衰减振动的时间历程曲线如图 2-12 所示，随着时间的增加，运动按指数规律衰减，可以证明，系统顶多只经过平衡位置一次就会逐渐回到平衡位置，此时它所表示的运动已不具有振动的性质，而是一种非周期运动。

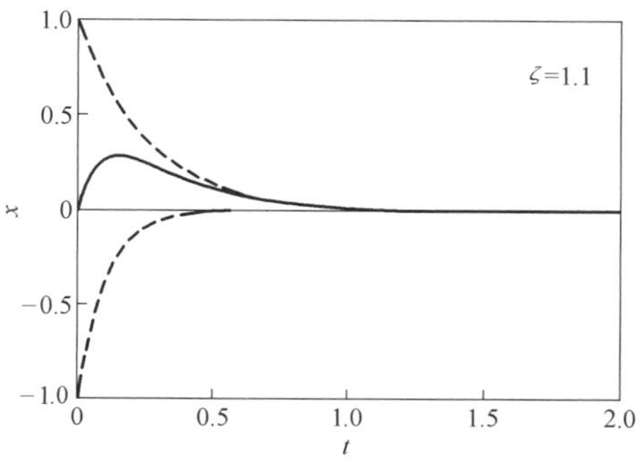

图 2-12 过阻尼系统的自由衰减振动

2. 临界阻尼情况（$\zeta=1$）

此时系统的特征根是一对相等的实特征根，即

$$s_{1,2}=-\zeta\omega_{\mathrm{n}} \tag{2-40}$$

式（2-33）的通解为

$$x=(a_1+a_2t)\mathrm{e}^{-\omega_{\mathrm{n}}t} \tag{2-41}$$

由系统运动的初始条件可得 a_1、a_2 为

$$a_1=x_0,a_2=\dot{x}_0+\omega_{\mathrm{n}}x_0 \tag{2-42}$$

将式（2-42）代入式（2-41）可得系统的自由振动响应。典型的临界阻尼系统自由衰减振动的时间历程曲线如图 2-13 所示，这种运动也按指数规律很快衰减，此时也不具有振动的性质。需要注意的是，临界阻尼情况是从非周期运动到衰减振动的临界状态，它是过阻尼情况的下边界，同一个振动系统，当受相同的运动初始条件激励时，临界阻尼情况位移最大，且返回平衡位置最快。

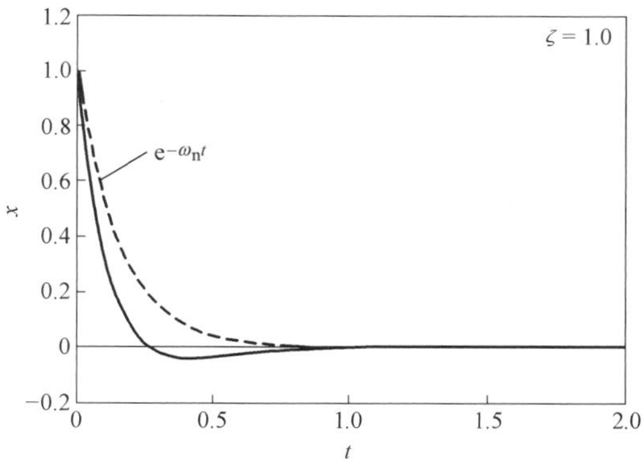

图 2-13 临界阻尼系统的自由衰减振动

3. 欠阻尼情况（$\zeta<1$）

此时系统的特征根是一对共轭的复特征根，即

$$s_{1,2}=-\zeta\omega_{\mathrm{n}}\pm\mathrm{j}\omega_{\mathrm{n}}\sqrt{1-\zeta^2} \tag{2-43}$$

式（2-33）的通解为

$$x=e^{-\zeta\omega_n t}(a_1\cos\omega_d t+a_2\sin\omega_d t) \tag{2-44}$$

式中，

$$\omega_d=\omega_n\sqrt{1-\zeta^2} \tag{2-45}$$

称为系统的阻尼固有频率或自然频率，它小于系统的固有频率。由系统运动的初始条件可得 a_1、a_2 为

$$a_1=x_0,a_2=\frac{\dot{x}_0+\zeta\omega_n x_0}{\omega_d} \tag{2-46}$$

将式（2-46）代入式（2-44）可得系统的自由振动响应

$$x=Ae^{-\zeta\omega_n t}\sin(\omega_d t+\varphi) \tag{2-47}$$

式中，

$$A=\sqrt{x_0^2+\left(\frac{\dot{x}_0+\zeta\omega_n x_0}{\omega_d}\right)^2},\varphi=\arctan\left(\frac{\omega_d x_0}{\dot{x}_0+\zeta\omega_n x_0}\right) \tag{2-48}$$

系统的自由振动响应也可表示为

$$x=Ux_0+V\dot{x}_0 \tag{2-49}$$

式中，

$$U=e^{-\zeta\omega_n t}\left(\cos\omega_d t+\frac{\zeta}{\sqrt{1-\zeta^2}}\sin\omega_d t\right),V=\frac{e^{-\zeta\omega_n t}}{\omega_d}\sin\omega_d t \tag{2-50}$$

分别表示单位初始位移和单位初始速度引起的自由振动。

典型的欠阻尼系统自由衰减振动的时间历程曲线如图 2-14 所示，它是在系统平衡位置附近的往复运动，具有振动的性质。但振幅随着时间的增加不断衰减，也不再是周期振动。实际的振动系统多属于欠阻尼情况，所以通常所说的有阻尼系统的自由振动，均指欠阻尼情况，其具有的特性如下：

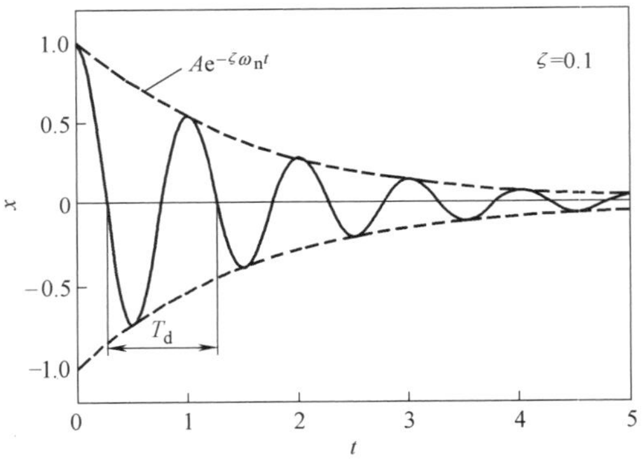

图 2-14　欠阻尼系统的自由衰减振动

1）有阻尼系统的自由振动是非周期振动，但其相邻两次沿同一方向经过平衡位置的时间间隔均为

$$T_d=\frac{2\pi}{\omega_d}=\frac{2\pi}{\omega_n\sqrt{1-\zeta^2}}=\frac{T_n}{\sqrt{1-\zeta^2}} \tag{2-51}$$

通常把这种性质称作等时性，基于周期这一术语，该时间间隔又称为阻尼固有周期或自然周期，且大于无阻尼自由振动的周期。需要注意的是，有阻尼系统自由振动的周期只说明它具有等时性，并不能说明它具有周期性。

阻尼固有频率 ω_d 和阻尼固有周期 T_d 是有阻尼系统自由振动的重要参数。当阻尼比很小时，它们与系统的固有频率 ω_n 及固有周期 T_n 相差很小，甚至可以忽略。

2）有阻尼系统的自由振动振幅按指数规律衰减，设经过一个自然周期 T_d，同方向相

邻两个振幅分别为 A_i 与 A_{i+1}，即

$$\begin{cases}A_i=Ae^{-\zeta\omega_n t_i}\sin(\omega_d t_i+\varphi)\\A_{i+1}=Ae^{-\zeta\omega_n(t_i+T_d)}\sin[\omega_d(t_i+T_d)+\varphi]\end{cases}\tag{2-52}$$

则相邻两振幅之比为

$$\eta=\frac{A_i}{A_{i+1}}=e^{\zeta\omega_n T_d}=e^{\frac{2\pi\zeta}{\sqrt{1-\zeta^2}}}\tag{2-53}$$

式中，η 称为振幅衰减率，振幅衰减率的自然对数称为振幅对数衰减率，表示为

$$\delta=\ln\eta=\zeta\omega_n T_d=\frac{2\pi\zeta}{\sqrt{1-\zeta^2}}\tag{2-54}$$

式（2-54）表明振幅对数衰减率仅取决于阻尼比，当阻尼比较小时，该式可近似表示为

$$\delta\approx 2\pi\zeta\tag{2-55}$$

有阻尼系统的自由振动中含有的阻尼信息为由实验确定系统阻尼提供了可能性。通常，可根据实测的自由振动，通过计算振幅对数衰减率来确定系统的阻尼比。

例 2-5　一单自由度弹簧-质量-阻尼系统，设系统阻尼为黏性阻尼，质量块的质量为10kg，自由振动的自然周期为0.1s，相邻5个周期振幅的衰减率为50%，试计算系统的刚度、阻尼系数及阻尼比。

解：根据振幅衰减率公式［式（2-53）］，由相邻5个周期振幅的衰减率为50%可得

$$e^{5\zeta\omega_n T_d}=e^{\frac{5\times 2\pi\zeta}{\sqrt{1-\zeta^2}}}=\frac{1}{0.5}\tag{a}$$

则系统的阻尼比为

$$\zeta=0.0221\tag{b}$$

系统自由振动的自然周期 T_d 为0.1s，根据阻尼固有频率公式［式（2-45）］，可得系统的固有频率

$$\omega_n=\frac{\omega_d}{\sqrt{1-\zeta^2}}=\frac{2\pi}{T_d\sqrt{1-\zeta^2}}=62.8471\quad \text{rad/s}\tag{c}$$

则系统的刚度与阻尼系数为

$$\begin{cases}k=m\omega_n^2=39497.64\text{N/m}\\c=2\zeta m\omega_n=27.7259\text{N}\cdot\text{s/m}\end{cases}\tag{d}$$

2.5　简谐激励作用下单自由度系统的受迫振动

对于2.4节所述的有阻尼单自由度系统，其自由振动会随着时间的推移逐渐衰减直至停止。当系统受到外部持续激励作用时，系统会持续振动，这种振动形式称为受迫振动。外部激励所引起的系统振动状态称为响应，系统的响应可以分为位移、速度或加速度，而一般用位移表示。作用在系统上的外部激励力，按照它们随时间变化的规律可分为三种形式：简谐激励（简谐力激励和基础简谐激励）、周期激励和任意激励，本节先讨论简谐激励作用下单自由度系统的受迫振动。

2.5.1 简谐力激励

单自由度受迫振动系统如图2-15所示，在图2-11的基础上增加一简谐激励力 F，其表达式为

$$F=f\sin\omega t \tag{2-56}$$

式中，f 为激励力的幅值；ω 为激励力的频率。

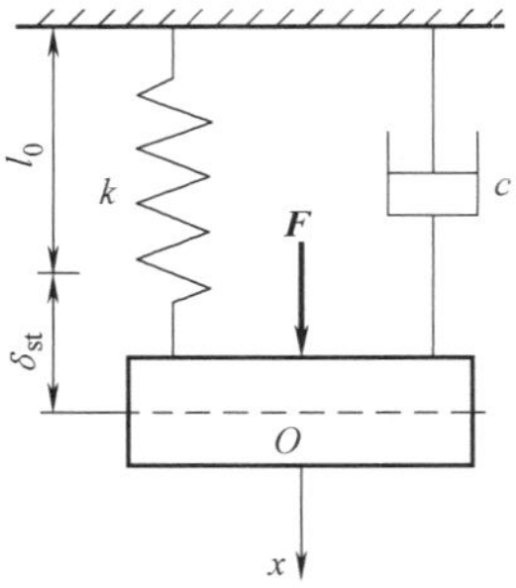

图2-15 单自由度受迫振动系统

取质量块的静平衡位置为坐标原点 O，建立图示坐标系，x 轴正方向沿弹簧变形方向垂直向下，利用式（2-2），可得系统的振动方程

$$m\ddot{x}+c\dot{x}+kx=f\sin\omega t \tag{2-57}$$

式（2-57）是一个二阶线性非齐次常微分方程，它的解由齐次方程的通解 $x_1(t)$ 和非齐次方程的特解 $x_2(t)$ 组合而成，即

$$x=x_1(t)+x_2(t) \tag{2-58}$$

$x_1(t)$ 和 $x_2(t)$ 分别满足如下方程：

$$m\ddot{x}_1+c\dot{x}_1+kx_1=0 \tag{2-59}$$

$$m\ddot{x}_2+c\dot{x}_2+kx_2=f\sin\omega t \tag{2-60}$$

式（2-59）是有阻尼单自由度系统的自由振动方程，这里考虑欠阻尼情况，其通解如式（2-44）所示，即

$$x_1(t)=e^{-\zeta\omega_n t}(a_1\cos\omega_d t+a_2\sin\omega_d t) \tag{2-61}$$

由常微分方程理论，式（2-60）具有如下形式：

$$x_2=B_d\sin(\omega t+\varphi_d) \tag{2-62}$$

将特解式（2-62）代入式（2-60）可得

$$(k-m\omega^2)B_d\sin(\omega t+\varphi_d)+c\omega B_d\cos(\omega t+\varphi_d)=f\sin\omega t \tag{2-63}$$

式（2-63）的右端可写为

$$f\sin\omega t=f\sin(\omega t+\varphi_d-\varphi_d)=f\cos\varphi_d\sin(\omega t+\varphi_d)-f\sin\varphi_d\cos(\omega t+\varphi_d) \tag{2-64}$$

令 $\sin(\omega t+\varphi_d)$ 与 $\cos(\omega t+\varphi_d)$ 前的系数相等，可得

$$\begin{cases}(k-m\omega^2)B_d=f\cos\varphi_d\\ c\omega B_d=-f\sin\varphi_d\end{cases} \tag{2-65}$$

则特解 $x_2(t)$ 的幅值和相位分别为

$$\begin{cases}B_d=\dfrac{f}{\sqrt{(k-m\omega^2)^2+(c\omega)^2}}\\ \varphi_d=\arctan\left(-\dfrac{c\omega}{k-m\omega^2}\right)\end{cases} \tag{2-66}$$

因此可得单自由度受迫振动系统的响应为

$$x=e^{-\zeta\omega_n t}(a_1\cos\omega_d t+a_2\sin\omega_d t)+B_d\sin(\omega t+\varphi_d) \tag{2-67}$$

其具有以下特征：

1）受迫振动响应由两部分组成，第一部分是有阻尼自由振动响应的通解，第二部分是简谐振动的特解。由于阻尼的存在，随着时间的增加，通解幅值逐渐衰减，直至消失，也称其为瞬态振动；而特解响应幅值不随时间改变，是一个简谐振动，也称其为稳态振动。

2）受迫振动由瞬态振动和稳态振动叠加而成。随着时间的增加，瞬态振动消失，受迫振动响应主要由稳态振动构成。稳态振动的频率等于激励力频率 ω，幅值和相位取决于激励力幅值和系统参数，与初始条件无关，初始条件只影响系统的瞬态振动。

由于瞬态振动会随着时间的增加逐渐衰减，因此实际问题中主要关心稳态振动，为了方便分析，定义频率比 λ 和位移振幅放大因子 β_d，即

$$\lambda=\frac{\omega}{\omega_n} \tag{2-68}$$

$$\beta_d=\frac{B_d}{B_0}=\frac{B_d}{f/k} \tag{2-69}$$

式中，$B_0=f/k$ 是激励力作用下的位移，则式（2-66）可化简为

$$\begin{cases}\beta_d=\dfrac{1}{\sqrt{(1-\lambda^2)^2+(2\zeta\lambda)^2}}\\ \varphi_d=\arctan\left(-\dfrac{2\zeta\lambda}{1-\lambda^2}\right)\end{cases} \tag{2-70}$$

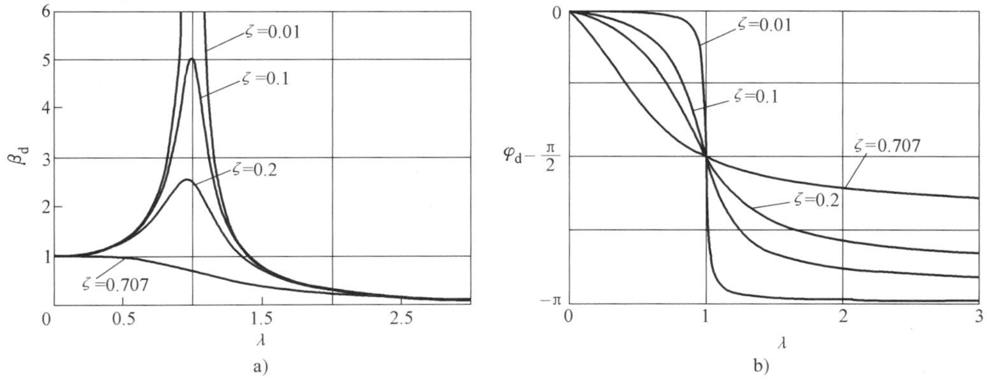

a)　　b)

图 2-16　位移幅频、相频特性曲线

a）位移幅频特性曲线　b）位移相频特性曲线

将位移振幅放大因子 β_d 随频率比 λ 的变化曲线称为位移幅频特性曲线，将相位 φ_d 随频率比 λ 的变化曲线称为位移相频特性曲线。不同阻尼比 ζ 下，位移幅频与相频特性曲线如图 2-16 所示。

从位移幅频特性曲线可看出：

1）当频率比 λ 很小时，即 $\lambda\ll1$，表明激励力频率远小于系统的固有频率，此时位移振幅放大因子 $\beta_d\approx1$，受迫振动的稳态振动幅值 B_d 接近激励力作用下的静位移 B_0，激励力作用接近于静力作用，且阻尼比 ζ 对位移振幅放大因子 β_d 的影响很小，可忽略不计。

2）当频率比 $\lambda\approx1$ 时，此时位移幅频特性曲线出现峰值，且阻尼比 ζ 越大，峰值越

小，当阻尼比 ζ 增加到一定值时，峰值消失。

3）当频率比 λ 很大时，即 $\lambda \gg 1$，表明激励力频率远大于系统的固有频率，此时位移振幅放大因子 $\beta_d \approx 0$，受迫振动在稳态振动时几乎静止不动，且阻尼比 ζ 对位移振幅放大因子 β_d 的影响也可忽略不计。

从位移相频特性曲线可看出：

1）当频率比 $\lambda \ll 1$ 时，$\varphi_d \approx 0$，表明当激励力频率很小时，相位 φ_d 接近零，即受迫振动的位移与激励力几乎是同相位的。

2）当频率比 $\lambda = 1$ 时，$\varphi_d = -\dfrac{\pi}{2}$，表明当激励力频率等于系统的固有频率时，受迫振动的位移落后于激励力 $\dfrac{\pi}{2}$，且不论阻尼比 ζ 如何变化，相位差总是等于 $-\dfrac{\pi}{2}$。

3）当频率比 $\lambda \gg 1$ 时，$\varphi_d = -\pi$，表明当激励力频率远大于系统的固有频率时，受迫振动的位移落后于激励力 π，即受迫振动的位移与激励力是反相位的。

由受迫振动的稳态响应位移可以得到稳态响应速度，即

$$\dot{x}_2 = \omega B_d \cos(\omega t + \varphi_d) = B_v \sin(\omega t + \varphi_v) \tag{2-71}$$

式中，B_v 和 φ_v 分别为速度幅值以及速度与激励力之间的相位差，由式（2-66）与式(2-71)可得

$$\begin{cases} B_v = \omega B_d = \dfrac{\omega f}{\sqrt{(k - m\omega^2)^2 + (c\omega)^2}} \\ \varphi_v = \varphi_d + \dfrac{\pi}{2} = \arctan\left(-\dfrac{c\omega}{k - m\omega^2}\right) + \dfrac{\pi}{2} \end{cases} \tag{2-72}$$

与位移振幅放大因子 β_d 类似，可定义速度振幅放大因子 β_v 为

$$\beta_v = \frac{B_v}{B_0} = \lambda \beta_d = \frac{\lambda}{\sqrt{(1 - \lambda^2)^2 + (2\zeta\lambda)^2}} \tag{2-73}$$

类似地，稳态响应加速度为

$$\ddot{x}_2 = -\omega^2 B_d \sin(\omega t + \varphi_d) = B_a \sin(\omega t + \varphi_a) \tag{2-74}$$

式中，B_a 和 φ_a 分别为加速度幅值以及加速度与激励力之间的相位差，由式（2-66）与式（2-74）可得

$$\begin{cases} B_a = \omega^2 B_d = \dfrac{\omega^2 f}{\sqrt{(k - m\omega^2)^2 + (c\omega)^2}} \\ \varphi_a = \varphi_d + \pi = \arctan\left(-\dfrac{c\omega}{k - m\omega^2}\right) + \pi \end{cases} \tag{2-75}$$

定义加速度振幅放大因子 β_a 为

$$\beta_a = \frac{B_a}{B_0} = \lambda^2 \beta_d = \frac{\lambda^2}{\sqrt{(1 - \lambda^2)^2 + (2\zeta\lambda)^2}} \tag{2-76}$$

不同阻尼比 ζ 下，速度与加速度幅频特性曲线如图 2-17 所示。

由以上分析可得受迫振动的稳态响应具有如下特征：

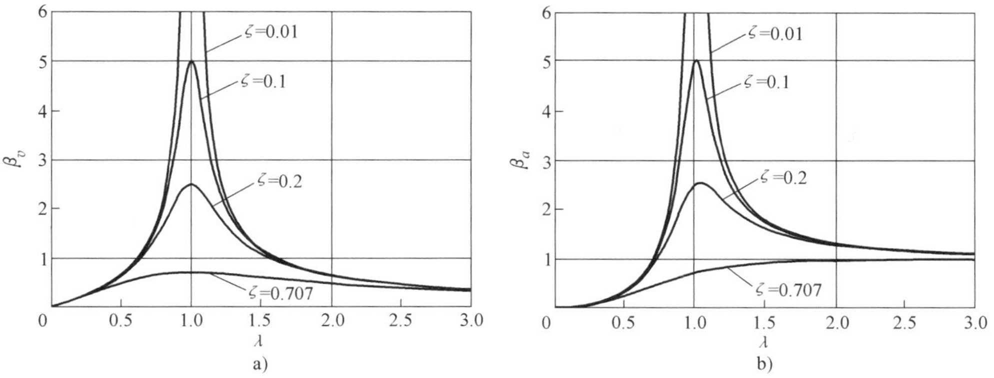

图 2-17 速度、加速度幅频特性曲线

a）速度幅频特性曲线 b）加速度幅频特性曲线

1. 低频段（$\lambda \ll 1$）

由位移、速度与加速度幅频特性曲线可知，当 $\lambda \ll 1$ 时，有

$$\beta_{\mathrm{d}} \approx 1,\ \beta_v \approx 0,\ \beta_a \approx 0 \tag{2-77}$$

式（2-77）表明在低频段位移幅值 B_{d} 近似等于激励力作用下的静位移 B_0，速度幅值 B_v 与加速度幅值 B_a 接近于零，此时系统可看作静态。由相频特性曲线可得位移、速度、加速度与激励力之间的相位差分别为

$$\varphi_{\mathrm{d}} \approx 0,\ \varphi_v \approx \frac{\pi}{2},\ \varphi_a \approx \pi \tag{2-78}$$

式（2-78）表明在低频段位移与激励力基本同相位，此时系统运动主要由弹性力与激励力的平衡关系决定，系统基本呈现弹性。

2. 高频段（$\lambda \gg 1$）

当 $\lambda \gg 1$ 时，有

$$\begin{cases} \beta_{\mathrm{d}} \approx 0,\ \beta_v \approx 0,\ \beta_a \approx 1 \\ \varphi_{\mathrm{d}} \approx -\pi,\ \varphi_v \approx -\dfrac{\pi}{2},\ \varphi_a \approx 0 \end{cases} \tag{2-79}$$

式（2-79）表明在高频段位移幅值 B_{d} 与速度幅值 B_v 接近于零，而加速度幅值 B_a 近似等于 f/m，且加速度与激励力基本同相位，此时系统运动主要由惯性力与激励力的平衡关系决定，系统基本呈现惯性。

3. 共振频段（$\lambda \approx 1$）

当阻尼比 ζ 较小时，系统稳态振动的位移、速度与加速度幅值在 $\lambda \approx 1$ 时出现极大值，系统产生剧烈振动，与无阻尼系统类似，将这种现象称为共振。对式（2-70）求导，可得位移幅值的极大值以及取极大值时的频率比

$$\begin{cases} \lambda_{\mathrm{d}} = \sqrt{1-2\zeta^2} \\ \beta_{\mathrm{dmax}} = \dfrac{1}{2\zeta\sqrt{1-\zeta^2}} \end{cases} \tag{2-80}$$

将这种极值现象称为位移共振，且位移共振频率小于系统的固有频率。对式（2-73）求导，可得速度幅值的极大值以及取极大值时的频率比

$$\begin{cases}\lambda_v=1\\ \beta_{v\max}=\dfrac{1}{2\zeta}\end{cases} \tag{2-81}$$

则速度共振时，激励力频率等于系统的固有频率。对式（2-76）求导，可得加速度幅值的极大值以及取极大值时的频率比

$$\begin{cases}\lambda_a=\dfrac{1}{\sqrt{1-2\zeta^2}}\\ \beta_{a\max}=\dfrac{1}{2\zeta\sqrt{1-\zeta^2}}\end{cases} \tag{2-82}$$

则加速度共振频率大于系统的固有频率。

对于小阻尼比系统，位移、速度与加速度共振频率差异很小。统一地，定义系统的共振频率比为 $\lambda=1$，即当激励力频率等于系统固有频率时，系统发生共振。

当频率比 $\lambda=1$ 时，系统的位移、速度与加速度振幅放大因子都相等，即

$$\beta_{\mathrm{d}}\big|_{\lambda=1}=\beta_v\big|_{\lambda=1}=\beta_a\big|_{\lambda=1}=\frac{1}{2\zeta} \tag{2-83}$$

此时速度幅值 B_v 近似等于 f/c，位移、速度、加速度与激励力之间的相位差分别为

$$\varphi_{\mathrm{d}}\approx-\frac{\pi}{2},\ \varphi_v\approx0,\ \varphi_a\approx\frac{\pi}{2} \tag{2-84}$$

式（2-84）表明共振时，速度与激励力基本同相位，因此又称为相位共振。共振时弹性力与惯性力互相平衡，系统运动主要由阻尼力与激励力的平衡关系决定，系统基本呈现阻尼特性。

2.5.2 基础简谐激励

在实际工程中，系统会受到基础或支撑的激励。例如，汽车在路面上行驶时会受到路面的激励从而引起车身的振动，而车身的振动又会引起车内仪表和电子设备的振动，这些都属于基础激励引起的振动。本节研究基础简谐激励下单自由度受迫振动系统，如图 2-18 所示。

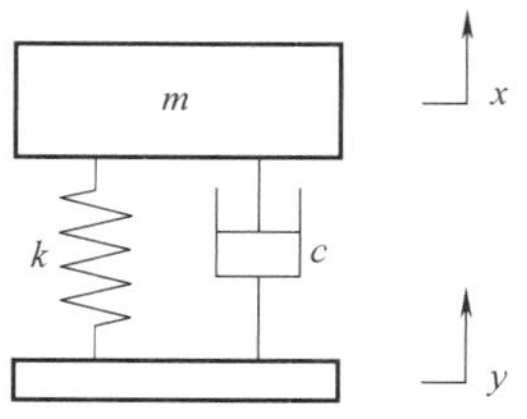

图 2-18 基础简谐激励下单自由度受迫振动系统

设基础激励为简谐位移激励，其表达式为

$$y=y_0\sin\omega t \tag{2-85}$$

式中，y_0 为位移激励幅值，取质量块的静平衡位置为坐标原点 O，x 轴正方向沿弹簧变形方向垂直向上，依据牛顿第二定律，可得系统的运动微分方程

$$m\ddot{x}=-c(\dot{x}-\dot{y})-k(x-y) \tag{2-86}$$

定义相对位移

$$z=x-y \tag{2-87}$$

式（2-86）可化简为

$$m\ddot{z}+c\dot{z}+kz=-m\ddot{y} \tag{2-88}$$

将式（2-85）分别代入到式（2-86）与式（2-88）中，可得

$$m\ddot{x}+c\dot{x}+kx=c\omega y_0\cos\omega t+ky_0\sin\omega t \tag{2-89}$$

$$m\ddot{z}+c\dot{z}+kz=m\omega^2 y_0\sin\omega t \tag{2-90}$$

这里只考虑稳态响应，先分析相对运动 z，设相对运动 z 的稳态响应具有如下形式：

$$z=B_r\sin(\omega t+\varphi_r) \tag{2-91}$$

将式（2-91）代入到式（2-90）可得

$$(k-m\omega^2)B_r\sin(\omega t+\varphi_r)+c\omega B_r\cos(\omega t+\varphi_r)=m\omega^2 y_0\sin\omega t \tag{2-92}$$

令 $\sin(\omega t+\varphi_r)$ 与 $\cos(\omega t+\varphi_r)$ 前的系数相等，可得

$$\begin{cases}(k-m\omega^2)B_r=m\omega^2 y_0\cos\varphi_r\\ c\omega B_r=-m\omega^2 y_0\sin\varphi_r\end{cases} \tag{2-93}$$

则相对运动 z 的幅值和相位分别为

$$\begin{cases}B_r=\dfrac{m\omega^2 y_0}{\sqrt{(k-m\omega^2)^2+(c\omega)^2}}\\ \varphi_r=\arctan\left(-\dfrac{c\omega}{k-m\omega^2}\right)\end{cases} \tag{2-94}$$

定义相对位移传递率

$$T_r\overset{\text{def}}{=}\frac{B_r}{y_0} \tag{2-95}$$

将式（2-94）代入到式（2-95）可得

$$T_r=\frac{B_r}{y_0}=\frac{m\omega^2}{\sqrt{(k-m\omega^2)^2+(c\omega)^2}}=\frac{\lambda^2}{\sqrt{(1-\lambda^2)^2+(2\zeta\lambda)^2}} \tag{2-96}$$

基础简谐激励下的相对位移传递率与简谐力激励下的加速度振幅放大因子 β_a 表达式相同，其幅频特性曲线如图 2-17b 所示。

由相对位移 z 可得质量块的绝对位移

$$\begin{aligned}x&=z+y=B_r\sin(\omega t+\varphi_r)+y_0\sin\omega t=(B_r\cos\varphi_r+y_0)\sin\omega t+B_r\sin\varphi_r\cos\omega t\\&=B_d\sin(\omega t+\varphi_d)\end{aligned} \tag{2-97}$$

则绝对运动 x 的幅值和相位分别为

$$\begin{cases}B_d=\sqrt{B_r^2+2B_r y_0\cos\varphi_r+y_0^2}\\ \varphi_d=\arctan\left(\dfrac{B_r\sin\varphi_r}{B_r\cos\varphi_r+y_0}\right)\end{cases} \tag{2-98}$$

将式（2-93）与式（2-94）代入到式（2-98）可得

$$\begin{cases}B_d=y_0\sqrt{\dfrac{k^2+(c\omega)^2}{(k-m\omega^2)^2+(c\omega)^2}}\\ \varphi_r=\arctan\left(\dfrac{-mc\omega^3}{k(k-m\omega^2)+(c\omega)^2}\right)\end{cases} \tag{2-99}$$

定义绝对位移传递率

$$T_d \overset{\text{def}}{=} \frac{B_d}{y_0} \tag{2-100}$$

将式（2-99）代入到式（2-100）可得

$$T_d = \frac{B_d}{y_0} = \sqrt{\frac{k^2+(c\omega)^2}{(k-m\omega^2)^2+(c\omega)^2}} = \sqrt{\frac{1+(2\zeta\lambda)^2}{(1-\lambda^2)^2+(2\zeta\lambda)^2}} \tag{2-101}$$

不同阻尼比 ζ 下，绝对位移传递率如图 2-19 所示。

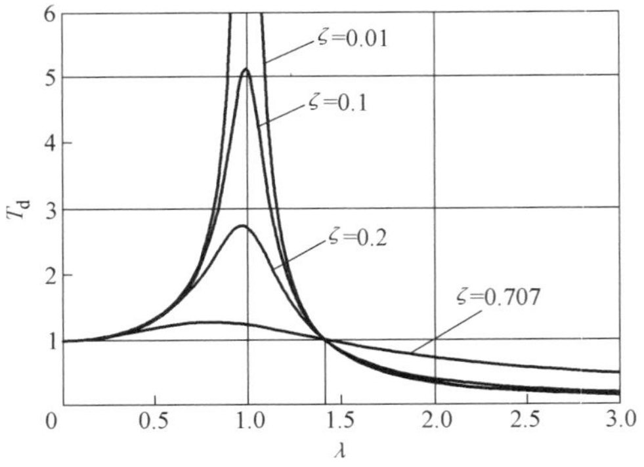

图 2-19　绝对位移传递率

从绝对位移传递率曲线可看出：

1. 低频段（$\lambda \ll 1$）

在低频段，有绝对位移传递率 $T_d \approx 1$，表明质量块的绝对运动接近于基础的运动，质量块与基础之间没有相对运动。

2. 共振频段（$\lambda \approx 1$）

在共振频段，绝对位移传递率 T_d 存在一个峰值，表明基础运动经过弹簧和阻尼器后，放大传给质量块。不难证明，当阻尼比 ζ 取不同值时，绝对位移传递率 T_d 在频率比 $\lambda=\sqrt{2}$ 处的数值都为 1，且当频率比 $\lambda>\sqrt{2}$ 时，绝对位移传递率 T_d 小于 1。

3. 高频段（$\lambda \gg 1$）

在高频段，有绝对位移传递率 $T_d \approx 0$，表明基础运动经过弹簧和阻尼器被隔离了，质量块的位移接近于零，近似静止。

2.5.3　等效黏性阻尼

前两节研究的阻尼都是线性黏性阻尼，在实际工程中，阻尼类型繁多，机理复杂，为了方便分析，常采用能量等效原则，将非黏性阻尼简化为黏性阻尼。能量等效的原则是：在一个周期内，非黏性阻尼与等效黏性阻尼消耗的能量相等。假设在简谐激励力作用下，非黏性阻尼系统的稳态响应是简谐振动，即

$$x = B\sin(\omega t+\varphi) \tag{2-102}$$

则黏性阻尼在一个周期内消耗的能量为

$$W = \int_0^T c_e \dot{x}\dot{x}\,dt = \pi c_e \omega B^2 \tag{2-103}$$

根据能量等效原则，非黏性阻尼在一个周期内消耗的能量也为 W，则其对应的等效黏性阻尼系数为

$$c_e = \frac{W}{\pi\omega B^2} \tag{2-104}$$

1. 干摩擦阻尼

有干摩擦阻尼的振动系统如图 2-20 所示，当质量块从静平衡位置运动到最大位移处时，摩擦力做功为 $F_N B$，则一个周期内，摩擦力做功为

2. 速度平方阻尼

当物体以较高速度在流体介质中运动时，阻尼力与物体运动的速度平方成正比，即

$$F_c=\alpha\dot{x}^2 \tag{2-107}$$

式中，α 为阻尼系数，在一个周期内，速度平方阻尼消耗的能量为

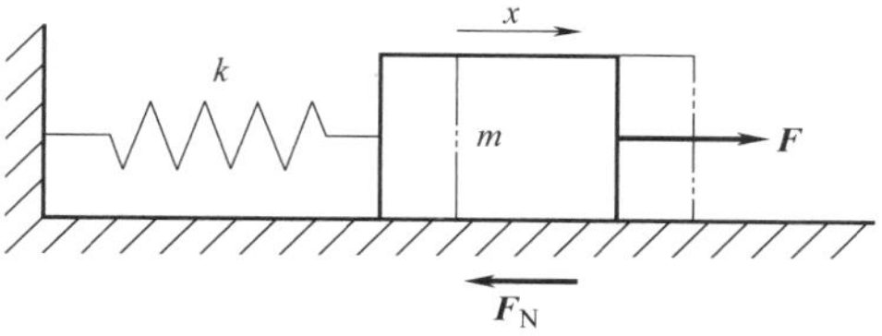

图 2-20　有干摩擦阻尼的振动系统

$$W=4\int_0^{\frac{T}{4}}\alpha\dot{x}^3\mathrm{d}t=4\alpha\omega^2B^3\int_0^{\frac{T}{4}}\cos^3(\omega t+\varphi)\mathrm{d}t=\frac{8}{3}\alpha\omega^2B^3 \tag{2-108}$$

则速度平方阻尼的等效黏性阻尼系数为

$$c_e=\frac{8\alpha\omega B}{3\pi} \tag{2-109}$$

3. 结构阻尼

当材料或构件产生交变应力时，其内摩擦将消耗能量，称为结构阻尼。试验表明，在很宽的频率范围内，此能耗与振动频率无关，仅与振幅的平方成正比，在一个周期内，结构阻尼消耗的能量为

$$W=\beta B^2 \tag{2-110}$$

式中，β 为一常数，称为迟滞阻尼系数。对于金属材料，$\beta=2\sim3$，则结构阻尼的等效黏性阻尼系数为

$$c_e=\frac{\beta}{\pi\omega} \tag{2-111}$$

2.6　周期激励作用下单自由度系统的响应

前面已经讨论了单自由度系统在简谐激励下的响应，但在实际工程中，系统还会受到更一般的非简谐周期激励，设 $F(t)$ 为周期函数，其最小正周期为 T_0，则

$$F(t+T_0)=F(t) \tag{2-112}$$

若周期函数 $F(t)$ 在周期 T_0 内只有有限个第一类间断点和极值点，则可展开成傅里叶级数为

$$F(t)=\frac{a_0}{2}+\sum_{n=1}^{+\infty}(a_n\cos n\omega_0t+b_n\sin n\omega_0t) \tag{2-113}$$

式中，

$$\begin{cases}a_n=\dfrac{2}{T_0}\displaystyle\int_0^{T_0}F(t)\cos n\omega_0t\mathrm{d}t \quad (n=0,1,2,\cdots)\\ b_n=\dfrac{2}{T_0}\displaystyle\int_0^{T_0}F(t)\sin n\omega_0t\mathrm{d}t \quad (n=0,1,2,\cdots)\end{cases} \tag{2-114}$$

a_n、b_n为傅里叶级数，$\omega_0=2\pi/T_0$称为基频。根据同频率简谐振动合成公式，式（2-113）可写成

$$F(t)=A_0+\sum_{n=1}^{+\infty}A_n\sin(n\omega_0t+\varphi_0) \tag{2-115}$$

其中第一项

$$A_0\overset{\text{def}}{=}\frac{a_0}{2}=\frac{1}{T_0}\int_0^{T_0}u(t)\,\mathrm{d}t \tag{2-116}$$

式（2-113）求和号内的任意项是基频 ω_0 的 n 倍频的简谐振动，称为第 n 阶谐波分量，其幅值与初相位分别为

$$A_n\overset{\text{def}}{=}\sqrt{a_n^2+b_n^2}\qquad \varphi_n\overset{\text{def}}{=}\arctan\frac{a_n}{b_n}\quad(n=1,2,3,\cdots) \tag{2-117}$$

通常，将周期函数展开成傅里叶级数的过程称为谐波分析或频谱分析。处理周期激励的基本思想是：利用傅里叶级数，将周期激励分解为一系列与基频成整倍数关系的简谐激励；然后求解系统在各简谐激励下的响应；最后由线性叠加原理，将各响应进行叠加，即可得到系统在周期激励下的响应。

单自由度有阻尼系统在周期激励下的运动微分方程为

$$m\ddot{x}+c\dot{x}+kx=F(t)=\frac{a_0}{2}+\sum_{n=1}^{+\infty}(a_n\cos n\omega_0t+b_n\sin n\omega_0t) \tag{2-118}$$

根据线性叠加原理，考虑欠阻尼情况，可得系统的稳态响应

$$x(t)=\frac{a_0}{2k}+\sum_{n=1}^{+\infty}\left[A_n^*\cos(n\omega_0t-\varphi_n^*)+B_n^*\sin(n\omega_0t-\varphi_n^*)\right] \tag{2-119}$$

式中，

$$\begin{cases}A_n^*=\dfrac{a_n}{k}\dfrac{1}{\sqrt{(1-\lambda_n^2)^2+(2\zeta\lambda_n)^2}}\\[2ex] B_n^*=\dfrac{b_n}{k}\dfrac{1}{\sqrt{(1-\lambda_n^2)^2+(2\zeta\lambda_n)^2}}\\[2ex] \tan\varphi_n^*=\dfrac{2\zeta\lambda_n}{1-\lambda_n^2}\\[2ex] \lambda_n=\dfrac{n\omega_0}{\omega_n},\quad \zeta=\dfrac{c}{2m\omega_n},\quad \omega_n^2=\dfrac{k}{m}\end{cases} \tag{2-120}$$

周期激励下系统的稳态响应具有如下特征：

1）系统的稳态响应是周期振动，其周期等于激励力的周期。

2）系统的稳态响应由激励力各谐波分量分别作用下的稳态响应叠加而成。

3）系统稳态响应中，频率最靠近固有频率的谐波响应最大，在响应中占主要部分；频率远离固有频率的谐波响应较小，在响应中占次要部分。

例 2-6 单自由度弹簧-质量-系统受到如图 2-21 所示的周期方波激励，求系统的稳态响应。

解： 周期方波激励的表达式为

$$F(t)=\begin{cases} f_0 & (0<t<T/2) \\ -f_0 & (T/2<t<T) \end{cases} \tag{a}$$

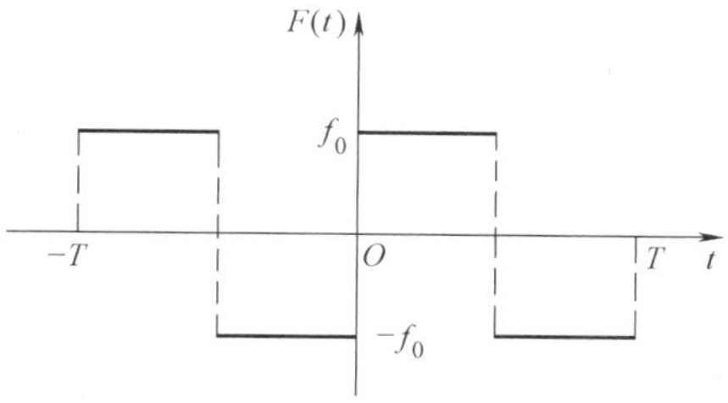

图 2-21　周期方波

式中，T 为周期，将周期方波 $F(t)$ 展开成傅里叶级数，其傅里叶级数的系数为

$$a_0=\frac{2}{T}\int_{-T/2}^{T/2}F(t)\mathrm{d}t=0 \tag{b}$$

$$a_n=\frac{2}{T}\int_{-T/2}^{T/2}F(t)\cos n\omega_0 t\mathrm{d}t=0 \tag{c}$$

$$b_n=\frac{2}{T}\int_{-T/2}^{T/2}F(t)\sin n\omega_0 t\mathrm{d}t=\frac{4F_0}{T}\int_0^{T/2}\sin n\omega_0 t\mathrm{d}t$$

$$=\frac{2F_0}{n\pi}(1-\cos n\pi)=\begin{cases} 0 & n\text{ 为偶数} \\ \dfrac{4F_0}{n\pi} & n\text{ 为奇数} \end{cases} \tag{d}$$

则周期方波的傅里叶级数为

$$F(t)=\frac{4f_0}{\pi}\sum_{n=1,3,5,\cdots}^{+\infty}\frac{1}{n}\sin n\omega_0 t \tag{e}$$

由式（2-119）可得系统的稳态响应

$$x(t)=\sum_{n=1,3,5,\cdots}^{+\infty}\frac{4f_0\sin n\omega_0 t}{n\pi[k-m(n\omega_0)^2]}=\sum_{n=1,3,5,\cdots}^{+\infty}\frac{4f_0}{kn\pi}\frac{\sin n\omega_0 t}{1-(n\omega_0/\omega_n)^2} \tag{f}$$

2.7　任意激励作用下单自由度系统的响应

2.6 节研究了周期激励作用下单自由度系统的响应，当不考虑初始阶段的瞬态振动时，系统的响应是稳态的周期振动。但在许多实际工程中，激励不是周期函数，而是任意的时间函数，如风力载荷、地震载荷、冲击载荷等都是任意激励。在这种激励作用下，系统通常没有稳态振动，而只有瞬态振动，当激励消失后，系统将按固有频率继续做自由振动；若激励持续作用，即使系统存在阻尼，系统的响应也会持续下去。系统在任意激励作用下的响应，包括激励消失后的自由振动，称为任意激励的响应，周期激励是任意激励的一种特例。研究系统在任意激励下的响应，一般有三种方法：卷积积分法、傅里叶变换法和拉普拉斯变换法。

2.7.1　卷积积分法

卷积积分法的基本思想是：将任意激励分解为一系列微冲量的作用，分别求出系统在每个微冲量下的响应，再根据线性叠加原理，将各响应进行叠加，即可得到系统在任意激励下的响应。这种方法也称为杜哈梅（Duhamel）积分法。

单自由度有阻尼系统在任意激励下的运动微分方程为

$$\begin{cases} m\ddot{x}+c\dot{x}+kx=f(t) \\ x_0=0,\ \dot{x}_0=0 \end{cases} \tag{2-121}$$

利用卷积积分法求解系统在任意激励下的响应，首先引进 δ 函数，δ 函数定义为

$$\delta(t-\tau)=\begin{cases} \infty & t=\tau \\ 0 & t\neq\tau \end{cases} \tag{2-122}$$

且

$$\int_{-\infty}^{+\infty}\delta(t-\tau)\,\mathrm{d}t=1 \tag{2-123}$$

为了进一步理解 δ 函数，现研究函数 $\delta_\varepsilon(t-\tau)$，如图 2-22 所示。其表达式为

$$\delta_\varepsilon(t-\tau)=\begin{cases} \dfrac{1}{\varepsilon} & \tau\leqslant t\leqslant\tau+\varepsilon \\ 0 & \text{其他} \end{cases} \tag{2-124}$$

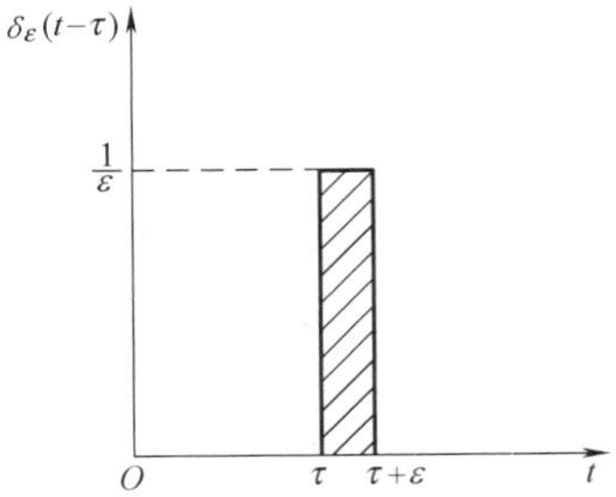

图 2-22　函数 δ_ε（$t-\tau$）

由式（2-124），可得

$$\lim_{\varepsilon\to0}\delta_\varepsilon(t-\tau)=\delta(t-\tau) \tag{2-125}$$

函数 $\delta(t-\tau)$ 具有以下特性：

1. 选择性

$$\int_{-\infty}^{+\infty}f(t)\delta(t-\tau)\,\mathrm{d}t=\lim_{\varepsilon\to0}\int_{\tau}^{\tau+\varepsilon}\frac{1}{\varepsilon}f(t)\,\mathrm{d}t=\lim_{\varepsilon\to0}\frac{1}{\varepsilon}\varepsilon f(\tau+\alpha\varepsilon)=f(\tau) \tag{2-126}$$

式（2-126）利用积分中值定理进行了推导，且 $0\leqslant\alpha\leqslant1$，易推导

$$\int_0^t f(t)\delta(t-\tau)\,\mathrm{d}t=f(\tau),\ 0<\tau<t \tag{2-127}$$

2. 将集中量化为分布量

将作用时间短、冲量有限的力称为冲击力，若冲击力在 $t=\tau$ 时刻作用，到 $t=\tau+\varepsilon$ 停止，设产生的冲量为常数 I_ε，则该力的平均值为

$$f_\varepsilon=I_\varepsilon/\varepsilon=I_\varepsilon\delta(t-\tau) \tag{2-128}$$

令 $\varepsilon\to0$ 可得

$$f=I\delta(t-\tau) \tag{2-129}$$

式（2-129）的物理含义是：冲击力在 $t=\tau$ 时刻作用，在无限短时间内产生了有限冲量 I，且冲击力在这无限短时间内的数值很大。因为冲量可看作力对时间的积分，所以力是冲量在时间上的分布量。因此冲量乘以 δ 函数可得其在时间上的分布量——作用力，进一步扩展为：任意集中量与 δ 函数相乘后得到其对应的分布量。

研究零初始条件下单自由度有阻尼系统在 $t=\tau=0$ 时刻受到单位冲量 $I=1$ 时的响应，系统的运动微分方程为

$$\begin{cases} m\ddot{x}+c\dot{x}+kx=I\delta(t) \\ x_0=0,\ \dot{x}_0=0 \end{cases} \tag{2-130}$$

由于冲量在无限短时间内施加在系统上，则该瞬时系统初始位移 $x_0=0$，初始速度 $\dot{x}_0=I/m=1/m$，冲量作用结束后，系统做自由振动，式（2-130）等价为

$$\begin{cases} m\ddot{x}+c\dot{x}+kx=I\delta(t) \\ x_0=0,\ \dot{x}_0=I/m=1/m \end{cases} \tag{2-131}$$

由式（2-44），可得系统的响应为

$$x(t)=\frac{1}{m\omega_d}e^{-\zeta\omega_n t}\sin\omega_d t,\ t\geqslant 0 \tag{2-132}$$

式（2-132）中的 $x(t)$ 常用 $h(t)$ 代替，称为单位脉冲响应函数，即

$$h(t)=\frac{1}{m\omega_d}e^{-\zeta\omega_n t}\sin\omega_d t,\ t\geqslant 0 \tag{2-133}$$

若单位冲量在 $t=\tau$ 时刻作用在系统上，则系统响应为

$$h(t-\tau)=\frac{1}{m\omega_d}e^{-\zeta\omega_n(t-\tau)}\sin\omega_d(t-\tau),\ t\geqslant\tau \tag{2-134}$$

研究单自由度有阻尼系统在如图 2-23 所示的任意激励力下的响应，将激励力 $F(t)$ 看作一系列微冲量的叠加，在时刻 $t=\tau$ 的微冲量为 $I=f(\tau)\mathrm{d}\tau$，由式（2-134）得到系统对微冲量 I 的响应

$$\mathrm{d}x=f(\tau)h(t-\tau)\mathrm{d}\tau \tag{2-135}$$

$$\mathrm{d}x=\frac{f(\tau)}{m\omega_d}e^{-\zeta\omega_n(t-\tau)}\sin\omega_d(t-\tau)\mathrm{d}\tau \tag{2-136}$$

由线性叠加原理，系统在激励力 $f(t)$ 下的响应等于时间区间 $0\leqslant\tau\leqslant t$ 内所有微冲量引起的系统响应总和，即

$$x(t)=\int_0^t \mathrm{d}x=\int_0^t f(\tau)h(t-\tau)\mathrm{d}\tau,\ t\leqslant t_1 \tag{2-137}$$

$$x(t)=\int_0^t \mathrm{d}x=\int_0^t \frac{f(\tau)}{m\omega_d}e^{-\zeta\omega_n(t-\tau)}\sin\omega_d(t-\tau)\mathrm{d}\tau,\ t\leqslant t_1 \tag{2-138}$$

式中，t_1 为激励力停止作用的时间。

对于单自由度无阻尼系统，令式（2-138）中的 $\zeta=0$，可得其在任意激励下的响应

$$x(t)=\int_0^t \frac{f(\tau)}{m\omega_n}\sin\omega_n(t-\tau)\mathrm{d}\tau,\ t\leqslant t_1 \tag{2-139}$$

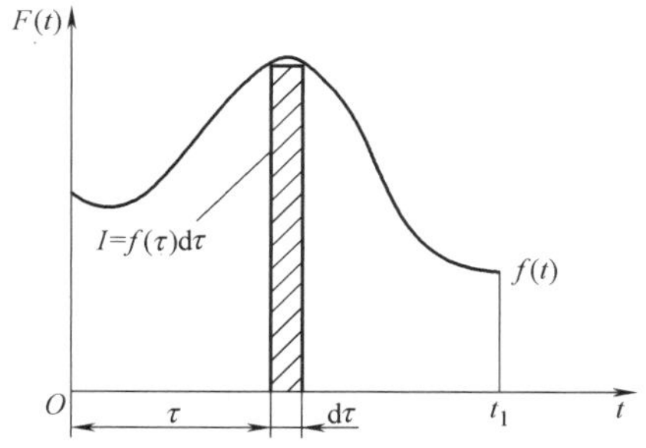

图 2-23 任意激励力

需要注意的是，式（2-138）与式（2-139）是系统在零初始条件下得到的，若系统的初始条件不为零，存在初始位移 x_0 和初始速度 $\dot{x}_0$，则系统的完整响应还包括初始条件引起的响应部分，即

$$x(t)=e^{-\zeta\omega_n t}\left(x_0\cos\omega_d t+\frac{\dot{x}_0+\zeta\omega_n x_0}{\omega_d}\sin\omega_d t\right)+\int_0^t\frac{f(\tau)}{m\omega_d}e^{-\zeta\omega_n(t-\tau)}\sin\omega_d(t-\tau)\,d\tau,\ t\leqslant t_1 \tag{2-140}$$

$$x(t)=x_0\cos\omega_n t+\frac{\dot{x}_0}{\omega_n}\sin\omega_n t+\int_0^t\frac{f(\tau)}{m\omega_n}\sin\omega_n(t-\tau)\,d\tau,\ t\leqslant t_1 \tag{2-141}$$

当 $t>t_1$ 时，即激励力停止作用后，系统的运动是以 $x(t_1)$ 与 $\dot{x}(t_1)$ 为初始条件的运动，$x(t_1)$ 与 $\dot{x}(t_1)$ 可由式（2-140）与式（2-141）中将 t_1 作为积分上限求出。

例 2-7 求单自由度有阻尼系统在零初始条件下，受到如图 2-24 所示的单位阶跃力作用下的响应。

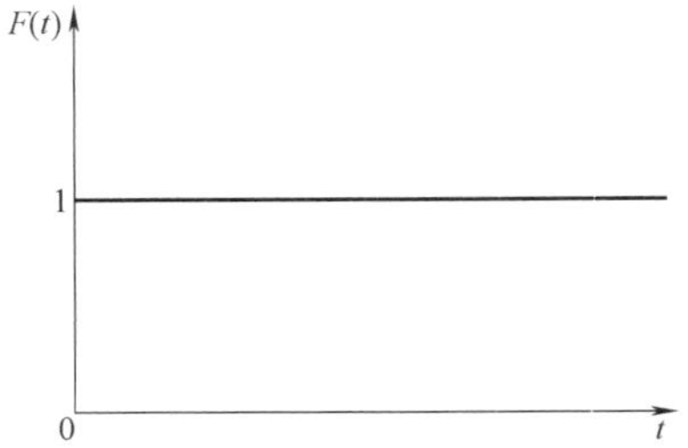

图 2-24 单位阶跃力

解：单位阶跃力的表达式为

$$F(t)=\begin{cases}1 & t\geqslant 0\\ 0 & t<0\end{cases} \tag{a}$$

系统的运动微分方程及初始条件为

$$\begin{cases}m\ddot{x}+c\dot{x}+kx=1\\ x_0=0,\ \dot{x}_0=0\end{cases} \tag{b}$$

运用卷积积分法，由式（2-137）可得系统的响应

$$x(t)=\int_0^t\frac{1}{m\omega_d}e^{-\zeta\omega_n(t-\tau)}\sin\omega_d(t-\tau)\,d\tau=\frac{1}{k}\left[1-\frac{e^{-\zeta\omega_n t}}{\sqrt{1-\zeta^2}}\cos(\omega_d t-\varphi)\right] \tag{c}$$

式中，

$$\varphi=\arctan\frac{\zeta}{\sqrt{1-\zeta^2}} \tag{d}$$

例 2-8 求单自由度无阻尼系统在零初始条件下，受到如图 2-25 所示的激励力作用下的响应。

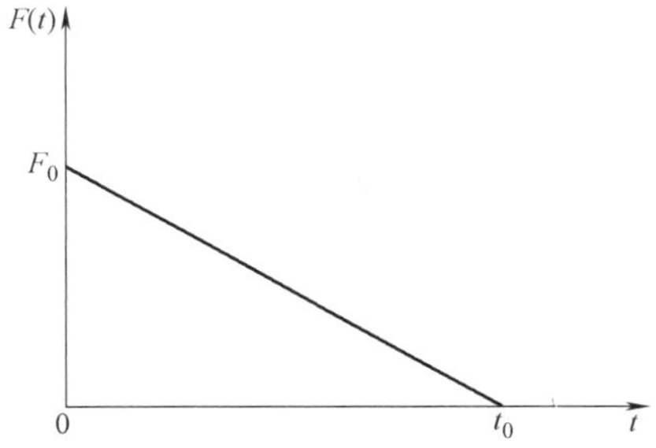

图 2-25 激励力

解：激励力 $F(t)$ 的表达式为

$$F(t)=\begin{cases}F_0\left(1-\dfrac{t}{t_0}\right) & 0\leqslant t\leqslant t_0\\ 0 & t>t_0\end{cases} \tag{a}$$

系统的运动微分方程及初始条件为

$$\begin{cases}m\ddot{x}+kx=F(t)\\ x_0=0,\ \dot{x}_0=0\end{cases} \tag{b}$$

运用卷积积分法，分别计算 $0\leqslant t\leqslant t_0$ 及 $t>t_0$ 两个时间段的响应。

当 $0\leqslant t\leqslant t_0$ 时，由式（2-138）可得系统的响应

$$x(t)=\int_0^t \frac{F(\tau)}{m\omega_n}\sin\omega_n(t-\tau)\mathrm{d}\tau=\frac{F_0}{m\omega_n}\int_0^t\left(1-\frac{\tau}{t_0}\right)\sin\omega_n(t-\tau)\mathrm{d}\tau$$

$$=\frac{F_0}{m\omega_n^2}\cos\omega_n(t-\tau)\Bigg|_0^t-\frac{F_0}{m\omega_n t_0}\left[\frac{\tau}{\omega_n}\cos\omega_n(t-\tau)+\frac{1}{\omega_n^2}\sin\omega_n(t-\tau)\right]\Bigg|_0^t \tag{c}$$

$$=\frac{F_0}{k}(1-\cos\omega_n t)-\frac{F_0}{kt_0}\left(t-\frac{1}{\omega_n}\sin\omega_n t\right)$$

当 $t>t_0$ 时，大于 t_0 的部分被积函数为零，则

$$x(t)=\int_0^{t_0} \frac{F(\tau)}{m\omega_n}\sin\omega_n(t-\tau)\mathrm{d}\tau=\frac{F_0}{m\omega_n}\int_0^{t_0}\left(1-\frac{\tau}{t_0}\right)\sin\omega_n(t-\tau)\mathrm{d}\tau$$

$$=\frac{F_0}{m\omega_n^2}\cos\omega_n(t-\tau)\Bigg|_0^{t_0}-\frac{F_0}{m\omega_n t_0}\left[\frac{\tau}{\omega_n}\cos\omega_n(t-\tau)+\frac{1}{\omega_n^2}\sin\omega_n(t-\tau)\right]\Bigg|_0^{t_0} \tag{d}$$

$$=\frac{F_0}{k\omega_n t_0}[\sin\omega_n t-\sin\omega_n(t-t_0)]-\frac{F_0}{k}\cos\omega_n t$$

2.7.2　傅里叶变换法

利用卷积积分法求解系统在任意激励下的响应属于时域分析法，也可利用频域分析法给出系统在频域内响应的表达式，任意激励是非周期函数，不能展开为傅里叶级数，但可视为周期趋于无穷大的周期函数，此时可利用傅里叶变换给出其在频域内的表达式。对于函数 $f(t)$，一般存在以下傅里叶变换对，即

$$\begin{cases}F(\omega)=\int_{-\infty}^{+\infty}f(t)\mathrm{e}^{-\mathrm{j}\omega t}\mathrm{d}t\\ f(t)=\dfrac{1}{2\pi}\int_{-\infty}^{+\infty}F(\omega)\mathrm{e}^{\mathrm{j}\omega t}\mathrm{d}\omega\end{cases} \tag{2-142}$$

式中，频域复函数 $F(\omega)$ 为时域实函数 $f(t)$ 的傅里叶正变换；$f(t)$ 为 $F(\omega)$ 的傅里叶逆变换。$F(\omega)$ 是关于频率 ω 的连续函数，且为复函数，其模和相角分别反映了函数 $f(t)$ 在频率 ω 处的幅值和相位。傅里叶变换的性质及一些常用函数的傅里叶变换结果分别如表 2-1 和表 2-2 所示。

表 2-1　傅里叶变换的性质

性质	原函数 $f(t)$、$f_1(t)$、$f_2(t)$	傅里叶变换 $F(\omega)$、$F_1(\omega)$、$F_2(\omega)$
线性	$\alpha f_1(t)+\beta f_2(t)$	$\alpha F_1(\omega)+\beta F_2(\omega)$
时移	$f(t-\tau)$	$\mathrm{e}^{-\mathrm{j}\omega\tau}F(\omega)$
频移	$\mathrm{e}^{\mathrm{j}\omega_0 t}f(t)$	$F(\omega-\omega_0)$
时域导数	$f^{(n)}(t)$	$(\mathrm{j}\omega)^n F(\omega)$
频域导数	$(-\mathrm{j}t)^n f(t)$	$F^{(n)}(\omega)$
积分	$\int_{-\infty}^{t}f(t)\mathrm{d}t$	$\dfrac{F(\omega)}{\mathrm{j}\omega}$
卷积	$f_1(t)*f_2(t)\overset{\mathrm{def}}{=}\int_{-\infty}^{t}f_1(t-\tau)f_2(\tau)\mathrm{d}\tau$	$F_1(\omega)F_2(\omega)$

表 2-2 常用函数的傅里叶变换

原函数	傅里叶变换	原函数	傅里叶变换
$\delta(t)$	1	$e^{j\omega_0 t}$	$2\pi\delta(\omega-\omega_0)$
1	$2\pi\delta(\omega)$	$u(t)\sin\omega_0 t$	$\dfrac{\omega_0}{\omega_0^2-\omega^2}$
$u(t)$	$\dfrac{1}{j\omega}+\pi\delta(\omega)$	$u(t)\cos\omega_0 t$	$\dfrac{j\omega_0}{\omega_0^2-\omega^2}$
$tu(t)$	$\dfrac{1}{(j\omega)^2}$	$u(t)e^{j\omega_0 t}$	$\dfrac{1}{j(\omega-\omega_0)}$
$\sin\omega_0 t$	$j\pi[\delta(\omega+\omega_0)-\delta(\omega-\omega_0)]$	$e^{-\alpha t}$	$\dfrac{2\alpha}{\alpha^2+\omega^2}$
$\cos\omega_0 t$	$\pi[\delta(\omega+\omega_0)+\delta(\omega-\omega_0)]$	$u(t)e^{-\alpha t}$	$\dfrac{1}{\alpha+j\omega}$

傅里叶变换可求解系统零初始条件下在任意激励下的响应，式（2-121）经傅里叶正变换可得

$$(k-m\omega^2+jc\omega)X(\omega)=F(\omega) \tag{2-143}$$

计算得出位移 $x(t)$ 的傅里叶变换 $X(\omega)$

$$X(\omega)=\frac{F(\omega)}{k-m\omega^2+jc\omega}=H(\omega)F(\omega) \tag{2-144}$$

式中，

$$H(\omega)=\frac{1}{k-m\omega^2+jc\omega} \tag{2-145}$$

称为系统的位移频响函数，位移频响函数 $H(\omega)$ 等价于单位幅值简谐力激励下系统的位移，即

$$\begin{cases}|H(\omega)|=\dfrac{1}{\sqrt{(k-m\omega^2)^2+(c\omega)^2}}=\dfrac{1}{k\sqrt{(1-\lambda^2)^2+(2\zeta\lambda)^2}}=\dfrac{\beta_d}{k}\\ \arg H(\omega)=\arctan\left(-\dfrac{c\omega}{k-m\omega^2}\right)=\arctan\left(-\dfrac{2\zeta\lambda}{1-\lambda^2}\right)=\varphi_d\end{cases} \tag{2-146}$$

位移频响函数 $H(\omega)$ 的模反映了响应的幅频特性，辐角反映了响应的相频特性，由式（2-144）可得

$$H(\omega)=\frac{X(\omega)}{F(\omega)} \tag{2-147}$$

即频响函数是系统输出与输入的傅里叶变换之比，对于线性系统，其与激励的幅值大小无关。对函数 $X(\omega)$ 作傅里叶反变换，可得时域内系统的位移

$$x(t)=\frac{1}{2\pi}\int_{-\infty}^{+\infty}X(\omega)e^{j\omega t}d\omega=\frac{1}{2\pi}\int_{-\infty}^{+\infty}H(\omega)F(\omega)e^{j\omega t}d\omega \tag{2-148}$$

与卷积积分法类似，用傅里叶变换法得到的系统响应不包括初始条件引起的响应。

2.7.3 拉普拉斯变换法

利用拉普拉斯变换法可以求解系统在非零初始条件下的响应，对于函数 $f(t)$，存在以下拉普拉斯变换对，即

$$\begin{cases} F(s)=\int_0^{+\infty} f(t)\,\mathrm{e}^{-st}\mathrm{d}t \\ f(t)=\dfrac{1}{2\pi\mathrm{j}}\int_{\sigma-\mathrm{j}\omega}^{\sigma+\mathrm{j}\omega} F(s)\,\mathrm{e}^{st}\mathrm{d}s \end{cases} \tag{2-149}$$

式中，$s=\sigma+\mathrm{j}\omega$ 称为复变量，对应于复平面上的点，复平面上的区域称为拉氏域或 s 域，拉普拉斯变换的性质及一些常用函数的拉普拉斯变换结果分别如表 2-3 和表 2-4 所示。

表 2-3　拉普拉斯变换的性质

性质	原函数 $f(t)$、$f_1(t)$、$f_2(t)$	拉普拉斯变换 $F(s)$、$F_1(s)$、$F_2(s)$
线性	$\alpha f_1(t)+\beta f_2(t)$	$\alpha F_1(s)+\beta F_2(s)$
时移	$f(t-\tau)$	$\mathrm{e}^{-s\tau}F(s)$
频移	$\mathrm{e}^{\alpha t}f(t)$	$F(s-\alpha)$
时域导数	$\dot{f}(t)$、$\ddot{f}(t)$	$sF(s)-f(0^+)$，$s^2F(s)-sf(0^+)-\dot{f}(0^+)$
频域导数	$(-t)^n f(t)$	$F^{(n)}(s)$
时域积分	$\int_0^t f(u)\mathrm{d}u$	$\dfrac{F(s)}{s}$
频域积分	$f(t)/t$	$\int_s^{+\infty} F(u)\mathrm{d}u$
卷积	$f_1(t)*f_2(t)\overset{\text{def}}{=}\int_0^t f_1(t-\tau)f_2(\tau)\mathrm{d}\tau$	$F_1(s)F_2(s)$

表 2-4　常用函数的拉普拉斯变换

原函数	拉普拉斯变换	原函数	拉普拉斯变换
$\delta(t)$	1	$\cos\omega t$	$\dfrac{s}{s^2+\omega^2}$
$u(t)$	$\dfrac{1}{s}$	$\mathrm{e}^{-\alpha t}\sin\omega t$	$\dfrac{\omega}{(s+\alpha)^2+\omega^2}$
$\mathrm{e}^{\alpha t}$	$\dfrac{1}{s-\alpha}$	$\mathrm{e}^{-\alpha t}\cos\omega t$	$\dfrac{s+\alpha}{(s+\alpha)^2+\omega^2}$
$\sin\omega t$	$\dfrac{\omega}{s^2+\omega^2}$	$\dfrac{1}{\omega_{\mathrm{d}}}\mathrm{e}^{-\zeta\omega_{\mathrm{n}}t}\sin\omega_{\mathrm{d}}t$	$\dfrac{1}{s^2+2\zeta\omega_{\mathrm{n}}s+\omega_{\mathrm{n}}^2}$

式（2-121）经拉普拉斯变换可得

$$m[s^2X(s)-sx_0-\dot{x}_0]+c[sX(s)-x_0]+kX(s)=F(s) \tag{2-150}$$

求解得到

$$\begin{aligned} X(s)&=\frac{ms+c}{ms^2+cs+k}x_0+\frac{m}{ms^2+cs+k}\dot{x}_0+\frac{F(s)}{ms^2+cs+k} \\ &=\frac{(s+\zeta\omega_{\mathrm{n}})x_0}{(s+\zeta\omega_{\mathrm{n}})^2+\omega_{\mathrm{d}}^2}+\frac{\dot{x}_0+\zeta\omega_{\mathrm{n}}x_0}{(s+\zeta\omega_{\mathrm{n}})^2+\omega_{\mathrm{d}}^2}+\frac{F(s)}{m(s^2+2\zeta\omega_{\mathrm{n}}s+\omega_{\mathrm{n}}^2)} \end{aligned} \tag{2-151}$$

对函数 $X(s)$ 作拉普拉斯逆变换，可得时域内系统的位移

$$x(t)=\mathrm{e}^{-\zeta\omega_n t}\left(x_0\cos\omega_d t+\frac{\dot{x}_0+\zeta\omega_n x_0}{\omega_d}\sin\omega_d t\right)+\int_0^t\frac{f(\tau)}{m\omega_d}\mathrm{e}^{-\zeta\omega_n(t-\tau)}\sin\omega_d(t-\tau)\mathrm{d}\tau \quad (2\text{-}152)$$

若系统具有零初始条件，则式（2-151）简化为

$$X(s)=\frac{F(s)}{ms^2+cs+k} \quad (2\text{-}153)$$

由式（2-153）可得

$$H(s)=\frac{X(s)}{F(s)}=\frac{1}{ms^2+cs+k} \quad (2\text{-}154)$$

称为系统的传递函数，定义为系统输出与输入的拉普拉斯变换之比。传递函数 $H(s)$ 在 s 域中描述了系统的动态特性，仅与系统参数 m、k 和 c 有关，且与单位脉冲响应函数 $h(t)$ 是一个拉普拉斯变换对，即

$$L^{-1}[H(s)]=\frac{1}{m\omega_d}\mathrm{e}^{-\zeta\omega_n t}\sin\omega_d t=h(t) \quad (2\text{-}155)$$

若令复变量 $s=\sigma+\mathrm{j}\omega$ 中 $\sigma=0$，即 $s=\mathrm{j}\omega$，则传递函数简化为频响函数

$$H(s)\big|_{s=\mathrm{j}\omega}=\frac{1}{k-m\omega^2+\mathrm{j}c\omega}=H(\omega) \quad (2\text{-}156)$$

综上所述，系统在任意激励下的响应求解可分别在时域、频域或拉氏域内进行。时域分析方法运用卷积积分法，用单位脉冲响应函数 $h(t)$ 描述系统的动力学特性；频域分析方法运用傅里叶变化法，用频响函数 $H(\omega)$ 描述系统的动力学特性；拉氏域分析方法运用拉普拉斯变换法，用传递函数 $H(s)$ 描述系统的动力学特性。运用积分变化，三种分析方法的求解结果可以相互转化。

习　　题

2-1　已知 $m=5\text{kg}$，$k_1=2\times10^5\text{N/m}$，$k_2=k_3=3\times10^5\text{N/m}$，求图 2-26 所示系统的等效刚度系数及固有频率。

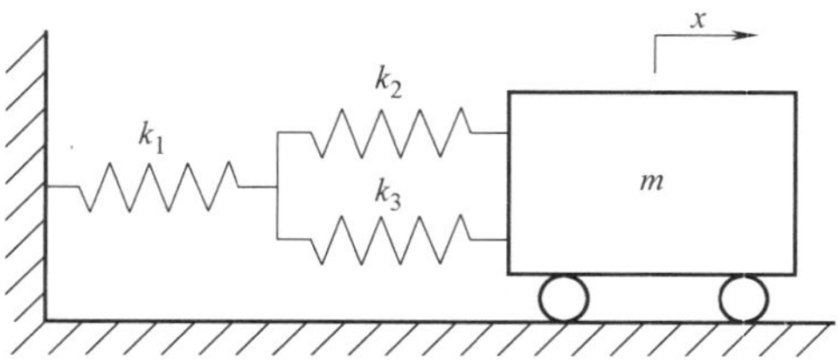

图 2-26　题 2-1 图

2-2　已知简支梁长 $l=4\text{m}$，抗弯刚度 $EI=1.96\times10^6\text{N}\cdot\text{m}$，$k=4.9\times10^5\text{N/m}$，$m=400\text{kg}$，分别求图 2-27 所示两种系统的等效刚度系数及固有频率。

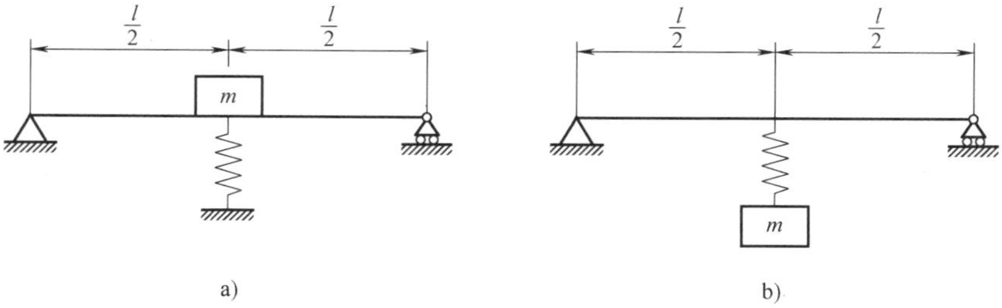

图 2-27　题 2-2 图

2-3　一匀质等直杆，用刚度为 k_1、k_2 的两弹簧悬挂成水平位置，如图 2-28 所示，求系统的等效刚度系数。

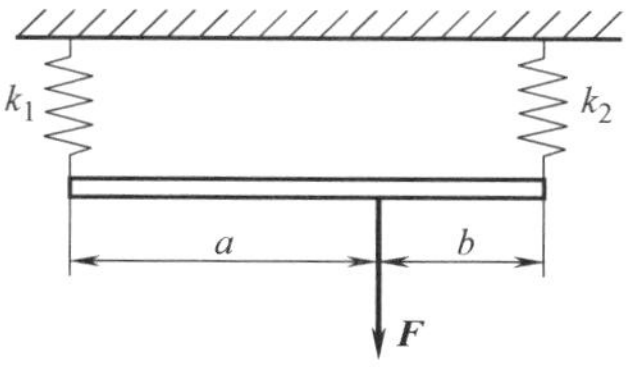

图 2-28　题 2-3 图

2-4　图 2-29 所示的弹簧-滑轮-质量系统中，滑轮与质量间的连接绳无弹性伸长，求系统的固有频率。

2-5　求图 2-30 所示系统的等效刚度系数及固有频率，悬臂梁端点的刚度系数为 k_1，且悬臂梁的质量忽略不计。

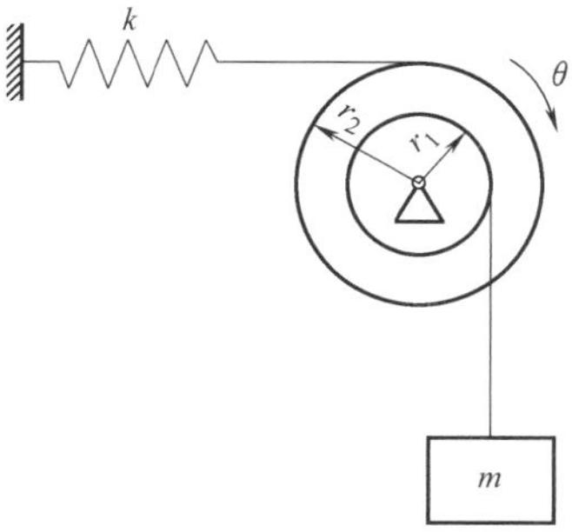

图 2-29　题 2-4 图

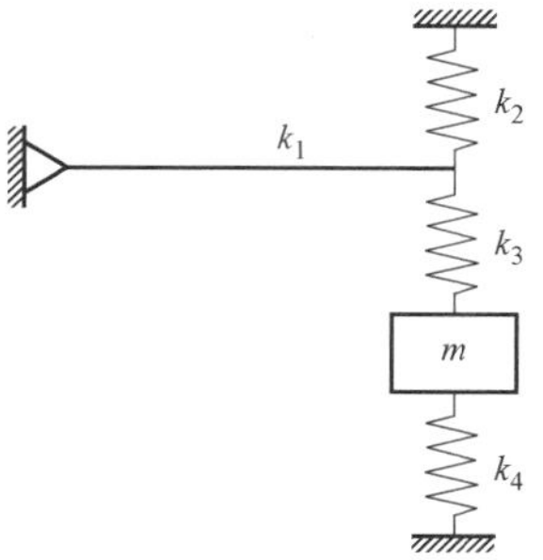

图 2-30　题 2-5 图

2-6　质量为 10kg 的物体通过定滑轮与刚度为 1.6×10^4N/m 的钢索相连，物体以匀速 0.5m/s 下落，若钢索突然卡住，求此时钢索的最大张力。

2-7　一单自由度有阻尼系统，质量块的质量 $m=5$kg，弹簧的静变形 $\delta_{st}=0.01$m，自由振动 10 个循环后，振幅从 6.4×10^{-3}m 减小到 3.2×10^{-3}m，求系统的阻尼系数及 10 个循环内阻尼力消耗的能量。

2-8　图 2-31 所示的系统中，刚性杆质量不计，小球质量为 m，弹簧刚度系数为 k，阻尼器阻尼系数为 c，列出系统的运动微分方程，并求系统的固有频率及阻尼比。

2-9　图 2-32 所示的系统由一质量为 m，长为 l 的均匀杆及弹簧 k、阻尼器 c 组成，列出系统的运动微分方程，并求系统的固有频率及临界阻尼。

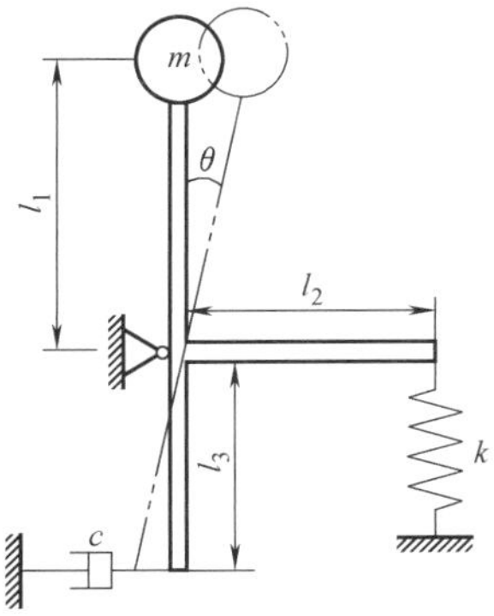

图 2-31　题 2-8 图

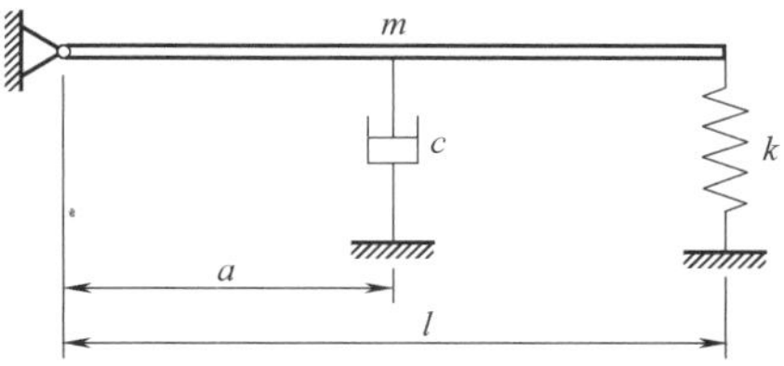

图 2-32　题 2-9 图

2-10　一单自由度有阻尼系统，经试验测得其阻尼自由振动的频率为 ω_d，在简谐激励力作用下出现最大位移值时的激励频率为 ω_m，求系统的固有频率、阻尼比及振幅对数衰减率。

2-11　已知单自由度无阻尼系统的质量和刚度分别为 $m=10\text{kg}$，$k=5000\text{N/m}$，若系统受简谐激励力 $f(t)=40\sin(10t-60°)\text{N}$ 作用，求该系统在零初始条件下的响应。

2-12　一机器可简化为一个单自由度有阻尼系统，其参数如下：$m=10\text{kg}$，$k=4000\text{N/m}$，$c=20\text{N}\cdot\text{s/m}$。（1）若系统初始条件为 $x(0)=0.01\text{m}$，$\dot{x}(0)=0$，求系统的自由振动响应。（2）若系统受简谐激励力 $f(t)=100\sin(10t)\text{N}$ 作用，求系统的稳态响应。

2-13　汽车通过粗糙路面时引起的垂向振动可以简化为一个单自由度有阻尼系统，如图 2-33 所示。已知汽车的质量 $m=1000\text{kg}$，悬架系统的刚度 $k=400\text{kN/m}$，系统阻尼比 $\zeta=0.2$。若汽车的行驶速度 $v=30\text{km/h}$，求汽车的位移幅值，已知路面的起伏按正弦规律变化，幅值 $y=0.05\text{m}$，波长为 6m。

2-14　一电动机总质量为 250kg，由刚度为 3000kN/m 的弹簧支承，电动机仅沿垂直方向运动，电动机转子的不平衡质量为 20kg，偏心距为 0.01m，系统阻尼忽略不计。求：（1）电动机的临界转速；（2）当电动机转速为 1000r/min 时，求电动机沿垂直方向运动的振幅。

2-15　图 2-34 所示的系统中，质量块受简谐激励力 $f(t)=f_0\sin\omega t$ 作用，弹簧支承段做简谐运动 $y(t)=y_0\cos\omega t$，列出系统的运动微分方程，并求系统的稳态运动。

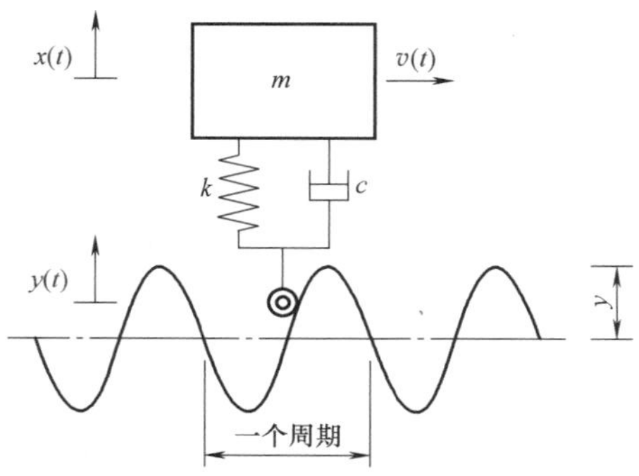

图 2-33　题 2-13 图

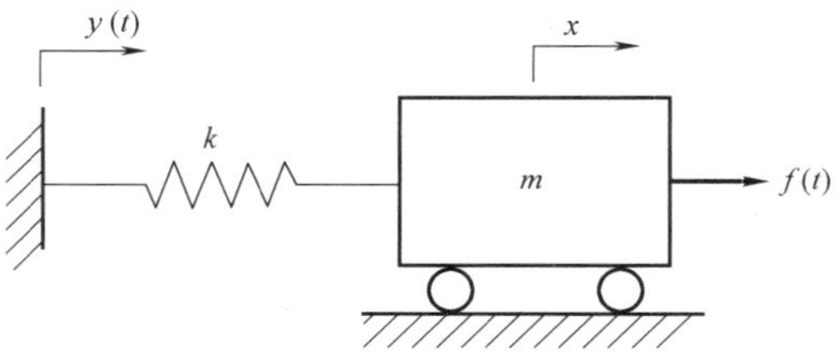

图 2-34　题 2-15 图

2-16　图 2-35 所示的系统中，刚性杆 OA 质量忽略不计，A 端作用简谐激励力 $f(t)=f_0\sin\omega t$，设系统固有频率为 ω_n，列出系统的运动微分方程，并分别求出激励频率 $\omega=\omega_n$ 与 $\omega=\omega_n/2$ 时质量块做上下稳态振动时的振幅。

2-17　图 2-36 所示的弹簧-质量系统，在两弹簧的连接处有一简谐激励力 $f(t)=f_0\sin\omega t$，求质量块稳态运动时的振幅。

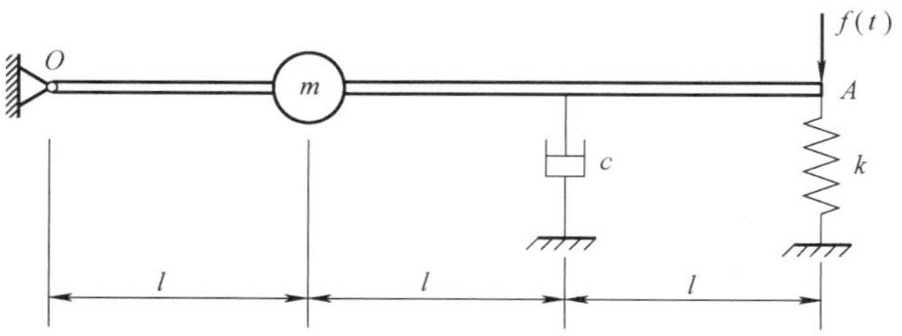

图 2-35　题 2-16 图

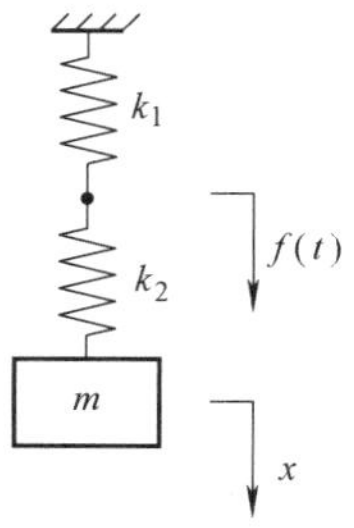

图 2-36　题 2-17 图

2-18　将图 2-37 所示的半正弦激励函数展开成傅里叶级数，并求单自由度无阻尼系统在此激励下的稳态响应。

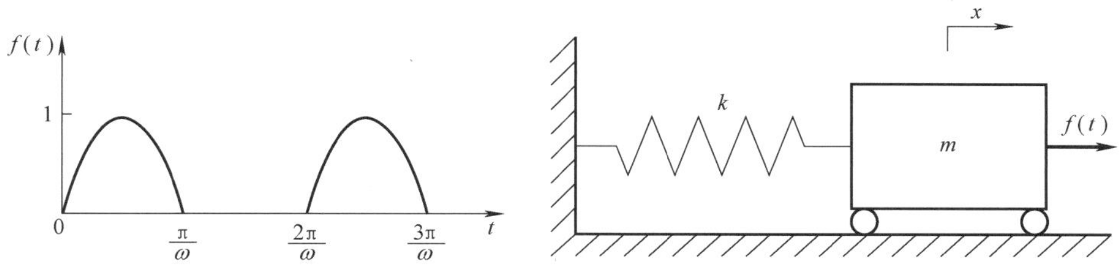

图 2-37　题 2-18 图

2-19　图 2-38 所示凸轮使顶杆做水平周期锯齿波形运动，通过弹簧 k_1 使质量块做受迫振动，已知凸轮升程为 2cm，转速为 60r/min，$m=0.05\text{kg}$，$k=k_1=1000\text{N/m}$，$c=0.5\text{N}\cdot\text{s/m}$，列出系统的运动微分方程，并求系统的稳态运动。

2-20　单自由度无阻尼系统受到图 2-39 所示的外力作用，求系统在零初始条件下的响应。

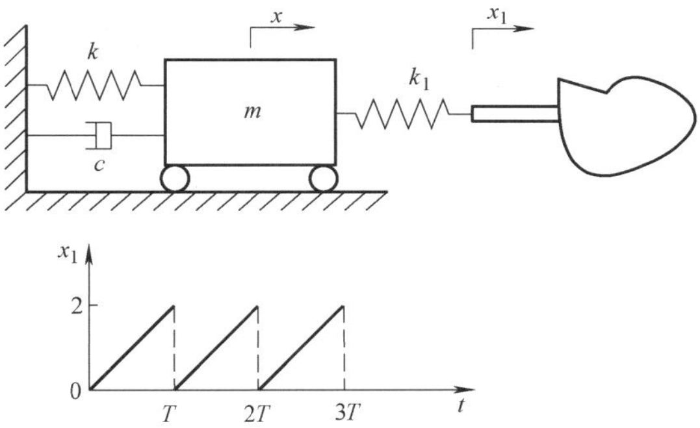

图 2-38　题 2-19 图

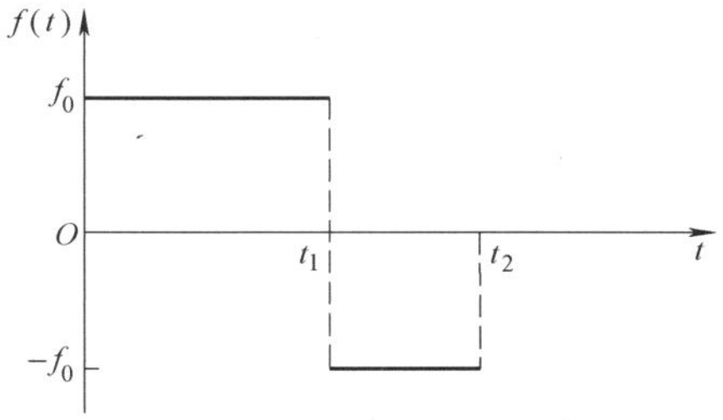

图 2-39　题 2-20 图

2-21　单自由度无阻尼系统受到图 2-40 所示的外力作用，求系统在初始条件 $x=x_0$，$\dot{x}=\dot{x}_0$下的响应。

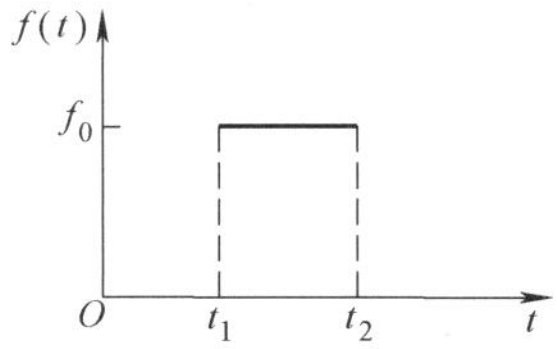

图 2-40　题 2-21 图

2-22　图 2-18 所示的系统，若基础阶跃加速度为 a_0，求系统在零初始条件下的响应。

2-23　图 2-18 所示的系统，若基础阶跃位移为 y_0，求系统在零初始条件下的响应。

第3章

多自由度系统的振动

第 2 章介绍的单自由度系统的振动理论，利用一个独立坐标描述系统的运动，解决机械工程中一些振动问题。但是，机械工程中有很多实际问题，必须简化成两个或两个以上自由度即多自由度系统，才能正确地描述其振动的主要特征。譬如，为研究汽车的垂向和俯仰振动，可建立汽车的二维简化力学模型，如图 3-1a 所示。车轮及悬架分别简化成刚度为 k_1 和 k_2 的两个弹簧元件，车体简化为一刚性杆，此时汽车的振动由车体质心的垂向平动 u 和俯仰运动 θ 两部分组成。通常情况下，这两种运动是同时发生的，因此系统的运动就要用两个独立坐标 u 和 θ 来描述，这就是一个二自由度系统。如果想对汽车的振动做进一步分析，如车体绕其纵向轴线的侧倾运动，则需要再增加一个独立坐标。此时，车体简化成一个刚性的平面，前后两对车轮简化成刚度分别为 k_1 和 k_2 的两对弹簧，如图 3-1b 所示。因此，要想正确地分析研究汽车的垂向和俯仰以及车体绕纵向轴线滚动的振动，需将车体简化为一个三自由度系统。对于机械工程中许多振动问题，也可以建立类似的数学模型进行分析研究。

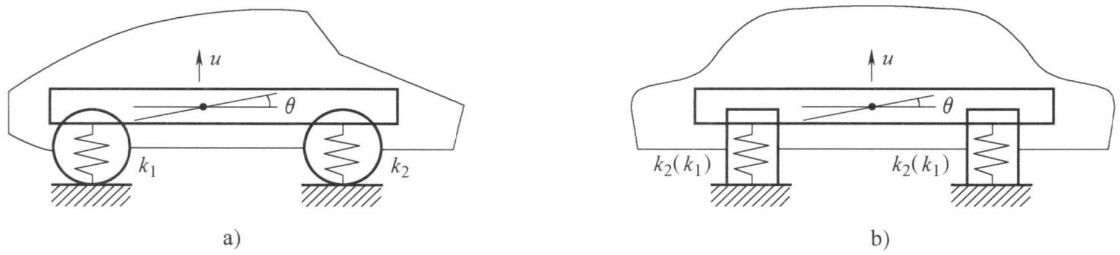

图 3-1　汽车简化力学模型

a）简化后的侧视图　b）简化后的主视图

本章介绍多自由度系统的振动问题。最简单的多自由度系统就是二自由度系统。与单自由度系统比较，二自由度系统会引起系统行为发生质变，衍生出一些新的概念，需要新的分析方法；而由二自由度系统到更多自由度系统，主要是数量上和系统复杂程度上的扩充，在问题的表述、求解方法及主要振动特征上没有本质区别。因此，本章重点介绍二自由度系统的基本概念、性质和分析方法。基于此，借助向量表示法，对于多自由度系统进行详细的分析。

3.1　多自由度系统的振动微分方程

建立一个便于分析的数学模型——这里是微分方程，是分析研究机械工程实际中振动问题的首要任务。对于工程实际中比较复杂的振动系统，就要建立多自由度系统的振动微分方程，常用的方法主要有牛顿运动定律法、拉格朗日方程法、刚度法和柔度法。

3.1.1　用牛顿运动定律建立系统运动方程

一般情况下，对于一些简单的振动问题，运用牛顿运动定律，直接对系统中各分离体建立其各自的运动方程，这些运动方程组合起来就是系统的运动方程。这种方法比较直观、简便。采用牛顿运动定律建立系统运动方程时，在选定的广义坐标下，对各质量块进行隔离分析，可以列出系统运动方程。对图 3-2a 所示的二自由度系统，两个质量块 m_1 和 m_2 沿水平方向运动，其位置坐标分别为 u_1 和 u_2，外激励力分别为 $f_1(t)$ 和 $f_2(t)$。对两质量块分别取隔离体，进行受力分析，如图 3-2b 所示。

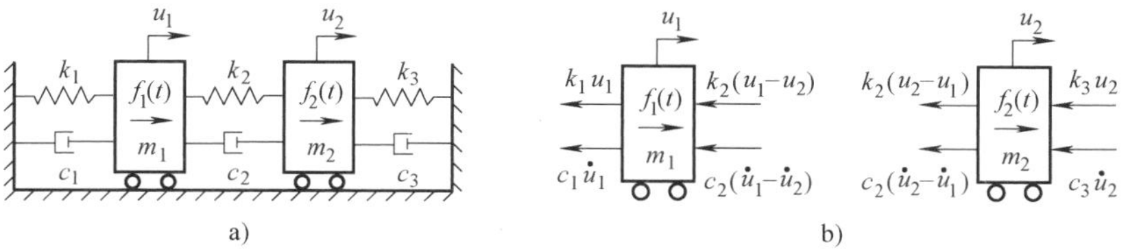

图 3-2　二自由度系统及受力分析

a）二自由度系统　b）隔离体受力分析

应用牛顿运动定律列方程为

$$\begin{cases} m_1\ddot{u}_1=-k_1u_1-k_2(u_1-u_2)-c_1\dot{u}_1-c_2(\dot{u}_1-\dot{u}_2)+f_1(t) \\ m_2\ddot{u}_2=-k_2(u_2-u_1)-k_3u_2-c_2(\dot{u}_2-\dot{u}_1)-c_3\dot{u}_2+f_2(t) \end{cases} \tag{3-1}$$

将式（3-1）改写为

$$\begin{cases} m_1\ddot{u}_1+(c_1+c_2)\dot{u}_1-c_2\dot{u}_2+(k_1+k_2)u_1-k_2u_2=f_1(t) \\ m_2\ddot{u}_2-c_2\dot{u}_1+(c_2+c_3)\dot{u}_2-k_2u_1+(k_2+k_3)u_2=f_2(t) \end{cases} \tag{3-2}$$

若用矩阵表示，可写为

$$\begin{pmatrix} m_1 & 0 \\ 0 & m_2 \end{pmatrix}\begin{pmatrix} \ddot{u}_1 \\ \ddot{u}_2 \end{pmatrix}+\begin{pmatrix} c_1+c_2 & -c_2 \\ -c_2 & c_2+c_3 \end{pmatrix}\begin{pmatrix} \dot{u}_1 \\ \dot{u}_2 \end{pmatrix}+\begin{pmatrix} k_1+k_2 & -k_2 \\ -k_2 & k_2+k_3 \end{pmatrix}\begin{pmatrix} u_1 \\ u_2 \end{pmatrix}=\begin{pmatrix} f_1 \\ f_2 \end{pmatrix} \tag{3-3}$$

如果在图 3-2a 所示的二自由度系统上再增加一组弹簧 k_3、质量 m_3 和阻尼器 c_3，则成了三自由度系统，如图 3-3a 所示。新增的质量块 m_3 沿水平方向运动，其位置坐标为 u_3，外激励力为 $f_3(t)$。运用隔离分析法，对三个质量块进行受力分析，如图 3-3b 所示。

应用牛顿运动定律列方程为

$$\begin{cases} m_1\ddot{u}_1=-(c_1+c_2)\dot{u}_1+c_2\dot{u}_2-(k_1+k_2)u_1+k_2u_2+f_1(t) \\ m_2\ddot{u}_2=c_2\dot{u}_1-(c_2+c_3)\dot{u}_2+c_3\dot{u}_3+k_2u_1-(k_2+k_3)u_2+k_3u_3+f_2(t) \\ m_3\ddot{u}_3=c_3\dot{u}_2-(c_3+c_4)\dot{u}_3+k_3u_2-(k_3+k_4)u_3+f_3(t) \end{cases} \tag{3-4}$$

同样的，可将式（3-4）整理，并表示为矩阵形式

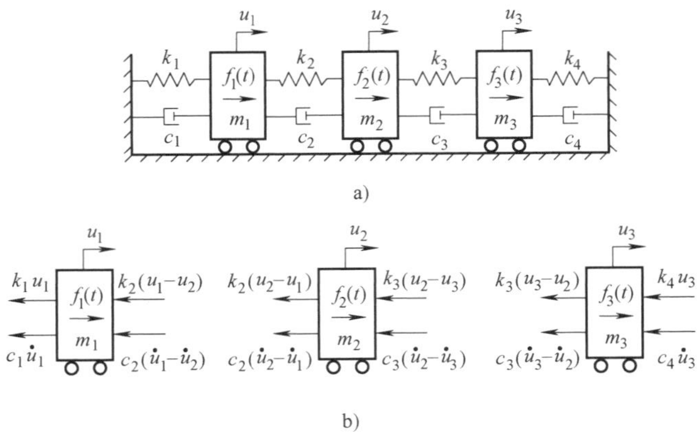

图 3-3　三自由度系统及受力分析

a）三自由度系统　b）隔离体受力分析

$$\begin{pmatrix} m_1 & 0 & 0 \\ 0 & m_2 & 0 \\ 0 & 0 & m_3 \end{pmatrix}\begin{pmatrix} \ddot{u}_1 \\ \ddot{u}_2 \\ \ddot{u}_3 \end{pmatrix}+\begin{pmatrix} c_1+c_2 & -c_2 & 0 \\ -c_2 & c_2+c_3 & -c_3 \\ 0 & -c_3 & c_3+c_4 \end{pmatrix}\begin{pmatrix} \dot{u}_1 \\ \dot{u}_2 \\ \dot{u}_3 \end{pmatrix}+\begin{pmatrix} k_1+k_2 & -k_2 & 0 \\ -k_2 & k_2+k_3 & -k_3 \\ 0 & -k_3 & k_3+k_4 \end{pmatrix}\begin{pmatrix} u_1 \\ u_2 \\ u_3 \end{pmatrix}=\begin{pmatrix} f_1 \\ f_2 \\ f_3 \end{pmatrix} \tag{3-5}$$

推而广之，对于 n 个自由度的系统，其运动方程可以用矩阵形式表示为

$$\boldsymbol{M}\ddot{\boldsymbol{u}}(t)+\boldsymbol{C}\dot{\boldsymbol{u}}(t)+\boldsymbol{K}\boldsymbol{u}(t)=\boldsymbol{f}(t) \tag{3-6}$$

式中，

$$\boldsymbol{M}=\begin{pmatrix} m_1 & 0 & \cdots & 0 \\ 0 & m_2 & \cdots & 0 \\ \vdots & \vdots & & \vdots \\ 0 & 0 & \cdots & m_n \end{pmatrix},\quad \boldsymbol{C}=\begin{pmatrix} c_{11} & c_{12} & \cdots & c_{1n} \\ c_{21} & c_{22} & \cdots & c_{2n} \\ \vdots & \vdots & & \vdots \\ c_{n1} & c_{n2} & \cdots & c_{nn} \end{pmatrix},\quad \boldsymbol{K}=\begin{pmatrix} k_{11} & k_{12} & \cdots & k_{1n} \\ k_{21} & k_{22} & \cdots & k_{2n} \\ \vdots & \vdots & & \vdots \\ k_{n1} & k_{n2} & \cdots & k_{nn} \end{pmatrix}$$

分别称作系统的**质量矩阵、阻尼矩阵**和**刚度矩阵**；这里 m_i、c_{ij}、$k_{ij}(i,\ j=1,\ 2,\ \cdots,\ n)$ 分别是第 i 个隔离体质量及其相关的第 j 个阻尼和刚度。

$$\boldsymbol{u}(t)=[u_1,\ u_2,\ \cdots,\ u_n]^{\mathrm{T}},\ \boldsymbol{f}(t)=[f_1(t),\ f_2(t),\ \cdots,\ f_n(t)]^{\mathrm{T}}$$

分别称作系统的**位移向量**和**激励力向量**，$\dot{\boldsymbol{u}}(t)$ 和 $\ddot{\boldsymbol{u}}(t)$ 分别是系统的速度向量和加速度向量。当然，为了确定系统的运动，还需要知道系统的初始条件。若系统的初始位移向量和初始速度向量分别为 $\boldsymbol{u}_0$ 和 $\dot{\boldsymbol{u}}_0$，系统的运动方程还需要联立初始条件。这里的矩阵和向量的阶次，取决于系统的自由度数。

由此可见，式（3-6）在形式上与单自由度系统受迫振动的运动方程相同。对于多自由度系统运动方程，描述系统特性的 M、C 和 K 不再是三个常数，而是三个常数矩阵。一般情况下，质量矩阵为对角矩阵 $\boldsymbol{M}$，无动力耦合；由于系统中各质量块的运动是相互关联的，阻尼矩阵 $\boldsymbol{C}$ 和刚度矩阵 $\boldsymbol{K}$ 为非对角矩阵。通常将这种系统运动的相互关联称作**耦合**，这是多自由度系统有别于单自由度系统的基本特征。

3.1.2　用拉格朗日方程建立系统运动方程

对于一些自由度数目较多的系统，合理地选取系统的广义坐标，根据拉格朗日方程，建立系统的运动方程。这种方法虽不如牛顿运动定律法直观，但在解决比较复杂系统时，只要求得动能与势能用广义坐标表示，就可以用简单的微分运算得到系统的运动方程。其步骤是选取广义坐标，求系统的动能和势能，将其表示为广义坐标、广义速度和时间函数，然后代入拉格朗日方程即可求解。

通常情况下，n 个自由度系统的动能可写成时间 t、广义坐标 q_i和广义速度$\dot{q}_i$的函数

$$T=T(t;\ q_1,\ q_2,\ \cdots,\ q_n;\ \dot{q}_1,\ \dot{q}_2,\ \cdots,\ \dot{q}_n) \tag{3-7}$$

而势能函数可写成广义坐标 q_i的函数

$$V=V(q_1,\quad q_2,\quad \cdots,\quad q_n) \tag{3-8}$$

将动能 T 和势能 V 代入拉格朗日方程

$$\frac{\mathrm{d}}{\mathrm{d}t}\left(\frac{\partial T}{\partial \dot{q}_i}\right)-\frac{\partial T}{\partial q_i}=f_i-\frac{\partial V}{\partial q_i}(i=1,\ 2,\ \cdots,\ n) \tag{3-9}$$

式中，f_i为非有势力对应的广义力。如果质点系仅在势力场中运动，说明 $f_i=0$，则该系统就是保守系统。

例 3-1　图 3-4 所示为五弹簧三质量组成的系统，用拉格朗日方程建立其运动微分方程。

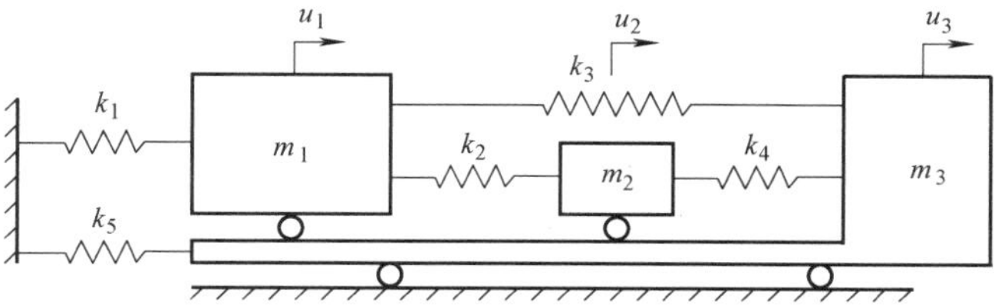

图 3-4　五弹簧三质量系统

解：系统有 3 个质量块，是三自由度系统。取各质量块的位移 $u_1(t)$、$u_2(t)$、$u_3(t)$ 作为广义坐标，并设 $u_1(t)>u_2(t)>u_3(t)$，则系统动能为

$$T=\frac{1}{2}m_1\dot{u}_1^2+\frac{1}{2}m_2\dot{u}_2^2+\frac{1}{2}m_3\dot{u}_3^2$$

系统的势能为

$$V=\frac{1}{2}k_1u_1{}^2+\frac{1}{2}k_2(u_1-u_2)^2+\frac{1}{2}k_3(u_1-u_3)^2+\frac{1}{2}k_4(u_2-u_3)^2+\frac{1}{2}k_5u_3{}^2$$

由于各质点系仅在势力场中运动，则该系统就是保守系统。将动能 T 和势能 V 代入保守系统的拉格朗日方程，计算拉格朗日方程各项导数，整理可得

$$\frac{\mathrm{d}}{\mathrm{d}t}\left(\frac{\partial T}{\partial \dot{u}_1}\right)-\frac{\partial T}{\partial u_1}+\frac{\partial V}{\partial u_1}=m_1\ddot{u}_1^2+k_1u_1+k_2(u_1-u_2)+k_3(u_1-u_3)=0$$

$$\frac{\mathrm{d}}{\mathrm{d}t}\left(\frac{\partial T}{\partial \dot{u}_2}\right)-\frac{\partial T}{\partial u_2}+\frac{\partial V}{\partial u_2}=m_2\ddot{u}_2^2-k_2(u_1-u_2)+k_4(u_2-u_3)=0$$

$$\frac{\mathrm{d}}{\mathrm{d}t}\left(\frac{\partial T}{\partial \dot{u}_3}\right)-\frac{\partial T}{\partial u_3}+\frac{\partial V}{\partial u_3}=m_3\ddot{u}_3^2-k_3(u_1-u_3)-k_4(u_2-u_3)+k_5u_3=0$$

引入记号，写成矩阵形式

$$\boldsymbol{M}\ddot{\boldsymbol{u}}(t)+\boldsymbol{K}\boldsymbol{u}(t)=\boldsymbol{0}$$

式中，位移向量、质量矩阵和刚度矩阵分别为

$$\boldsymbol{u}=[u_1,\ u_2,\ u_3]^{\mathrm{T}},\quad \boldsymbol{M}=\begin{pmatrix} m_1 & 0 & 0\\ 0 & m_2 & 0\\ 0 & 0 & m_3\end{pmatrix},\quad \boldsymbol{K}=\begin{pmatrix} k_1+k_2+k_3 & -k_2 & -k_3\\ -k_2 & k_2+k_4 & -k_4\\ -k_3 & -k_4 & k_3+k_4+k_5\end{pmatrix}$$

3.1.3 用刚度影响系数法建立系统运动方程

式（3-6）中各项均为力的量纲，因此称之为作用力方程，其中刚度矩阵中的元素称为刚度影响系数（对于单自由度系统而言，简称刚度系数）。它表示系统单位变形所需要的作用力。考虑一个系统中的两个坐标 i 和 j，沿坐标 j 上产生单位位移，把其他坐标固定，由此在坐标 i 上所产生的力，就定义为**刚度影响系数** k_{ij}。一个线性系统由于坐标 j 的位移 u_j 所产生的在坐标 i 上的力就是 $F_i=k_{ij}u_j$。

如果系统具有 n 个自由度 u_1，u_2，…，u_n，则根据线性叠加原理，相应的力就为

$$F_i=k_{i1}u_1+k_{i2}u_2+\cdots+k_{in}u_n\quad (i=1,\ 2,\ \cdots,\ n)\tag{3-10}$$

写成矩阵的形式就是

$$\boldsymbol{F}=\boldsymbol{K}\boldsymbol{u}\tag{3-11}$$

式中，$\boldsymbol{F}=[F_1,\ F_2,\ \cdots,\ F_n]^{\mathrm{T}}$是系统的力向量；$\boldsymbol{u}=[u_1,\ u_2,\ \cdots,\ u_n]^{\mathrm{T}}$是系统的位移向量；$\boldsymbol{K}$ 是一个由刚度影响系数形成的矩阵，也就是 3.1.1 小节中的刚度矩阵。这种方法称为刚度影响系数法。

例 3-2 用刚度影响系数法分析如图 3-5a 所示三自由度弹簧-质量系统的刚度矩阵。

解：首先，令质量 m_1 的小车有位移 $u_1=1$，$u_2=u_3=0$。在此条件下系统保持平衡，按刚度影响系数的定义，需加于三小车的力分别为 k_{11}、k_{21}、k_{31}。分析各小车的受力，如图 3-5b 所示，根据平衡条件，有

$$k_{11}=k_1+k_2,\quad k_{21}=-k_2,\quad k_{31}=0$$

同理，令 $u_2=1$，$u_1=u_3=0$，分析各小车的受力，如图 3-5c 所示，有

$$k_{12}=-k_2,\quad k_{22}=k_2+k_3,\quad k_{32}=-k_3$$

最后令 $u_1=u_2=0$，$u_3=1$，分析各小车的受力，如图 3-5d 所示，有

$$k_{13}=0,\quad k_{23}=-k_3,\quad k_{33}=k_3$$

于是，本系统的刚度矩阵为

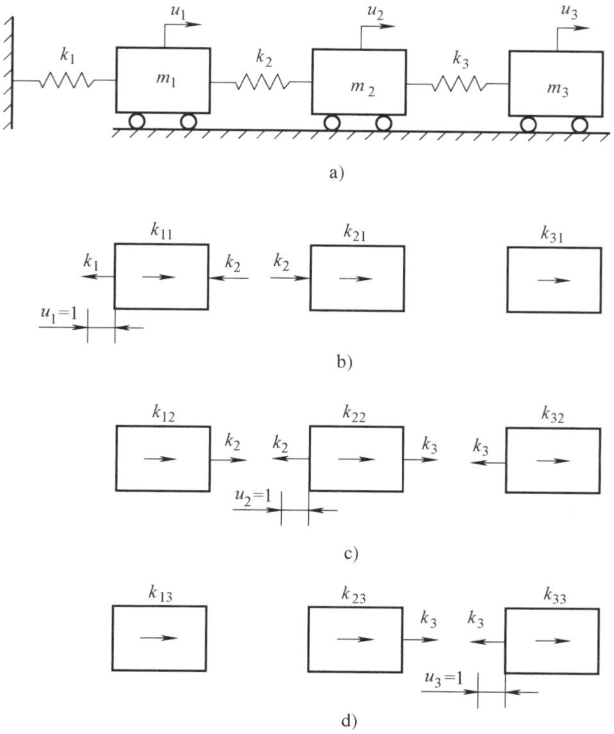

图 3-5 三自由度系统及其受力分析

a）三自由度弹簧-质量系统 b）$u_1=1$ c）$u_2=1$ d）$u_3=1$

$$\boldsymbol{K}=\begin{pmatrix} k_1+k_2 & -k_2 & 0 \\ -k_2 & k_2+k_3 & -k_3 \\ 0 & -k_3 & k_3 \end{pmatrix}$$

如果将图 3-5a 所示的三自由度弹簧-质量系统，推广到 n 自由度弹簧-质量系统，即有 n 个弹簧链式连接 n 个质量小车，用类似的方法可得其刚度矩阵

$$\boldsymbol{K}=\begin{pmatrix} k_1+k_2 & -k_2 & 0 & \cdots & 0 & 0 \\ -k_2 & k_2+k_3 & -k_3 & \cdots & 0 & 0 \\ 0 & -k_2 & k_2+k_3 & \cdots & 0 & 0 \\ \vdots & \vdots & \vdots & & \vdots & \vdots \\ 0 & 0 & 0 & \cdots & k_{n-1}+k_n & -k_n \\ 0 & 0 & 0 & \cdots & -k_n & k_n \end{pmatrix}$$

很显然，$k_{ij}=k_{ji}$。因此，对于弹簧-质量-阻尼系统，一般存在下述规律：

1）刚度矩阵或阻尼矩阵中的对角元素 $k_{ij}(i=j)$ 为连接在质量 m_i上的所有弹簧刚度或阻尼系数的和。

2）刚度矩阵或阻尼矩阵中的非对角元素 $k_{ij}(i\neq j)$ 为直接连接在质量 m_i和 m_j之间的弹簧刚度或阻尼系数，取负值。

3）一般而言，刚度矩阵和阻尼矩阵是对称矩阵。

4）如果将系统质心作为坐标原点，则质量矩阵是对角矩阵；否则，不一定是对角矩阵。

3.1.4 用柔度影响系数法建立系统运动方程

刚度系数又称为刚度影响系数，它反映了系统的刚度特性。柔度系数法又称为单位力法，是把一个系统的动力学问题视为静力学问题来看待，用静力学的方法确定出系统的所有柔度影响系数，从而建立系统的运动微分方程。具体地说，对于一个系统中的两个坐标 i 和 j，沿坐标 j 作用单位力，其他坐标没有任何作用力，此时在坐标 i 上所产生的位移，就定义为**柔度影响系数** a_{ij}。在系统的 n 个坐标上重复作用这样的单位力，就可以得到一个矩阵 $\boldsymbol{A}$，称为**柔度矩阵**。

如果作用的是力 F_j，则产生的位移即为 $u_i=a_{ij}F_j$。则根据线性叠加原理，就有

$$u_i=a_{i1}F_1+a_{i2}F_2+\cdots+a_{in}F_n(i=1, 2, \cdots, n) \tag{3-12}$$

写成矩阵的形式就是

$$\boldsymbol{u}=\boldsymbol{AF} \tag{3-13}$$

根据刚度影响系数与柔度影响系数的定义，将式（3-13）代入式（3-11），得到

$$\boldsymbol{F}=\boldsymbol{Ku}=\boldsymbol{KAF}$$

故有

$$\boldsymbol{KA}=\boldsymbol{I} \tag{3-14}$$

由此可知，多自由度系统的刚度影响系数与柔度影响系数的关系。当 $\boldsymbol{K}$ 存在逆矩阵时，柔度矩阵 $\boldsymbol{A}$ 与刚度矩阵 $\boldsymbol{K}$ 互为逆矩阵。即

$$\boldsymbol{A}=\boldsymbol{K}^{-1} \quad 或 \quad \boldsymbol{K}=\boldsymbol{A}^{-1} \tag{3-15}$$

这一性质与单自由度系统的刚度系数 k 与柔度系数 a 之间的关系非常相似，即它们互为倒数。

例 3-3 用柔度影响系数法分析图 3-5a 所示三自由度弹簧-质量系统的柔度矩阵。

解： 首先，在 m_1 上施加单位力，而 m_2、m_3 上不加力，即令 $F_1=1$，$F_2=F_3=0$，如图 3-6a 所示，此时弹簧 k_2 和 k_3 的变形为 0，故三个小车的位移为

$$u_1=\frac{F_1}{k_1}=\frac{1}{k_1},\ u_2=u_3=u_1=\frac{1}{k_1}$$

按照柔度系数的定义，可得

$$a_{11}=u_1=\frac{1}{k_1},\quad a_{21}=u_2=\frac{1}{k_1},\quad a_{31}=u_3=\frac{1}{k_1}$$

然后，在 m_2 上施加单位力，而 m_1、m_3 上不加力，即令 $F_2=1$，$F_1=F_3=0$，如图 3-6b所示，此时弹簧 k_1 和 k_2 均受到单位拉力，故三个小车的位移为

$$u_1=\frac{F_2}{k_1}=\frac{1}{k_1},\quad u_2=\frac{F_2}{k_1}+\frac{F_2}{k_2}=\frac{1}{k_1}+\frac{1}{k_2},\quad u_3=u_2=\frac{1}{k_1}+\frac{1}{k_2}$$

从而得到

$$a_{12}=u_1=\frac{1}{k_1},\quad a_{22}=u_2=\frac{1}{k_1}+\frac{1}{k_2},\quad a_{32}=u_3=\frac{1}{k_1}+\frac{1}{k_2}$$

最后，在 m_3 上施加单位力，而 m_1、m_2 上不加力，即令 $F_3=1$，$F_1=F_2=0$，如图3-6c所示，此时三个弹簧均受到单位拉力，故三个小车的位移为

$$u_1=\frac{F_3}{k_1}=\frac{1}{k_1},\quad u_2=\frac{F_3}{k_1}+\frac{F_3}{k_2}=\frac{1}{k_1}+\frac{1}{k_2},\quad u_3=\frac{F_3}{k_1}+\frac{F_3}{k_2}+\frac{F_3}{k_3}=\frac{1}{k_1}+\frac{1}{k_2}+\frac{1}{k_3}$$

从而得到

$$a_{13}=u_1=\frac{1}{k_1},\quad a_{23}=u_2=\frac{1}{k_1}+\frac{1}{k_2},\quad a_{33}=u_3=\frac{1}{k_1}+\frac{1}{k_2}+\frac{1}{k_3}$$

因此，系统的柔度矩阵为

$$\boldsymbol{A}=\begin{pmatrix}\frac{1}{k_1} & \frac{1}{k_1} & \frac{1}{k_1}\\ \frac{1}{k_1} & \frac{1}{k_1}+\frac{1}{k_2} & \frac{1}{k_1}+\frac{1}{k_2}\\ \frac{1}{k_1} & \frac{1}{k_1}+\frac{1}{k_2} & \frac{1}{k_1}+\frac{1}{k_2}+\frac{1}{k_3}\end{pmatrix}$$

上式表明，$a_{ij}=a_{ji}$。因此，柔度矩阵一般也是对称的。实际上任一多自由度线性系统都具有这个性质。

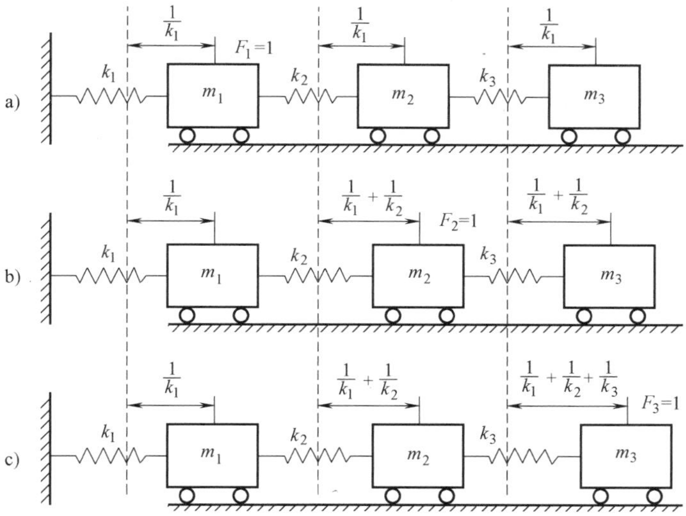

图 3-6　三自由度系统度影响系数

对于图 3-5a 所示的三自由度弹簧-质量系统，也可以用柔度影响系数来建立其运动微分方程。

设 u_1、u_2、u_3 分别表示质量 m_1、m_2、m_3 的位移，系统运动时，质量 m_1、m_2、m_3 的惯性力使弹簧产生变形，对于线性弹性体应用叠加原理，可得

$$u_1=(-m_1\ddot{u}_1)a_{11}+(-m_2\ddot{u}_2)a_{12}+(-m_3\ddot{u}_3)a_{13}$$
$$u_2=(-m_1\ddot{u}_1)a_{21}+(-m_2\ddot{u}_2)a_{22}+(-m_3\ddot{u}_3)a_{23}$$
$$u_3=(-m_1\ddot{u}_1)a_{31}+(-m_2\ddot{u}_2)a_{32}+(-m_3\ddot{u}_3)a_{33}$$

写成矩阵为

$$\boldsymbol{u}=-\boldsymbol{A}\boldsymbol{M}\ddot{\boldsymbol{u}} \quad 或 \quad \boldsymbol{A}\boldsymbol{M}\ddot{\boldsymbol{u}}+\boldsymbol{u}=\boldsymbol{0}$$

式中，$\boldsymbol{u}=(u_1, u_2, u_3)^{\mathrm{T}}$是系统的位移向量；$\ddot{\boldsymbol{u}}$ 是加速度向量；$\boldsymbol{A}$ 是柔度矩阵；$\boldsymbol{M}$ 是柔度矩阵。这就是位移方程，它是振动微分方程的另一形式。

3.2 无阻尼系统的自由振动

为了揭示多自由度系统振动的一些基本特性，与单自由度系统一样，从比较理想化的无阻尼自由振动入手，以二自由度系统分析为重点，论述一些基本概念，推导一些基本结论，然后推广到多自由度系统。

3.2.1 二自由度系统的固有振动

图 3-7 所示为二自由度无阻尼弹簧-质量系统，在 $t=0$ 时刻前受到扰动，则 $t>0$ 后的自由振动响应由运动微分方程

$$\begin{cases} m_1\ddot{u}_1+(k_1+k_2)u_1-k_2u_2=0 \\ m_2\ddot{u}_2-k_2u_1+(k_2+k_3)u_2=0 \end{cases} \tag{3-16}$$

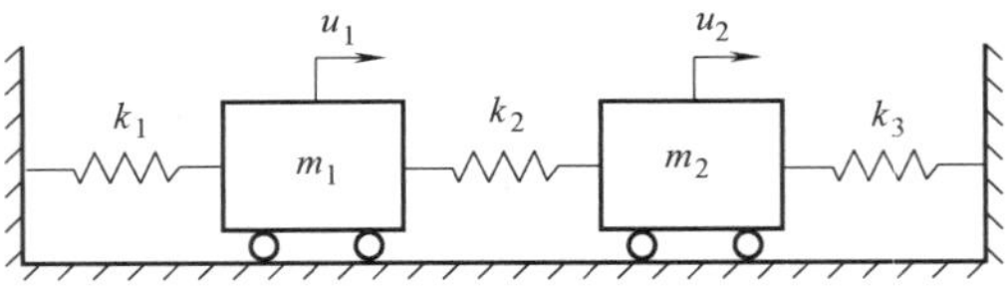

图 3-7 二自由度无阻尼弹簧-质量系统

和初始条件 $\boldsymbol{u}_0=[u_1(0), u_2(0)]^{\mathrm{T}}$，$\dot{\boldsymbol{u}}_0=[\dot{u}_1(0), \dot{u}_2(0)]^{\mathrm{T}}$确定。

式（3-16）写成矩阵的形式就是

$$\boldsymbol{M}\ddot{\boldsymbol{u}}(t)+\boldsymbol{K}\boldsymbol{u}(t)=\boldsymbol{0} \tag{3-17}$$

式中，$\boldsymbol{M}$ 和 $\boldsymbol{K}$ 分别是质量矩阵和刚度矩阵。

由单自由度系统振动理论可知，机械系统的无阻尼自由振动是简谐振动。于是希望在二自度系统无阻尼自由振动中寻找简谐振动的解。为此，根据微分方程理论，假设在图 3-7 所示的弹簧-质量系统中，式（3-16）有简谐振动解，于是用待定系数法来寻找简谐振动解的条件。设两个质量块按照同样的频率和相位角做简谐振动，它们的试解写为

$$\begin{cases} u_1(t)=\varphi_1\sin(\omega t+\theta) \\ u_2(t)=\varphi_2\sin(\omega t+\theta) \end{cases} \tag{3-18}$$

式中，φ_1、φ_2 均为振幅；ω 为频率；θ 为初相位角。对试解式（3-18）取二阶导数可得

$$\begin{cases} \ddot{u}_1(t)=-\varphi_1\omega^2\sin(\omega t+\theta) \\ \ddot{u}_2(t)=-\varphi_2\omega^2\sin(\omega t+\theta) \end{cases} \tag{3-19}$$

把试解式（3-18）及其二阶导数式（3-19）代入式（3-16），欲使其在任意时刻都成立必

有如下关系：

$$\begin{cases}(k_1+k_2-m_1\omega^2)\varphi_1-k_2\varphi_2=0\\-k_2\varphi_1+(k_2+k_3-m_2\omega^2)\varphi_2=0\end{cases}\tag{3-20}$$

式（3-20）可写成矩阵形式

$$\left(\begin{pmatrix}k_1+k_2 & -k_2\\-k_2 & k_2+k_3\end{pmatrix}-\omega^2\begin{pmatrix}m_1 & 0\\0 & m_2\end{pmatrix}\right)\begin{pmatrix}\varphi_1\\\varphi_2\end{pmatrix}=\begin{pmatrix}0\\0\end{pmatrix}\tag{3-21}$$

很显然，式（3-21）可简化写成

$$(\boldsymbol{K}-\omega^2\boldsymbol{M})\boldsymbol{\varphi}=\boldsymbol{0}\quad 或\quad \left(\begin{pmatrix}k_{11} & k_{12}\\k_{21} & k_{22}\end{pmatrix}-\omega^2\begin{pmatrix}m_1 & 0\\0 & m_2\end{pmatrix}\right)\begin{pmatrix}\varphi_1\\\varphi_2\end{pmatrix}=\begin{pmatrix}0\\0\end{pmatrix}\tag{3-22}$$

其中 $\boldsymbol{\varphi}=(\varphi_1,\ \varphi_2)^{\mathrm{T}}$ 是表述振幅的二维向量，$\boldsymbol{M}$ 和 $\boldsymbol{K}$ 分别是质量矩阵和刚度矩阵。欲使 $\boldsymbol{\varphi}$ 有非零解，则式（3-22）的系数行列式必须等于零，即

$$|\boldsymbol{K}-\omega^2\boldsymbol{M}|=0\quad 或\quad \begin{vmatrix}k_{11}-m_1\omega^2 & k_{12}\\k_{21} & k_{22}-m_2\omega^2\end{vmatrix}=0\tag{3-23}$$

这就是图 3-7 所示的二自由度无阻尼系统的**频率方程**，也称振动系统的**特征方程**。把上述行列式展开，得到

$$(\omega^2)^2-\left(\frac{k_{11}}{m_1}+\frac{k_{22}}{m_2}\right)\omega^2+\frac{k_{11}k_{22}-k_{12}^2}{m_1m_2}=0\tag{3-24}$$

视其为 ω^2 的二次代数方程，解方程可得

$$\omega_{1,2}^2=\frac{m_1k_{22}+m_2k_{11}}{2m_1m_2}\pm\frac{1}{2}\sqrt{\left(\frac{m_1k_{22}+m_2k_{11}}{m_1m_2}\right)^2-\frac{4(k_{11}k_{22}-k_{12}^{\ 2})}{m_1m_2}}\tag{3-25}$$

稍加观察可见，ω_1^2 和 ω_2^2 均为非负实数，将其分别代入式（3-22），求其非零解，可确定两个实数向量 $\boldsymbol{\varphi}_1$ 和 $\boldsymbol{\varphi}_2$，记作

$$\boldsymbol{\varphi}_1=\begin{pmatrix}\varphi_{11}\\\varphi_{21}\end{pmatrix},\boldsymbol{\varphi}_2=\begin{pmatrix}\varphi_{12}\\\varphi_{22}\end{pmatrix}\tag{3-26}$$

因此，二自由度无阻尼系统的确可产生所猜想的振动

$$\boldsymbol{u}_r(t)=\boldsymbol{\varphi}_r\sin(\omega_rt+\theta_r)=\begin{pmatrix}\varphi_{1r}\\\varphi_{2r}\end{pmatrix}\sin(\omega_rt+\theta_r),\ r=1,\ 2\tag{3-27}$$

由此可见，二自由度无阻尼系统的特征值即频率仅取决于原系统的弹性和惯性特性，且二自由度无阻尼系统具有两种不同频率 ω_1 或 ω_2 的同步自由振动。通常情况下，这两个频率按照从小到大依次称为系统的**第一阶固有频率**和**第二阶固有频率**，相应的振动分别称为系统的**第一阶固有振动**和**第二阶固有振动**。

将特征值 ω_1^2、ω_2^2 分别代入式（3-23）中，由于该式是齐次方程，所以不能求出振幅的数值，只能得到对应于两个固有频率的振幅比

$$\begin{cases} s_1=\dfrac{\varphi_{11}}{\varphi_{21}}=-\dfrac{k_{22}-\omega_1^2 m_{22}}{k_{21}}=-\dfrac{k_{12}}{k_{11}-\omega_1^2 m_{11}} \\ s_2=\dfrac{\varphi_{12}}{\varphi_{22}}=-\dfrac{k_{22}-\omega_2^2 m_{22}}{k_{21}}=-\dfrac{k_{12}}{k_{11}-\omega_2^2 m_{11}} \end{cases} \tag{3-28}$$

式中，s_1 表明以第一固有频率做同步自由振动，即做第一阶主振动时系统的形态，称为**第一阶固有振型或第一阶主振型**；s_2 表征系统做第二阶主振动时的形态，称为**第二阶固有振型或第二阶主振型**。由式（3-28）可知，s_1、s_2 是由振动系统固有的物理特性来确定的。

系统做主振动时，任意时刻的位移比和其振幅比相同，即

$$\frac{u_{1r}}{u_{2r}}=\frac{\varphi_{1r}}{\varphi_{2r}}=s_r,\quad r=1,\ 2 \tag{3-29}$$

这样系统以频率 ω_1、ω_2 做同步运动时，具有确定比值的常数 φ_{11}、φ_{21} 和 φ_{12}、φ_{22} 可以确定系统的振动形态，称为系统的固有振型，其向量形式写为

$$\boldsymbol{\varphi}_r=\begin{pmatrix}\varphi_{1r}\\ \varphi_{2r}\end{pmatrix}=\boldsymbol{\varphi}_{2r}\begin{pmatrix}s_r\\ 1\end{pmatrix},\ r=1,\ 2 \tag{3-30}$$

固有振型是用向量形式来描述系统做固有振动时两坐标位移的比例关系。由式（3-30）可知，固有振型具有以下性质：

1）固有振型 $\boldsymbol{\varphi}_r$ 反映了二自由度系统做第 r 阶固有振动时两质量块的位移比例关系，说明图 3-7 中两质量块的固有振动总是同频率的简谐振动，但可能是同相（$s_r>0$）或反相（$s_r<0$）振动。

2）对任一固有振型 $\boldsymbol{\varphi}_r$ 和非零实数 α，$\alpha\boldsymbol{\varphi}_r$ 仍是对应固有频率 ω_r 的固有振型，即固有振型只能确定到相差一个实常数因子的程度。

例 3-4 在图 3-7 所示的二自由度无阻尼系统中，已知小车的质量 $m_1=m$，$m_2=2m$，各弹簧的刚度系数 $k_1=k_2=k_3=k$，试求该系统的固有频率和主阵型。

解：（1）建立系统运动微分方程

分别以两质量块的平衡位置为坐标原点，取两小车离开其平衡位置的距离 u_1，u_2 为广义坐标，很容易得到质量矩阵和刚度矩阵

$$\boldsymbol{M}=\begin{pmatrix}m_1 & 0\\ 0 & m_2\end{pmatrix}=\begin{pmatrix}m & 0\\ 0 & 2m\end{pmatrix},\quad \boldsymbol{K}=\begin{pmatrix}k_{11} & k_{12}\\ k_{21} & k_{22}\end{pmatrix}=\begin{pmatrix}2k & -k\\ -k & 2k\end{pmatrix}$$

（2）解频率方程

将 $\boldsymbol{M}$ 和 $\boldsymbol{K}$ 代入频率方程，可得

$$\begin{vmatrix}2k-m\omega^2 & -k\\ -k & 2k-2m\omega^2\end{vmatrix}=0$$

展开为

$$(2k-m\omega^2)(2k-2m\omega^2)-k^2=0$$

从而可得

$$\omega_1^2=0.634\,\frac{k}{m},\quad \omega_2^2=2.366\,\frac{k}{m}$$

因此，系统的第一阶固有频率和第二阶固有频率分别为

$$\omega_1=\sqrt{0.634\frac{k}{m}},\quad \omega_2=\sqrt{2.366\frac{k}{m}}$$

（3）求主阵型

将固有频率 ω_1、ω_2 分别代入式（3-28），得

$$\begin{cases} s_1=\dfrac{\varphi_{11}}{\varphi_{21}}=-\dfrac{k_{12}}{k_{11}-\omega_1^2 m_{11}}=\dfrac{k}{2k-\omega_1^2 m}=0.732 \\ s_2=\dfrac{\varphi_{12}}{\varphi_{22}}=-\dfrac{k_{12}}{k_{11}-\omega_2^2 m_{11}}=\dfrac{k}{2k-\omega_2^2 m}=-2.732 \end{cases}$$

根据固有阵型的性质，主阵型还可以表示为

$$\boldsymbol{\varphi}_1=\begin{pmatrix} s_1 \\ 1 \end{pmatrix}=\begin{pmatrix} 0.732 \\ 1 \end{pmatrix},\ \boldsymbol{\varphi}_2=\begin{pmatrix} s_2 \\ 1 \end{pmatrix}=\begin{pmatrix} -2.732 \\ 1 \end{pmatrix}$$

因此，该系统的两个固有振动可用向量形式表示

$$\boldsymbol{u}_1(t)=\begin{pmatrix} 0.732 \\ 1 \end{pmatrix}\sin\left(\sqrt{0.634\frac{k}{m}}t+\theta_1\right),\quad \boldsymbol{u}_2(t)=\begin{pmatrix} -2.732 \\ 1 \end{pmatrix}\sin\left(\sqrt{2.366\frac{k}{m}}t+\theta_2\right)$$

系统的主阵型图如图 3-8 所示。图 3-8a 表明在第一阶主阵型中两个物体的振动方向是相同的；图 3-8b 表明在第一阶主阵型中两个物体的振动方向是相反的，且弹簧上的点 A 静止不动，这点称为系统对应阶固有振动的**节点**。

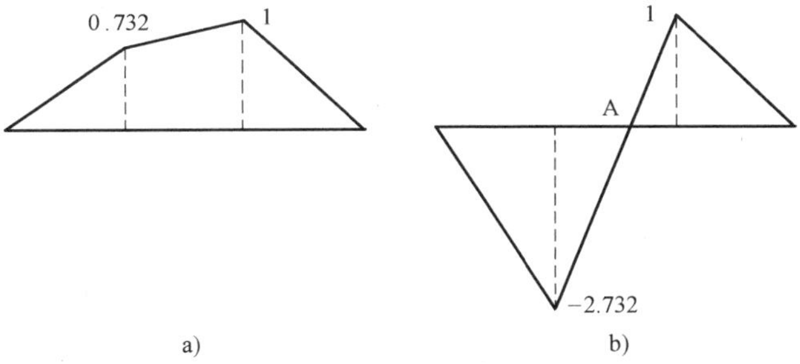

图 3-8　二自由度无阻尼系统的振型图

a）第一阶振型图　b）第二阶振型图

例 3-4 中的固有振型用向量形式来描述系统固有振动时的运动模式，但人们通常用**模态**来称呼系统的运动模式。因此，无阻尼系统的固有频率和固有振型被称作系统的**固有模态**，固有振型这一向量也常被称作**模态向量**。要说明的是，固有模态是指系统被理想化为无阻尼系统时的系统内在特性，只与系统的弹性和惯性有关。

如上所述，二自由度无阻尼系统的两种固有振动仅是可能存在的运动形式。欲使系统真正产生这样的运动，应满足一定的运动初始条件。由式（3-27）可见，系统产生第 r 阶固有振动的初始条件是

$$u(0)=\varphi_r\sin\theta_r,\ \dot{u}(0)=\varphi_r\omega_r\cos\theta_r,\ r=1,\ 2 \tag{3-31}$$

这说明：为使系统产生第 r 阶固有振动，系统初始位移、初始速度必须与该阶固有振型满

足式（3-31）给定的比例关系。这是有别于单自由度无阻尼系统固有振动的。

3.2.2 二自由度系统无阻尼自由振动的通解

如果二自由度系统的初始条件不满足式（3-31），其自由振动将不再是上述任何一阶固有振动。根据微分方程理论可知，两阶主振动是微分方程组的两组特解，而它的通解则应由这两组特解相叠加组成。从振动的实际考虑，二自由度系统受到任意干扰，机械振动系统的各阶主振动都会被激发，因此二自由度无阻尼系统的自由振动总是这两种固有振动的组合，即

$$\boldsymbol{u}(t)=\alpha_1\boldsymbol{u}_1(t)+\alpha_2\boldsymbol{u}_2(t)=\alpha_1\boldsymbol{\varphi}_1\sin(\omega_1 t+\theta_1)+\alpha_2\boldsymbol{\varphi}_2\sin(\omega_2 t+\theta_2) \tag{3-32}$$

式中，α_1、α_2 和 θ_1、θ_2 由初始条件确定。

例 3-5 在图 3-7 所示的二自由度无阻尼系统中，已知小车的质量 $m_1=m_2=m$，各弹簧的刚度系数 $k_1=k_3=k$，$k_2=4k$，求该系统对以下两组初始条件的响应：

（1）$t=0$，$x_{10}=1\text{cm}$，$x_{20}=\dot{x}_{10}=\dot{x}_{20}=0$；（2）$t=0$，$x_{10}=1\text{cm}$，$x_{20}=-1\text{cm}$，$\dot{x}_{10}=\dot{x}_{20}=0$。

解：（1）求系统的固有频率

系统的质量矩阵和刚度矩阵分别为

$$\boldsymbol{M}=\begin{pmatrix} m_1 & 0 \\ 0 & m_2 \end{pmatrix}=\begin{pmatrix} m & 0 \\ 0 & m \end{pmatrix},\ \boldsymbol{K}=\begin{pmatrix} k_1+k_2 & -k_2 \\ -k_2 & k_2+k_3 \end{pmatrix}=\begin{pmatrix} 5k & -4k \\ -4k & 5k \end{pmatrix}$$

将 $\boldsymbol{M}$ 和 $\boldsymbol{K}$ 代入频率方程，可得

$$\omega_1=\sqrt{\frac{k}{m}},\ \omega_2=3\sqrt{\frac{k}{m}}$$

（2）求主阵型

由固有频率 ω_1、ω_2，可得到系统对应的两个振幅比

$$s_1=\frac{\varphi_{11}}{\varphi_{21}}=1,\ s_2=\frac{\varphi_{12}}{\varphi_{22}}=-1$$

于是，可得到系统对应的两个主阵型

$$\boldsymbol{\varphi}_1=\begin{pmatrix} s_1 \\ 1 \end{pmatrix}=\begin{pmatrix} 1 \\ 1 \end{pmatrix},\ \boldsymbol{\varphi}_2=\begin{pmatrix} s_2 \\ 1 \end{pmatrix}=\begin{pmatrix} -1 \\ 1 \end{pmatrix}$$

（3）在给定初始条件下的响应

因为二自由度无阻尼系统的自由振动的通解为

$$u(t)=\alpha_1\begin{pmatrix} 1 \\ 1 \end{pmatrix}\sin\left(\sqrt{\frac{k}{m}}\cdot t+\theta_1\right)+\alpha_2\begin{pmatrix} -1 \\ 1 \end{pmatrix}\sin\left(3\sqrt{\frac{k}{m}}\cdot t+\theta_1\right)$$

将初始条件（1）代入通解，可得

$$x_{10}=\alpha_1\sin\theta_1+\alpha_2\sin\theta_2=1$$

$$x_{20}=\alpha_1\sin\theta_1-\alpha_2\sin\theta_2=0$$

$$\dot{x}_{10}=\alpha_1\sqrt{\frac{k}{m}}\cos\theta_1+\alpha_2 3\sqrt{\frac{k}{m}}\cos\theta_2=0$$

$$\dot{x}_{20}=\alpha_1\sqrt{\frac{k}{m}}\cos\theta_1-\alpha_2 3\sqrt{\frac{k}{m}}\cos\theta_2=0$$

解得

$$\alpha_1=\frac{1}{2},\quad \alpha_2=\frac{1}{2},\quad \theta_1=\frac{\pi}{2},\quad \theta_2=\frac{\pi}{2}$$

从而在初始条件（1）下，系统的响应为

$$\begin{aligned}u(t)&=\frac{1}{2}\begin{pmatrix}1\\1\end{pmatrix}\sin\left(\sqrt{\frac{k}{m}}\cdot t+\frac{\pi}{2}\right)+\frac{1}{2}\begin{pmatrix}-1\\1\end{pmatrix}\sin\left(3\sqrt{\frac{k}{m}}\cdot t+\frac{\pi}{2}\right)\\&=\frac{1}{2}\begin{pmatrix}1\\1\end{pmatrix}\cos\left(\sqrt{\frac{k}{m}}\cdot t\right)+\frac{1}{2}\begin{pmatrix}-1\\1\end{pmatrix}\cos\left(3\sqrt{\frac{k}{m}}\cdot t\right)\end{aligned}$$

这表明，初始条件（1）下系统的响应为两个主振动的线性组合。

同理，将初始条件（2）代入通解，可解得

$$\alpha_1=0,\quad \alpha_2=1,\quad \theta_1=\frac{\pi}{2},\quad \theta_2=\frac{\pi}{2}$$

从而在初始条件（2）下，系统的响应为

$$u(t)=\begin{pmatrix}-1\\1\end{pmatrix}\sin\left(3\sqrt{\frac{k}{m}}\cdot t+\frac{\pi}{2}\right)=\begin{pmatrix}-1\\1\end{pmatrix}\cos\left(3\sqrt{\frac{k}{m}}\cdot t\right)$$

这表明，初始条件（2）下系统按第二阶主振动做简谐振动。

一般情况下，二自由度无阻尼系统的自由振动一般是两种不同频率固有振动的线性组合。由于这两个固有频率之比可能是无理数，所以未必是简谐振动，甚至可能是非周期的振动。而对于单自由度无阻尼系统的自由振动，在任意初始条件下总是简谐振动。

3.2.3 二自由度系统的运动耦合与解耦

二自由度系统中各质量块的运动是相互关联的，这种耦合关系同时带来一系列新的问题。对于二自由度系统，可以采用不同的独立坐标描述其运动，从而得到不同的运动微分方程。当采用不同的坐标时，运动方程表现为耦合与否或不同的耦合方式。在运动微分方程中，如果质量矩阵 $\boldsymbol{M}$ 为非对角矩阵，则方程存在**惯性耦合**；如果刚度矩阵 $\boldsymbol{K}$ 为非对角矩阵，则方程存在**弹性耦合**；如果阻尼矩阵 $\boldsymbol{C}$ 和刚度矩阵 $\boldsymbol{K}$ 均为非对角矩阵，则方程存在**复合耦合**。那么，是否存在一组特定坐标，使得运动方程既无弹性耦合，也无惯性耦合？答案是肯定的。像这样可使方程既无弹性耦合又无惯性耦合的坐标称为**主坐标**，这一过程称为**解耦**。下面通过实例来说明二自由度系统的运动耦合和解耦问题。

车辆的车身、前后轮及其悬架装置构成的系统，可以简化为如图 3-9 所示的二自由度系统。设刚性车体质量为 m、绕质心 C 的转动惯量为 J，分析方程的耦合性质。

1. 弹性耦合

以质心 C 的铅直位移 u 和绕质心 C 的转角 θ 为坐标，u 的坐标原点取在系统的静平衡位置，则质心 C 和转角 θ 引起两弹簧产生的恢复力分别为 $k_1(u-l_1\theta)$ 和 $k_2(u+l_2\theta)$。如果坐标 u 和 θ 均为微小值，对刚性车体应用质心运动定律和刚体转动定律，得到系统运动微

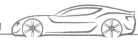

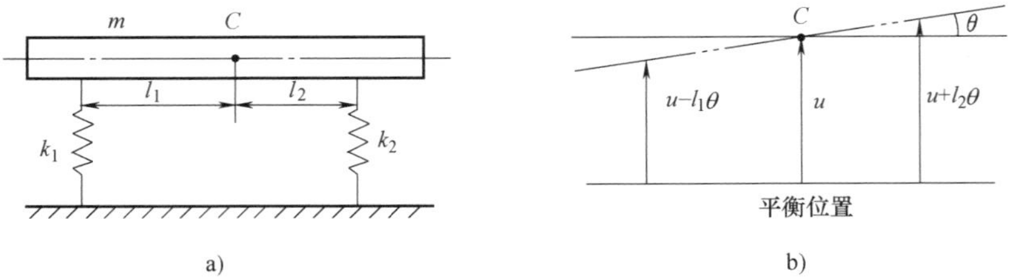

图 3-9　二自由度系统及其弹性耦合坐标

分方程为

$$\begin{cases} m\ddot{u}=-k_1(u-l_1\theta)-k_2(u+l_2\theta) \\ J\ddot{\theta}=-k_1(u-l_1\theta)l_1+k_2(u+l_2\theta)l_2 \end{cases} \tag{3-33}$$

写成矩阵形式

$$\begin{pmatrix} m & 0 \\ 0 & J \end{pmatrix}\begin{pmatrix} \ddot{u} \\ \ddot{\theta} \end{pmatrix}+\begin{pmatrix} k_1+k_2 & -(k_1l_1-k_2l_2) \\ -(k_1l_1-k_2l_2) & k_1{l_1}^2+k_2{l_2}^2 \end{pmatrix}\begin{pmatrix} u \\ \theta \end{pmatrix}=\mathbf{0} \tag{3-34}$$

很显然，质量矩阵为对角矩阵，但一般情况下，由于 $k_1l_1\neq k_2l_2$，刚体矩阵为非对角矩阵，方程通过坐标 u 和 θ 相互耦合，这种耦合称为**弹性耦合**，也称为**静力耦合**。

2. 惯性耦合

如果选取不同的坐标，则运动方程的形式会发生变化。以杆上点 O 的铅直位移 u 和绕点 O 的转角 θ 为坐标，如图 3-10 所示。u 的坐标原点取在系统的静平衡位置，点 O 在杆上满足 $k_1l_3=k_2l_4$ 的位置处。设刚性车体绕点 O 的转动惯量为 J_1，对刚性车体应用质心运动定律和刚体转动定律，得到系统运动微分方程为

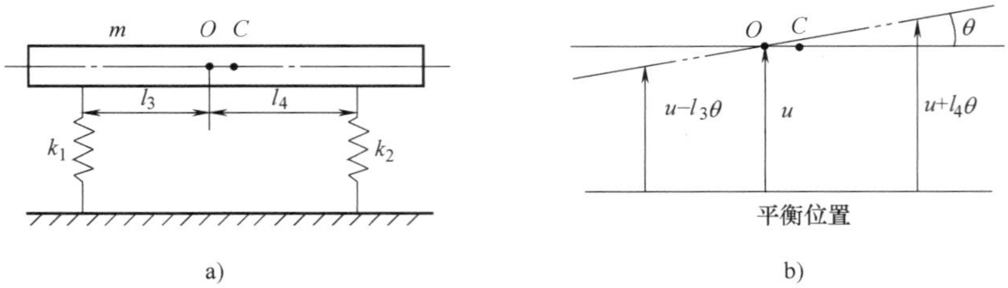

图 3-10　二自由度系统及其惯性耦合坐标

$$\begin{cases} m[\ddot{u}+(l_1-l_3)\ddot{\theta}]=-k_1(u-l_3\theta)-k_2(u+l_4\theta) \\ J_1\ddot{\theta}=k_1(u-l_3\theta)l_3-k_2(u+l_4\theta)l_4-m[\ddot{u}+(l_1-l_3)\ddot{\theta}](l_1-l_3) \end{cases} \tag{3-35}$$

记 $e=l_1-l_3$，则有

$$\begin{cases} m(\ddot{u}+e\ddot{\theta})+(k_1+k_2)u-(k_1l_3-k_2l_4)\theta=0 \\ me\ddot{u}+(J_1+me^2)\ddot{\theta}-(k_1l_3-k_2l_4)u+(k_1{l_3}^2+k_2{l_4}^2)\theta=0 \end{cases} \tag{3-36}$$

考虑到 $k_1l_3=k_2l_4$，则有

$$\begin{pmatrix} m & me \\ me & J+me^2 \end{pmatrix}\begin{pmatrix} \ddot{u} \\ \ddot{\theta} \end{pmatrix}+\begin{pmatrix} k_1+k_2 & 0 \\ 0 & k_1l_3^2+k_2l_4^2 \end{pmatrix}\begin{pmatrix} u \\ \theta \end{pmatrix}=\mathbf{0} \tag{3-37}$$

显然，刚度矩阵为对角矩阵，弹性耦合已经解除，但质量矩阵确实非对角矩阵，方程通过加速度 $\ddot{u}$ 和 $\ddot{\theta}$ 相互耦合，这种耦合称为**惯性耦合**，也称为**动力耦合**。

3. 复合耦合

上述两种坐标的选择具有特殊性，如果刚体上点 O 任意选取，不满足 $k_1l_3=k_2l_4$ 的条件，由式（3-36）可得到

$$\begin{pmatrix} m & me \\ me & J+me^2 \end{pmatrix}\begin{pmatrix} \ddot{u} \\ \ddot{\theta} \end{pmatrix}+\begin{pmatrix} k_1+k_2 & -(k_1l_3-k_2l_4) \\ -(k_1l_3-k_2l_4) & k_1l_3^2+k_2l_4^2 \end{pmatrix}\begin{pmatrix} u \\ \theta \end{pmatrix}=\mathbf{0} \tag{3-38}$$

显然，质量矩阵和刚度矩阵均为非对角矩阵，方程通过坐标 u 和 θ 及加速度 $\ddot{u}$ 和 $\ddot{\theta}$ 相互耦合，这种耦合方式是弹性和惯性的**复合耦合**。

比较式（3-34）、式（3-37）和式（3-38）三组方程可见，耦合的方式是依赖选取的坐标而定的。而坐标的选取是研究者的主观抉择，而非系统的本质特征。

4. 主坐标

对于一个系统，选择适当的坐标，使得运动完全不耦合，即系统质量矩阵和刚度矩阵同时为对角矩阵。如果这种坐标系存在，则称其为**主坐标系**。在主坐标系下，二自由度系统就像两个彼此独立的单自由度系统。事实上，二自由度系统的运动总是发生在一个二维空间中，即平面之中；而平面中坐标系的选取有无穷多种。不过，任意两种不同坐标系之间总存在一定的变换关系，通过这种变换，可以使系统的运动耦合发生转变。例如，一组坐标（u_1，u_2）可由线性变换

$$\begin{pmatrix} q_1 \\ q_2 \end{pmatrix}=\boldsymbol{\psi}\begin{pmatrix} u_1 \\ u_2 \end{pmatrix}=\begin{pmatrix} \psi_{11} & \psi_{12} \\ \psi_{21} & \psi_{22} \end{pmatrix}\begin{pmatrix} u_1 \\ u_2 \end{pmatrix} \tag{3-39}$$

确定另一组坐标（q_1，q_2）。为了能用坐标（q_1，q_2）表示坐标（u_1，u_2），矩阵 $\boldsymbol{\psi}$ 应是可逆的，即应有

$$\begin{pmatrix} u_1 \\ u_2 \end{pmatrix}=\boldsymbol{\psi}^{-1}\begin{pmatrix} q_1 \\ q_2 \end{pmatrix} \tag{3-40}$$

一般（u_1，u_2）是建立系统运动微分方程时用的坐标，它具有物理含意而被称作**物理坐标**。但（q_1，q_2）可能不易直观看出其物理意义，从而称为**广义坐标**。

现在把二自由度无阻尼系统的固有振型向量 $\boldsymbol{\varphi}_1$ 和 $\boldsymbol{\varphi}_2$ 装配成一个矩阵

$$\boldsymbol{\varphi}=(\boldsymbol{\varphi}_1,\ \boldsymbol{\varphi}_2) \tag{3-41}$$

称为**固有振型矩阵**（或**主振型矩阵**），可证明它是可逆阵。用 $\boldsymbol{\varphi}$ 来代替式（3-40）中 $\boldsymbol{\psi}^{-1}$，即引入广义坐标（q_1，q_2），使

$$\begin{pmatrix} u_1 \\ u_2 \end{pmatrix}=\boldsymbol{\varphi}\begin{pmatrix} q_1 \\ q_2 \end{pmatrix}=\boldsymbol{\varphi}_1q_1+\boldsymbol{\varphi}_2q_2 \tag{3-42}$$

这种广义坐标（q_1，q_2）在几何上并不直观，但它反映了每一固有振型对系统运动的“贡

献”量，故称之为**模态坐标**。这样的变换称为**模态变换**，可以实现系统方程的完全解耦。

例 3-6 试确定例 3-5 的系统进行解耦。

解：根据例 3-5 的分析，得到 $\boldsymbol{\varphi}=\begin{pmatrix}1 & -1\\ 1 & 1\end{pmatrix}$

故坐标变换关系为

$$\begin{cases}u_1=q_1-q_2\\ u_2=q_1+q_2\end{cases}$$

将坐标变换关系式代入二自由度无阻尼系统运动微分方程，得到

$$\begin{cases}2m\ddot{q}_1+2kq_1=0\\ 2m\ddot{q}_2+2\cdot 9kq_2=0\end{cases}$$

进一步可以写成

$$\begin{cases}\ddot{q}_1+\omega_1{}^2q_1=0\\ \ddot{q}_2+\omega_2{}^2q_2=0\end{cases}$$

这说明模态坐标正是我们要寻找的主坐标，它使二自由度无阻尼系统的运动完全解耦为两个单自由度无阻尼系统，其固有频率就是所对应阶的固有频率。

3.2.4 多自由度系统的固有振动

1. 特征方程

多自由度系统方程的矩阵形式与二自由度系统类似，在选定的物理坐标 $\boldsymbol{u}$ 下，n 自由度无阻尼系统的自由振动微分方程为

$$\boldsymbol{M}\ddot{\boldsymbol{u}}(t)+\boldsymbol{K}\boldsymbol{u}(t)=\boldsymbol{0} \tag{3-43}$$

假设系统会产生同频率、同相位但各质点不同振幅的振动，则其通解可表示为

$$\boldsymbol{u}(t)=\boldsymbol{\varphi}\sin(\omega t+\theta) \tag{3-44}$$

式中，ω 和 θ 是标量，$\boldsymbol{\varphi}=[\varphi_1,\ \varphi_2,\ \cdots,\ \varphi_n]^{\mathrm{T}}$是 n 维向量。将式（3-44）代入式（3-43），并消去 $\sin(\omega t+\theta)$，若令 $\lambda=\omega^2$，得到

$$(\boldsymbol{K}-\lambda\boldsymbol{M})\boldsymbol{\varphi}=\boldsymbol{0} \tag{3-45}$$

要使 $\boldsymbol{\varphi}$ 有不全为零的解，必须使其系数行列式等于零，即

$$|\boldsymbol{K}-\lambda\boldsymbol{M}|=0 \tag{3-46}$$

这是一个关于 λ 的 n 次代数方程，称为**特征方程**，也称为**频率方程**，特征方程对应的矩阵 $\boldsymbol{B}=\boldsymbol{K}-\lambda\boldsymbol{M}$，称为**特征矩阵**。从理论上讲，特征方程有 n 个特征根 $\lambda_r(r=1,\ 2,\ \cdots,\ n)$。下面对其取值情况进行讨论。将式（3-45）展开并整理成等式，在等式两端前乘 $\boldsymbol{\varphi}^{\mathrm{T}}$，可得到

$$\boldsymbol{\varphi}^{\mathrm{T}}\boldsymbol{K}\boldsymbol{\varphi}=\lambda\boldsymbol{\varphi}^{\mathrm{T}}\boldsymbol{M}\boldsymbol{\varphi} \tag{3-47}$$

由于系统的质量矩阵 $\boldsymbol{M}$ 是正定的，刚度矩阵 $\boldsymbol{K}$ 是正定的或半正定的，因此 $\boldsymbol{\varphi}^{\mathrm{T}}\boldsymbol{M}\boldsymbol{\varphi}>0$，$\boldsymbol{\varphi}^{\mathrm{T}}\boldsymbol{K}\boldsymbol{\varphi}\geqslant 0$，于是由式（3-47）可得

$$\lambda=\omega^2=\frac{\boldsymbol{\varphi}^{\mathrm{T}}\boldsymbol{K}\boldsymbol{\varphi}}{\boldsymbol{\varphi}^{\mathrm{T}}\boldsymbol{M}\boldsymbol{\varphi}}\geqslant 0 \tag{3-48}$$

因此，特征方程所有的特征值都是实数，且是正数或零。进而由 $\omega=\sqrt{\lambda}$ 求出系统的固有频率。将各个固有频率按照由小到大的顺序排列为

$$0\leqslant\omega_1\leqslant\omega_2\leqslant\cdots\leqslant\omega_n \tag{3-49}$$

式中，最低阶固有频率 ω_1 称为第一阶**固有频率**或**基频**，然后依次称为第二阶、第三阶固有频率等。通常情况下，刚度矩阵为正定的，称之为**正定系统**；刚度矩阵为半正定的，称之为**半正定系统**。对应于正定系统的固有频率是正的，半正定系统的固有频率是正数或零。

2. 主阵型

将各个固有频率代入式（3-45），可得到实系数齐次线性方程

$$(\boldsymbol{K}-\lambda_r\boldsymbol{M})\boldsymbol{\varphi}_r=0,\ r=1,\ 2,\ \cdots,\ n \tag{3-50}$$

式中，$\boldsymbol{\varphi}_r$为对应于 ω_r的特征向量。它表示系统在以 ω_r的频率做自由振动时，各质量块振幅 φ_{1r}、φ_{2r}、$\cdots$、φ_{nr}的相对大小，称之为系统第 r 阶**主振型**，也称**固有振型**或**主模态**。由于振幅的绝对值取决于系统的初始条件，且各质量块振幅相对比值只取决于系统的物理性质，因此不局限于求出具体绝对值，而可以一般地描述系统第 r 阶主振型的形式。若任意规定某一振幅为 1，如 $\varphi_{nr}=1$，或最大振幅为 1，以确定其他振幅，该过程称为**归一化**或**正规化**。

主振型矢量 $\boldsymbol{\varphi}_r$也可以利用特征矩阵的伴随矩阵来求得。由特征矩阵 $\boldsymbol{B}=\boldsymbol{K}-\lambda\boldsymbol{M}$ 得其逆矩阵

$$\boldsymbol{B}^{-1}=\frac{1}{|\boldsymbol{B}|}\mathrm{adj}\boldsymbol{B}$$

上式两端前乘 $|\boldsymbol{B}|\boldsymbol{B}$，可得

$$|\boldsymbol{B}|\boldsymbol{I}=\boldsymbol{B}\mathrm{adj}\boldsymbol{B}$$

式中，$\boldsymbol{I}$ 为单位矩阵。将固有频率 ω_r代入上式，则有

$$|\boldsymbol{B}_r|\boldsymbol{I}=\boldsymbol{B}_r\mathrm{adj}\boldsymbol{B}_r$$

因为 $|\boldsymbol{B}_r|=0$，于是有

$$\boldsymbol{B}_r\mathrm{adj}\boldsymbol{B}_r=\boldsymbol{0} \tag{3-51}$$

式中，$\boldsymbol{B}_r$和 $\mathrm{adj}\boldsymbol{B}_r$是将固有频率 ω_r代入之后的矩阵。比较式（3-51）和式（3-50），可以得到主振型矢量 $\boldsymbol{\varphi}_r$与特征矩阵的伴随矩阵 $\mathrm{adj}\boldsymbol{B}_r$中的任何非零列成比例，所以伴随矩阵 $\mathrm{adj}\boldsymbol{B}_r$的每一列就是主振型矢量 $\boldsymbol{\varphi}_r$或差一常数因子。

例 3-7　图 3-11 所示是三自由度振动系统，设 $m_1=m_2=m$，$m_3=2m$，$k_1=k_2=k_3=k$，求系统的固有频率和主振型。

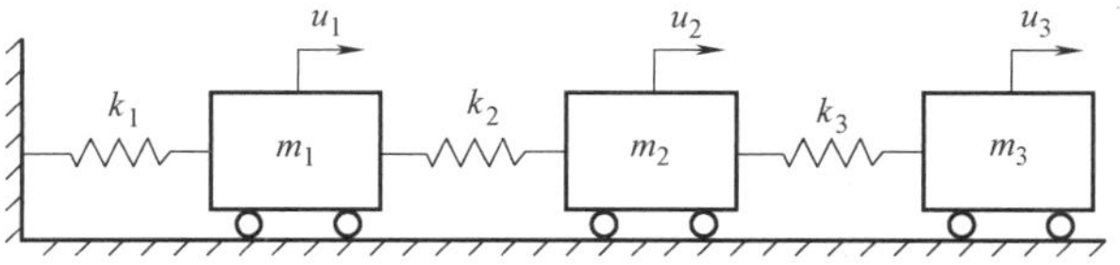

图 3-11　三自由度振动系统

解：选择坐标 u_1、u_2、u_3，如图 3-11 所示，则系统的质量矩阵和刚度矩阵分别为

$$\boldsymbol{M}=\begin{pmatrix} m & 0 & 0 \\ 0 & m & 0 \\ 0 & 0 & 2m \end{pmatrix},\ \boldsymbol{K}=\begin{pmatrix} 2k & -k & 0 \\ -k & 2k & -k \\ 0 & -k & k \end{pmatrix}$$

将 $\boldsymbol{M}$ 和 $\boldsymbol{K}$ 代入频率方程 $|\boldsymbol{K}-\lambda\boldsymbol{M}|=0$，得

$$\begin{vmatrix} 2k-\lambda m & -k & 0 \\ -k & 2k-\lambda m & -k \\ 0 & -k & k-2\lambda m \end{vmatrix}=0$$

解方程可得 $\lambda_1=0.1267\dfrac{k}{m}$，$\lambda_2=1.2726\dfrac{k}{m}$，$\lambda_3=3.1007\dfrac{k}{m}$

因此，系统的三个固有频率为 $\omega_1=0.3559\sqrt{\dfrac{k}{m}}$，$\omega_2=1.2810\sqrt{\dfrac{k}{m}}$，$\omega_3=1.7609\sqrt{\dfrac{k}{m}}$

由特征矩阵

求其伴随矩阵 $$\boldsymbol{B}=\boldsymbol{K}-\lambda\boldsymbol{M}=\begin{pmatrix} 2k-\lambda m & -k & 0 \\ -k & 2k-\lambda m & -k \\ 0 & -k & k-2\lambda m \end{pmatrix}$$

$$\mathrm{adj}\boldsymbol{B}=\begin{pmatrix} (2k-\lambda m)(k-2\lambda m)-k^2 & k(k-2\lambda m) & k^2 \\ k(k-2\lambda m) & (2k-\lambda m)(k-2\lambda m) & k(2k-\lambda m) \\ k^2 & k(2k-\lambda m) & (2k-\lambda m)^2-k^2 \end{pmatrix}$$

取其第三列（计算时可只求这一列），将 ω_1、ω_2、ω_3 的值依次代入，得到第一、二、三阶主振型为

$$\boldsymbol{\varphi}_1=\begin{pmatrix} 1.000 \\ 1.873 \\ 2.509 \end{pmatrix},\quad \boldsymbol{\varphi}_2=\begin{pmatrix} 1.000 \\ 0.727 \\ -0.471 \end{pmatrix},\quad \boldsymbol{\varphi}_3=\begin{pmatrix} 1.000 \\ -1.101 \\ 0.212 \end{pmatrix}$$

三阶主振型如图 3-12 所示。主振型也可以根据式（3-50）求得。即将 ω_1、ω_2、ω_3 的值依次代入此式，归一化后可得主振型。

3. 主阵型的性质

（1）正交性 主振型的一个重要性质是正交性。这种正交性表现为关于质量矩阵和刚度矩阵的加权正交性，即当 $r\neq s$ 时，有

$$\boldsymbol{\varphi}_r^{\mathrm{T}}\boldsymbol{M}\boldsymbol{\varphi}_s=0,\quad \boldsymbol{\varphi}_r^{\mathrm{T}}\boldsymbol{K}\boldsymbol{\varphi}_s=0 \tag{3-52}$$

事实上，$\boldsymbol{\varphi}_r$ 和 $\boldsymbol{\varphi}_s$ 分别为系统对应于固有频率 ω_r 和 ω_s 的主振型，因而有

$$\boldsymbol{K}\boldsymbol{\varphi}_r=\omega_r^2\boldsymbol{M}\boldsymbol{\varphi}_r,\quad \boldsymbol{K}\boldsymbol{\varphi}_s=\omega_s^2\boldsymbol{M}\boldsymbol{\varphi}_s$$

将第一式两边转置，再后乘 $\boldsymbol{\varphi}_s$；对第二式前乘 $\boldsymbol{\varphi}_r$，然后二者相减，可得

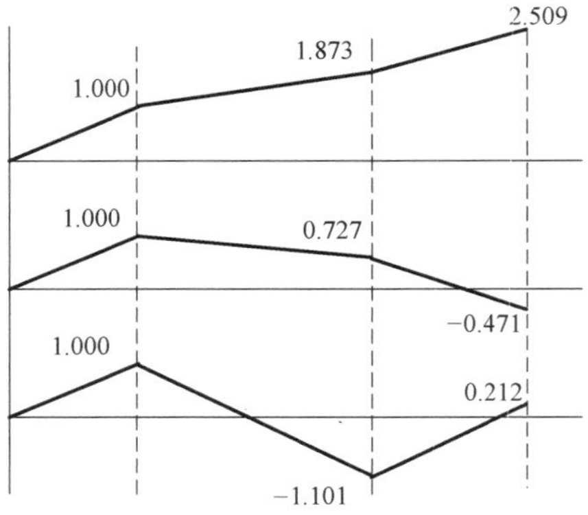

图 3-12 三阶主振型

$$(\omega_r^2-\omega_s^2)\boldsymbol{\varphi}_r^{\mathrm{T}}\boldsymbol{M}\boldsymbol{\varphi}_s=0 \tag{3-53}$$

考虑到 $\boldsymbol{\omega}_r \neq \boldsymbol{\omega}_s$，于是式（3-52）中的第一式得证；同理可证明其第二式。

注意到当 $r=s$ 时，无论 $\boldsymbol{\varphi}_r^{\mathrm{T}}\boldsymbol{M}\boldsymbol{\varphi}_r$ 取何值，式（3-53）恒成立，令

$$M_r=\boldsymbol{\varphi}_r^{\mathrm{T}}\boldsymbol{M}\boldsymbol{\varphi}_r,\quad K_r=\boldsymbol{\varphi}_r^{\mathrm{T}}\boldsymbol{K}\boldsymbol{\varphi}_r \tag{3-54}$$

式中，M_r 和 K_r 分别称为第 r 阶**主质量（或模态质量）**和**主刚度（或模态刚度）**。不难发现 M_r 和 K_r 之间的关系为

$$\omega_r^2=\frac{\boldsymbol{\varphi}_r^{\mathrm{T}}\boldsymbol{K}\boldsymbol{\varphi}_r}{\boldsymbol{\varphi}_r^{\mathrm{T}}\boldsymbol{M}\boldsymbol{\varphi}_r}=\frac{K_r}{M_r} \tag{3-55}$$

这个关系式与单自由度的刚度、质量和固有频率的关系完全相似。即当多自由度系统做第 r 阶主振动时，第 r 阶模态质量、模态刚度及固有频率之间的关系，就如同单自由度振动系统一样。

（2）线性无关性　主振型的线性无关性是指，仅有全为零的一组常数 $a_r(r=1, 2, \cdots, n)$ 才能使

$$\sum_{r=1}^{n} a_r\boldsymbol{\varphi}_r=\boldsymbol{0} \tag{3-56}$$

事实上，将式（3-56）两端前乘 $\boldsymbol{\varphi}_s^{\mathrm{T}}\boldsymbol{M}$ 后利用正交性，可得

$$\boldsymbol{\varphi}_s^{\mathrm{T}}\boldsymbol{M}\cdot\sum_{r=1}^{n} a_r\boldsymbol{\varphi}_r=\sum_{r=1}^{n} a_r(\boldsymbol{\varphi}_s^{\mathrm{T}}\boldsymbol{M}\boldsymbol{\varphi}_r)=\begin{cases} a_r\cdot 0=0 & r\neq s \\ a_s(\boldsymbol{\varphi}_s^{\mathrm{T}}\boldsymbol{M}\boldsymbol{\varphi}_s) & r=s \end{cases}$$

当且仅当 $a_1=a_2=\cdots=a_n=0$ 时，式（3-56）才能成立。

（3）刚体模态　车辆、飞机等运载工具及旋转机械中轴系都可看作刚体运动系统。这类系统可以产生无弹性变形的刚体运动

$$\boldsymbol{u}(t)=\boldsymbol{\varphi}_0(a_0+b_0t) \tag{3-57}$$

式中，a_0 和 b_0 是由初始条件确定的常数，φ_0 描述系统做刚体运动时各自由度位移间的相对比例，称为**刚体运动振型**。将式（3-57）代入无阻尼系统自由振动方程（式（3-43））可见，这样的刚体运动振型 φ_0 需要满足

$$\boldsymbol{K}\boldsymbol{\varphi}_0=\boldsymbol{0} \tag{3-58}$$

齐次线性方程（式（3-58））有非零解 $\boldsymbol{\varphi}_0$ 的条件是矩阵 $\boldsymbol{K}$ 奇异。由此可得到 $\boldsymbol{\varphi}_0^{\mathrm{T}}\boldsymbol{K}\boldsymbol{\varphi}_0=0$，即系统刚体运动不产生弹性势能。

再将式（3-58）与弹性振动的广义特征值问题（式（3-45））比较可知，刚体运动振型对应于系统广义特征值为零，即零频率的情况。因此，将零固有频率及相应的刚体运动振型一并称为**刚体模态**。前面提出系统通解为正弦型的自由振动模式，不包括式（3-57）这种刚体运动模式。用式（3-57）作为刚体运动的解，一方面出于物理直观，另一方面基于线性常微分方程组解结构的一般理论。

由刚度法不难证明，系统刚体运动自由度数等于系统刚度矩阵 $\boldsymbol{K}$ 的阶数与秩之差。而根据线性代数，这一差值就是式（3-58）线性无关非零解的个数。因此，具有 $n>1$ 个刚体运动自由度的系统具有 n 个线性无关的刚体运动振型，从而对应 n 重零固有频率。

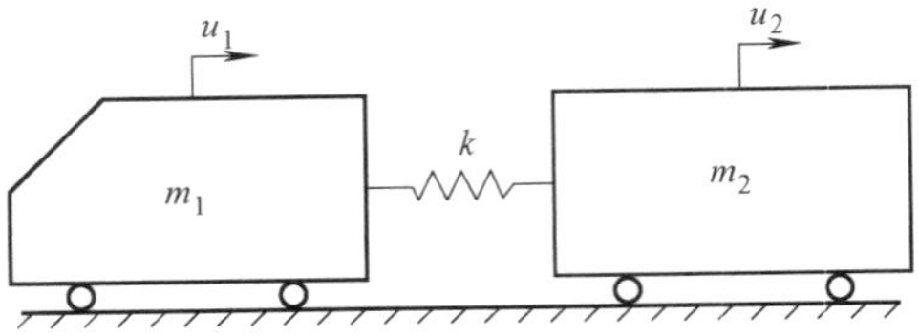

图 3-13 牵引车-挂车系统

例 3-8 图 3-13 所示为牵引车-挂车系统，试分析系统的固有振动。

解： 选择坐标 u_1、u_2，如图 3-13 所示，则系统的质量矩阵和刚度矩阵分别为

$$\boldsymbol{M}=\begin{pmatrix} m_1 & 0 \\ 0 & m_2 \end{pmatrix},\ \boldsymbol{K}=\begin{pmatrix} k & -k \\ -k & k \end{pmatrix}$$

将 $\boldsymbol{M}$ 和 $\boldsymbol{K}$ 代入频率方程 $|\boldsymbol{K}-\lambda\boldsymbol{M}|=0$，得

$$\begin{vmatrix} k-\lambda m_1 & -k \\ -k & k-\lambda m_2 \end{vmatrix}=0$$

解方程可得 $$\lambda_1=0,\quad \lambda_2=\frac{m_1+m_2}{m_1 m_2}k$$

因此，系统的两个固有频率为

$$\omega_1=0,\quad \omega_2=\sqrt{\frac{m_1+m_2}{m_1 m_2}k}$$

由固有频率 ω_1、ω_2，可得到系统对应的两个振幅比

$$s_1=\frac{\varphi_{11}}{\varphi_{21}}=-\frac{k_{12}}{k_{11}-\omega_1^2 m_{11}}=-\frac{-k}{k-0\cdot m_1}=1,\ s_2=\frac{\varphi_{12}}{\varphi_{22}}=-\frac{k_{12}}{k_{11}-\omega_2^2 m_{11}}=-\frac{-k}{k-\frac{m_1+m_2}{m_1 m_2}k\cdot m_1}=-\frac{m_2}{m_1}$$

从而可得系统对应的两个主阵型 $\boldsymbol{\varphi}_1=\begin{pmatrix} s_1 \\ 1 \end{pmatrix}=\begin{pmatrix} 1 \\ 1 \end{pmatrix}$，$\boldsymbol{\varphi}_2=\begin{pmatrix} s_2 \\ 1 \end{pmatrix}=\begin{pmatrix} -\frac{m_2}{m_1} \\ 1 \end{pmatrix}$

系统的运动由刚体运动叠加简谐振动而成：

$$u(t)=\begin{pmatrix} 1 \\ 1 \end{pmatrix}(a_0 t+b_0)+\begin{pmatrix} -\frac{m_2}{m_1} \\ 1 \end{pmatrix}\sin\left(\sqrt{\frac{m_1+m_2}{m_1 m_2}k}\cdot t+\theta\right)$$

式中，常数 a_0、b_0、θ 由初始条件确定。

4. 主振型矩阵

n 自由度无阻尼系统总有 n 个线性无关的主振型 $\boldsymbol{\varphi}_r$，$r=1,\ 2,\ \cdots,\ n$，它们中的任意两个主振型均是关于系统质量矩阵和刚度矩阵加权正交。将各阶主振型按顺序排列成一个 $n\times n$ 阶方阵

$$\boldsymbol{\Phi}=(\boldsymbol{\varphi}_1,\ \boldsymbol{\varphi}_2,\ \cdots,\ \boldsymbol{\varphi}_n)=\begin{pmatrix} \varphi_{11} & \varphi_{12} & \cdots & \varphi_{1n} \\ \varphi_{21} & \varphi_{22} & \cdots & \varphi_{2n} \\ \vdots & \vdots & & \vdots \\ \varphi_{n1} & \varphi_{n2} & \cdots & \varphi_{nn} \end{pmatrix} \tag{3-59}$$

称为**主振型矩阵**或**模态矩阵**。根据主振型的正交性，可以推导出主振型矩阵的两个性质

$$\boldsymbol{\Phi}^{\mathrm{T}}\boldsymbol{M}\boldsymbol{\Phi}=\underset{1\leqslant r\leqslant n}{\operatorname{diag}}\left(\boldsymbol{\varphi}_r^{\mathrm{T}}\boldsymbol{M}\boldsymbol{\varphi}_r\right)=\underset{1\leqslant r\leqslant n}{\operatorname{diag}}\left(\boldsymbol{M}_r\right)=\boldsymbol{M}_\omega$$

$$\boldsymbol{\Phi}^{\mathrm{T}}\boldsymbol{K}\boldsymbol{\Phi}=\underset{1\leqslant r\leqslant n}{\operatorname{diag}}\left(\boldsymbol{\varphi}_r^{\mathrm{T}}\boldsymbol{K}\boldsymbol{\varphi}_r\right)=\underset{1\leqslant r\leqslant n}{\operatorname{diag}}\left(K_r\right)=\boldsymbol{K}_\omega \tag{3-60}$$

式中，$\boldsymbol{M}_\omega$和$\boldsymbol{K}_\omega$分别是**主质量矩阵**和**主刚度矩阵**。这一性质可将非对角矩阵的质量矩阵或刚度矩阵转变为对角矩阵。

主振型$\boldsymbol{\varphi}_r$表示系统做主振动时各振幅的比。在前面的计算中，一般采用将某一振幅规定为1从而进行归一化。这种归一化的方法对于缩小计算数字和绘制主振型图很方便。为了以后计算系统对各种响应的方便，这里介绍另一种归一化法：**模态质量归一化**，其将主质量矩阵的各列除以其对应主质量的平方根，由对角矩阵变换为单位矩阵，即

$$\boldsymbol{\varphi}_r^*=\frac{\boldsymbol{\varphi}_r}{\sqrt{\boldsymbol{\varphi}_r^{\mathrm{T}}\boldsymbol{M}\boldsymbol{\varphi}_r}}=\frac{\boldsymbol{\varphi}_r}{\sqrt{M_r}} \tag{3-61}$$

这样得到的振型称为正则振型，$\boldsymbol{\varphi}_r^*$称为第r阶**正则振型**，各阶正则振型依次排列组成一个$n\times n$阶方阵$\boldsymbol{\Phi}^*$，称为**正则矩阵**（或**正则振型矩阵**），由正交性可知正则矩阵的两个性质

$$\boldsymbol{\Phi}^{*\mathrm{T}}\boldsymbol{M}\boldsymbol{\Phi}^*=\boldsymbol{I},\ \boldsymbol{\Phi}^{*\mathrm{T}}\boldsymbol{K}\boldsymbol{\Phi}^*=\boldsymbol{\Omega}^2=\underset{1\leqslant r\leqslant n}{\operatorname{diag}}\left(\omega_r^2\right) \tag{3-62}$$

式中，$\boldsymbol{\Omega}^2$称为谱矩阵。

例3-9　试求例3-7中系统的正则矩阵和谱矩阵。

解：由例3-7的求解可知，系统的质量矩阵和刚度矩阵分别为

$$\boldsymbol{M}=m\begin{pmatrix}1&0&0\\0&1&0\\0&0&2\end{pmatrix},\ \boldsymbol{K}=k\begin{pmatrix}2&-1&0\\-1&2&-1\\0&-1&1\end{pmatrix}$$

将各阶主振型依次排列成方阵，得到主振型矩阵

$$\boldsymbol{\Phi}=\begin{pmatrix}1.000&1.000&1.000\\1.873&0.727&-1.101\\2.509&-0.471&0.212\end{pmatrix}$$

由质量矩阵可求出主质量矩阵

$$\boldsymbol{M}_\omega=\boldsymbol{\Phi}^{\mathrm{T}}\boldsymbol{M}\boldsymbol{\Phi}$$

$$=m\begin{pmatrix}1.000&1.873&2.509\\1.000&0.727&-0.471\\1.000&-1.101&0.212\end{pmatrix}\begin{pmatrix}1&0&0\\0&1&0\\0&0&2\end{pmatrix}\begin{pmatrix}1.000&1.000&1.000\\1.873&0.727&-1.101\\2.509&-0.471&0.212\end{pmatrix}$$

$$=m\begin{pmatrix}17.101&0&0\\0&1.973&0\\0&0&2.301\end{pmatrix}$$

于是，可得各阶正则振型

$$\boldsymbol{\varphi}_1^* = \frac{\boldsymbol{\varphi}_1}{\sqrt{\boldsymbol{M}_1}} = \frac{1}{\sqrt{17.101m}}\begin{pmatrix} 1.000 \\ 1.873 \\ 2.509 \end{pmatrix},\quad \boldsymbol{\varphi}_2^* = \frac{1}{\sqrt{1.973m}}\begin{pmatrix} 1.000 \\ 0.727 \\ -0.471 \end{pmatrix},\quad \boldsymbol{\varphi}_3^* = \frac{1}{\sqrt{2.301m}}\begin{pmatrix} 1.000 \\ -1.101 \\ 0.212 \end{pmatrix}$$

化简、整理，可得正则矩阵

$$\boldsymbol{\Phi}^* = \frac{1}{\sqrt{m}}\begin{pmatrix} 0.242 & 0.712 & 0.659 \\ 0.453 & 0.518 & -0.726 \\ 0.607 & -0.335 & 0.139 \end{pmatrix}$$

由正则矩阵的性质，可得谱矩阵

$$\begin{aligned} \boldsymbol{\Omega}^2 &= \boldsymbol{\Phi}^{*\mathrm{T}}\boldsymbol{K}\boldsymbol{\Phi}^* \\ &= \frac{1}{\sqrt{m}}\begin{pmatrix} 0.242 & 0.453 & 0.607 \\ 0.712 & 0.518 & -0.335 \\ 0.659 & -0.726 & 0.139 \end{pmatrix} k \begin{pmatrix} 2 & -1 & 0 \\ -1 & 2 & -1 \\ 0 & -1 & 1 \end{pmatrix} \frac{1}{\sqrt{m}}\begin{pmatrix} 0.242 & 0.712 & 0.659 \\ 0.453 & 0.518 & -0.726 \\ 0.607 & -0.335 & 0.139 \end{pmatrix} \\ &= \frac{k}{m}\begin{pmatrix} 0.1267 & 0 & 0 \\ 0 & 1.2726 & 0 \\ 0 & 0 & 3.1007 \end{pmatrix} \end{aligned}$$

3.2.5 运动解耦

为微分方程解耦，选取一组主坐标可使多自由度方程变成 n 个单自由度方程。由上述讨论可知，n 自由度无阻尼系统总有 n 个线性无关的主振型 $\boldsymbol{\varphi}_r$ 或正则振型 $\boldsymbol{\varphi}_r^*$，$r=1$, 2, …, n，因此，可用 n 个主振型作为基底来构建描述系统运动的空间。引入坐标变换

$$\boldsymbol{u} = \boldsymbol{\Phi}\boldsymbol{q} \quad 或 \quad \boldsymbol{u} = \boldsymbol{\Phi}^*\boldsymbol{s} \tag{3-63}$$

式中，$\boldsymbol{\Phi}$ 是主振型矩阵；$\boldsymbol{\Phi}^*$ 是正则矩阵；$\boldsymbol{q}$ 为一个 n 维列向量，称为**广义坐标**（或**模态坐标**）；$\boldsymbol{s}$ 为一个 n 维列向量，称为**正则坐标**。

系统在物理坐标下的运动微分方程（式（3-43））将转换为广义坐标或正则坐标下的形式

$$\boldsymbol{M}_q\ddot{\boldsymbol{q}}(t) + \boldsymbol{K}_q\boldsymbol{q}(t) = \boldsymbol{0} \quad 或 \quad \boldsymbol{M}_s\ddot{\boldsymbol{s}}(t) + \boldsymbol{K}_s\boldsymbol{s}(t) = \boldsymbol{0} \tag{3-64}$$

式中，$\boldsymbol{M}_q$ 和 $\boldsymbol{K}_q$ 分别是广义坐标 $\boldsymbol{q}$ 下主质量矩阵和主刚度矩阵；$\boldsymbol{M}_s$ 和 $\boldsymbol{K}_s$ 分别是正则坐标 $\boldsymbol{s}$ 下主质量矩阵和主刚度矩阵。由主振型矩阵性质可知，广义坐标或正则坐标下质量矩阵和刚度矩阵是对角矩阵，因此方程（3-64）已是独立的 n 个标量函数 $q_r(t)$ 的微分方程

$$M_r\ddot{q}_r(t) + K_rq_r(t) = 0 \quad 或 \quad M_r\ddot{s}_r(t) + K_rs_r(t) = 0,\quad r = 1, 2, \cdots, n \tag{3-65}$$

这说明在广义坐标或正则坐标下系统的运动方程没有耦合，成为单自由度系统的振动方程，进而实现了解耦。不过，根据 $\boldsymbol{\Phi}^{-1}\boldsymbol{u}$ 或 $\boldsymbol{\Phi}^{*-1}\boldsymbol{u}$ 确定 $\boldsymbol{q}$ 时，有时 $\boldsymbol{\Phi}^{-1}$ 或 $\boldsymbol{\Phi}^{*-1}$ 求解比较困难。于是，根据主振型矩阵和正则矩阵定义，在式（3-63）两端前乘 $\boldsymbol{\Phi}^{\mathrm{T}}\boldsymbol{M}$ 或 $\boldsymbol{\Phi}^{*\mathrm{T}}\boldsymbol{M}$，可得

$$\boldsymbol{\Phi}^{\mathrm{T}}\boldsymbol{M}\boldsymbol{u} = \boldsymbol{\Phi}^{\mathrm{T}}\boldsymbol{M}\boldsymbol{\Phi}\boldsymbol{q} = \boldsymbol{M}_\omega\boldsymbol{q} \quad 或 \quad \boldsymbol{\Phi}^{*\mathrm{T}}\boldsymbol{M}\boldsymbol{u} = \boldsymbol{\Phi}^{*\mathrm{T}}\boldsymbol{M}\boldsymbol{\Phi}^*\boldsymbol{s} = \boldsymbol{I}\cdot\boldsymbol{s}$$

由上式，很容易确定广义坐标 $\boldsymbol{q}$ 和正则坐标 $\boldsymbol{s}$ 为

$$q = M_{\omega}^{-1} \cdot \Phi^{\mathrm{T}} M \cdot u \quad 或 \quad s = I^{-1} \cdot \Phi^{*\mathrm{T}} M \cdot u = \Phi^{*\mathrm{T}} M \cdot u \tag{3-66}$$

3.2.6　多自由度系统对初始条件的响应

上述分析可知，当系统按照某一阶固有频率振动时，其相对振幅比是系统本身的固有特性，与初始条件无关。但是绝对振幅是由系统的初始条件决定的，对于自由振动而言，已知系统的初位移 $\boldsymbol{u}_0$ 和初速度 $\dot{\boldsymbol{u}}_0$，可以求得其绝对振幅 φ_0 和相位角 θ 的值。

通过选取正则坐标 $\boldsymbol{s}$，可使微分方程解耦，变成 n 个单自由度方程（式（3-65）），通过求解单自由度系统得到

$$s_r(t) = a_r \cos\omega_r t + b_r \sin\omega_r t\,, \quad r = 1, 2, \cdots, n \tag{3-67}$$

在已知 s_0 和 $\dot{s}_0$的情况下，可求得式中 a_r和 b_r的值。而实际的振动系统，初始条件是在物理坐标下给出的，即初位移 u_0 和初速度 $\dot{u}_0$。因此，物理坐标下的初始条件，必须转化为正则坐标下的初始条件。由式（3-66）可得

$$s_0 = I^{-1} \cdot \Phi^{*\mathrm{T}} M \cdot u_0\,, \quad \dot{s}_0 = I^{-1} \cdot \Phi^{*\mathrm{T}} M \cdot \dot{u}_0 \tag{3-68}$$

就这样，可以用式（3-66）求得 $\boldsymbol{s}$ 的表达式，通过式（3-63）可以求出物理坐标下由给定的初始条件来确定自由振动

$$u(t) = \Phi^* s(t) = \Phi^* \begin{pmatrix} s_1(t) \\ s_2(t) \\ \vdots \\ s_n(t) \end{pmatrix} = \Phi^* \begin{pmatrix} a_1\cos\omega_1 t + b_1 \sin\omega_1 t \\ a_2\cos\omega_2 t + b_2 \sin\omega_2 t \\ \vdots \\ a_n\cos\omega_n t + b_n \sin\omega_n t \end{pmatrix} \tag{3-69}$$

或

$$u(t) = \varphi_1^* s_1(t) + \varphi_2^* s_2(t) + \cdots + \varphi_n^* s_n(t)$$

例 3-10　在例 3-7 系统中，设初始条件是 $\boldsymbol{u}(0) = [a, 0, 0]^{\mathrm{T}}$，$\dot{\boldsymbol{u}}(0) = [0, 0, 0]^{\mathrm{T}}$，求系统的响应。

解：经过例 3-7 和例 3-9 的计算，系统的质量矩阵、正则矩阵和三个固有频率分别为

$$M = m\begin{pmatrix} 1 & 0 & 0 \\ 0 & 1 & 0 \\ 0 & 0 & 2 \end{pmatrix},\ \Phi^* = \frac{1}{\sqrt{m}}\begin{pmatrix} 0.242 & 0.712 & 0.659 \\ 0.453 & 0.518 & -0.726 \\ 0.607 & -0.335 & 0.139 \end{pmatrix}$$

$$\omega_1 = 0.3559\sqrt{\frac{k}{m}}\,, \quad \omega_2 = 1.2810\sqrt{\frac{k}{m}}\,, \quad \omega_3 = 1.7609\sqrt{\frac{k}{m}}$$

由式（3-68）求得正则坐标下的初始条件

$$s(0) = I^{-1} \cdot \Phi^{*\mathrm{T}} M \cdot u(0) = \Phi^{*\mathrm{T}} M \cdot u(0)$$

$$= \frac{1}{\sqrt{m}}\begin{pmatrix} 0.242 & 0.712 & 0.659 \\ 0.453 & 0.518 & -0.726 \\ 0.607 & -0.335 & 0.139 \end{pmatrix} \cdot m\begin{pmatrix} 1 & 0 & 0 \\ 0 & 1 & 0 \\ 0 & 0 & 2 \end{pmatrix}\begin{pmatrix} a \\ 0 \\ 0 \end{pmatrix} = a\sqrt{m}\begin{pmatrix} 0.242 \\ 0.712 \\ 0.659 \end{pmatrix}$$

$$\dot{s}(0) = I^{-1} \cdot \Phi^{*\mathrm{T}} M \cdot \dot{u}(0) = \Phi^{*\mathrm{T}} M \cdot \dot{u}(0) = [0,\ 0,\ 0]^{\mathrm{T}}$$

由式（3-67）可知3个单自由度系统

$$s_1(t)=0.242a\sqrt{m}\cos\omega_1 t,\quad s_2(t)=0.712a\sqrt{m}\cos\omega_2 t,\quad s_3(t)=0.659a\sqrt{m}\cos\omega_3 t$$

利用式（3-69），可得系统的响应为

$$\begin{pmatrix}u_1\\u_2\\u_3\end{pmatrix}=\begin{pmatrix}0.059\\0.110\\0.147\end{pmatrix}a\cos\omega_1 t+\begin{pmatrix}0.507\\0.369\\0.092\end{pmatrix}a\cos\omega_2 t+\begin{pmatrix}0.435\\-0.478\\0.092\end{pmatrix}a\cos\omega_3 t$$

综上所述，求解多自由度响应的过程步骤如下：

1）建立系统振动微分方程。

2）计算系统无阻尼时的固有频率、特征向量、主振型以及系统的模态矩阵。

3）计算系统的正则矩阵。

4）利用正则矩阵对系统方程解耦，使之成为正则方程并写出方程的正则解。

5）对物理坐标下初始条件进行坐标变换，使之成为正则初始条件，求出正则响应。

6）对正则响应进行坐标逆变换，使之成为原坐标下系统响应。

3.3 无阻尼系统的受迫振动

根据3.1节分析，多自由度无阻尼系统的受迫振动应由运动微分方程

$$\boldsymbol{M}\ddot{\boldsymbol{u}}+\boldsymbol{K}\boldsymbol{u}=\boldsymbol{f} \tag{3-70}$$

和初始条件 $\boldsymbol{u}(0)=\boldsymbol{u}_0$，$\dot{\boldsymbol{u}}(0)=\dot{\boldsymbol{u}}_0$确定。$\boldsymbol{f}$是系统受到的激励力，对于同频的简谐激励力，可用$\boldsymbol{f}=\boldsymbol{F}\sin\omega t$表示。为了研究系统对激励力的响应，本节介绍主振型分析法和正则振型分析法。

3.3.1 主振型分析法

将主坐标变换 $\boldsymbol{u}=\boldsymbol{\Phi}\boldsymbol{q}$ 代入式（3-70），根据主振型的正交性可得到解耦的运动微分方程

$$\boldsymbol{M}_q\ddot{\boldsymbol{q}}+\boldsymbol{K}_q\boldsymbol{q}=\boldsymbol{f}_q \tag{3-71}$$

式中，$\boldsymbol{f}_q=\boldsymbol{\Phi}^{\mathrm{T}}\boldsymbol{f}=\boldsymbol{\Phi}^{\mathrm{T}}\boldsymbol{F}\sin\omega t$。令 $\boldsymbol{F}_q=\boldsymbol{\Phi}^{\mathrm{T}}\boldsymbol{F}$，式（3-71）可变成一组$n$个单自由度方程，即

$$M_{qr}\ddot{q}_r+K_{qr}q_r=F_{qr}\sin\omega t,\quad r=1,2,\cdots,n \tag{3-72}$$

式中，M_{qr}和K_{qr}分别为广义坐标q下第r阶主质量和主刚度；F_{qr}为矩阵F_q的第r阶元素。与单自由度无阻尼受迫振动一样，设其稳态响应是与激励力同频率的简谐函数$q_r=B_{qr}\sin\omega t$，并代入式（3-72），消去$\sin\omega t$，可得

$$B_{qr}=(K_{qr}-M_{qr}\omega^2)^{-1}F_{qr}=M_{qr}(\omega_r^2-\omega^2)^{-1}F_{qr},\quad r=1,2,\cdots,n \tag{3-73}$$

式中，ω_r为系统第r阶固有频率。令 $\alpha_r=(K_{qr}-M_{qr}\omega^2)^{-1}=M_{qr}(\omega_r^2-\omega^2)^{-1}$，通常称$\alpha_r$为第$r$阶**频响函数**，各阶频响函数组成**频响函数矩阵**。则 $\boldsymbol{B}_q=\mathrm{diag}\alpha\boldsymbol{F}_q=\mathrm{diag}\alpha\boldsymbol{\Phi}^{\mathrm{T}}\boldsymbol{F}$，式（3-71）对应的稳态响应$\boldsymbol{q}$可写成

$$\boldsymbol{q}=\boldsymbol{B}_q\sin\omega t=\mathrm{diag}\alpha\cdot\boldsymbol{\Phi}^{\mathrm{T}}\boldsymbol{F}\sin\omega t \tag{3-74}$$

返回原物理坐标

$$\boldsymbol{u}=\boldsymbol{\Phi q}=\boldsymbol{\Phi}\mathrm{diag}\alpha\cdot\boldsymbol{\Phi}^{\mathrm{T}}\boldsymbol{F}\sin\omega t \tag{3-75}$$

这就是系统对简谐激励力的稳态响应。像这样基于主振型矩阵分析求解系统对激响应的方法称为**主振型分析法**。

3.3.2 正则振型分析法

将正则坐标变换 $\boldsymbol{u}=\boldsymbol{\Phi}^{*}\boldsymbol{s}$ 代入式（3-70），由正则振型的正交条件可得解耦的运动微分方程

$$\boldsymbol{M}_s\ddot{\boldsymbol{s}}+\boldsymbol{K}_s\boldsymbol{s}=\boldsymbol{f}_s \tag{3-76}$$

式中，$\boldsymbol{f}_s=\boldsymbol{\Phi}^{*\mathrm{T}}\boldsymbol{f}=\boldsymbol{\Phi}^{*\mathrm{T}}\boldsymbol{F}\sin\omega t$。令 $\boldsymbol{F}_s=\boldsymbol{\Phi}^{*\mathrm{T}}\boldsymbol{F}$，同样式（3-76）可变成一组 n 个独立的单自由度方程。根据正则矩阵的性质，这 n 个单自由度方程可写成

$$\ddot{s}_r+\omega_r{}^2 s_r=F_{sr}\sin\omega t,\quad r=1,2,\cdots,n \tag{3-77}$$

式中，ω_r为系统第 r 阶固有频率。同理，设其稳态响应是 $s_r=B_{sr}\sin\omega t$，代入式（3-77），可得

$$B_{sr}=(\omega_r^2-\omega^2)^{-1}F_{sr},\quad r=1,2,\cdots,n \tag{3-78}$$

令第 r 阶频响函数 $\alpha_r{}^{*}=(\omega_r^2-\omega^2)^{-1}$，则 $\boldsymbol{B}_s=\mathrm{diag}\alpha^{*}\boldsymbol{F}_s=\mathrm{diag}\alpha\boldsymbol{\Phi}^{*\mathrm{T}}\boldsymbol{F}$，式（3-76）对应的稳态响应 $\boldsymbol{s}$ 可写成

$$\boldsymbol{s}=\boldsymbol{B}_s\sin\omega t=\mathrm{diag}\boldsymbol{\alpha}^{*}\cdot\boldsymbol{\Phi}^{*\mathrm{T}}\boldsymbol{F}\sin\omega t \tag{3-79}$$

返回原物理坐标

$$\boldsymbol{u}=\boldsymbol{\Phi}^{*}\boldsymbol{s}=\boldsymbol{\Phi}^{*}\mathrm{diag}\boldsymbol{\alpha}^{*}\cdot\boldsymbol{\Phi}^{*\mathrm{T}}\boldsymbol{F}\sin\omega t \tag{3-80}$$

这就是系统对简谐激励力的稳态响应。像这样基于正则矩阵分析求解系统对激响应的方法称为**正则振型分析法**。

由第 r 阶频响函数 $\alpha_r=M_{qr}(\omega_r^2-\omega^2)^{-1}$和 $\alpha_r{}^{*}=(\omega_r^2-\omega^2)^{-1}$可以看出，当激励力的频率等于系统任一阶固有频率时，系统发生共振。与单自由度系统不同，n 自由度系统一般有 n 个固有频率，因此可能出现 n 次共振。可以证明，当系统发生共振时，譬如 $\omega=\omega_r$，这时第 r 阶主共振的振幅会变得十分大，称为系统发生了第 r 阶共振，且系统在第 r 阶共振时的振动形态接近于第 r 阶主振型。

实际上，通过主坐标变换及正则坐标变换得到式（3-72）和式（3-77）之后，再利用单自由度系统的理论求解，不仅可以求出系统对于简谐激励的响应，还可以求出对周期激励的响应或任意激励的响应。

例 3-11 在图 3-14 所示的三自由度弹簧-质量系统中，设 $m_1=m_2=m_3=m$，$k_1=k_2=k_3=k$，$k_4=2k$，$F_1(t)=F_1\sin\omega t$，$F_2(t)=F_2\sin3\omega t$，$F_3(t)=0$，求系统的稳态响应。

解： 选择坐标 u_1、u_2、u_3，如图 3-14 所示，则系统的运动微分方程为

$$\boldsymbol{M}\ddot{\boldsymbol{u}}+\boldsymbol{K}\boldsymbol{u}=\boldsymbol{f}$$

式中，$\boldsymbol{M}=\begin{pmatrix}m&0&0\\0&m&0\\0&0&m\end{pmatrix}$，$\boldsymbol{K}=\begin{pmatrix}2k&-k&0\\-k&2k&-k\\0&-k&3k\end{pmatrix}$，$\boldsymbol{f}=\begin{pmatrix}F_1\sin\omega t\\F_2\sin3\omega t\\0\end{pmatrix}$

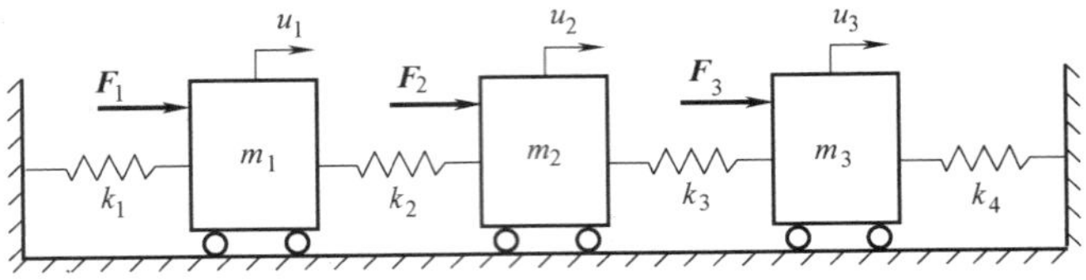

图 3-14　三自由度弹簧-质量系统

由线性系统的叠加原理，先分别计算出系统在 $F_1(t)$ 和 $F_2(t)$ 单独作用下的响应，然后再将两部分叠加起来，最后得到系统对 $f(t)$ 激励的响应。

经计算，可得系统的固有频率和正则矩阵

$$\omega_1{}^2=0.753\frac{k}{m},\quad \omega_2{}^2=2.445\frac{k}{m},\quad \omega_3{}^2=3.802\frac{k}{m},\quad \boldsymbol{\Phi}^*=\frac{1}{\sqrt{m}}\begin{pmatrix}0.588 & -0.737 & 0.328\\ 0.740 & 0.328 & -0.591\\ 0.326 & 0.591 & 0.738\end{pmatrix}$$

利用正则坐标变换得到正则坐标下运动微分方程

$$\ddot{\boldsymbol{s}}+\boldsymbol{\Omega}^2\boldsymbol{s}=\boldsymbol{f}_s$$

式中，$\boldsymbol{\Omega}^2=\begin{pmatrix}\omega_1{}^2 & 0 & 0\\ 0 & \omega_2{}^2 & 0\\ 0 & 0 & \omega_3{}^2\end{pmatrix}$，$\boldsymbol{f}_s=\boldsymbol{\Phi}^{*\mathrm{T}}\boldsymbol{f}=\dfrac{1}{\sqrt{m}}\begin{pmatrix}0.588 & 0.740 & 0.326\\ -0.737 & 0.328 & 0.591\\ 0.328 & -0.591 & 0.738\end{pmatrix}\begin{pmatrix}F_1\sin\omega t\\ F_2\sin3\omega t\\ 0\end{pmatrix}$

系统在 $F_1(t)$ 单独作用下的频响函数可表示为 $\alpha_{r1}{}^*=(\omega_r{}^2-\omega^2)^{-1}$，$r=1$，2，3。因此系统在 $F_1(t)$ 单独作用下稳态响应

$$\boldsymbol{u}_{F_1}=\boldsymbol{\Phi}^*\boldsymbol{s}_{F_1}=\boldsymbol{\Phi}^*\underset{1\leqslant r\leqslant 3}{\mathrm{diag}}\,\alpha_{r1}{}^*\cdot\boldsymbol{\Phi}^{*\mathrm{T}}(F_1\sin\omega t,0,0)^{\mathrm{T}}$$

$$=\frac{1}{\sqrt{m}}\begin{pmatrix}0.588 & -0.737 & 0.328\\ 0.740 & 0.328 & -0.591\\ 0.326 & 0.591 & 0.738\end{pmatrix}\begin{pmatrix}\alpha_{11}{}^* & 0 & 0\\ 0 & \alpha_{21}{}^* & 0\\ 0 & 0 & \alpha_{31}{}^*\end{pmatrix}\frac{1}{\sqrt{m}}\begin{pmatrix}0.588\\ -0.737\\ 0.328\end{pmatrix}F_1\sin\omega t$$

$$=\begin{pmatrix}0.346\alpha_{11}{}^*+0.543\alpha_{21}{}^*+0.108\alpha_{31}{}^*\\ 0.435\alpha_{11}{}^*-0.242\alpha_{21}{}^*-0.194\alpha_{31}{}^*\\ 0.192\alpha_{11}{}^*-0.435\alpha_{21}{}^*+0.242\alpha_{31}{}^*\end{pmatrix}\frac{F_1}{m}\sin\omega t$$

系统在 $F_2(t)$ 单独作用下的频响函数可表示为 $\alpha_{r2}{}^*=[\omega_r{}^2-(3\omega)^2]^{-1}$，$r=1$，2，3。同理，系统在 $F_2(t)$ 单独作用下稳态响应

$$\boldsymbol{u}_{F_2}=\boldsymbol{\Phi}^*\boldsymbol{s}_{F_2}=\boldsymbol{\Phi}^*\underset{1\leqslant r\leqslant 3}{\mathrm{diag}}\,\alpha_{r2}{}^*\cdot\boldsymbol{\Phi}^{*\mathrm{T}}[0,F_2\sin3\omega t,0]^{\mathrm{T}}$$

$$=\begin{pmatrix}0.435\alpha_{12}{}^*-0.242\alpha_{22}{}^*-0.194\alpha_{32}{}^*\\ 0.548\alpha_{12}{}^*+0.108\alpha_{22}{}^*+0.350\alpha_{32}{}^*\\ 0.242\alpha_{12}{}^*+0.194\alpha_{22}{}^*-0.436\alpha_{32}{}^*\end{pmatrix}\frac{F_2}{m}\sin3\omega t$$

由叠加原理，最后得到系统的稳态响应为 $\boldsymbol{u}=\boldsymbol{u}_{F_1}+\boldsymbol{u}_{F_2}$。

由于激励力的频率不同，且 $F_2(t)$ 的频率是 $F_1(t)$ 的三倍，因此系统的响应不再是简谐振动，而是周期性振动。

3.4 有阻尼系统的振动

3.4.1 有阻尼多自由度系统的自由振动

在实际机械系统中总是存在各种阻尼（如材料阻尼、结构阻尼、介质黏性阻尼等），使系统的振动不断衰减，最后处于静止。随着机械系统复杂程度越来越高，同一系统可能涉及多种不同的阻尼力，由于不同阻尼力的机理也不同，所以至今人们对多自由度系统阻尼的研究还不充分。在分析振动时，通常采用**线性黏性阻尼假设**或**等效线性黏性阻尼假设**，简化模型。而阻尼系数往往按工程实际结果或实验数据拟合。

对于有阻尼 n 自由度系统的自由振动，以正则坐标 $s(t)$ 表示的运动微分方程为

$$\boldsymbol{M}_s\ddot{\boldsymbol{s}}(t)+\boldsymbol{C}_s\dot{\boldsymbol{s}}(t)+\boldsymbol{K}_s\boldsymbol{s}(t)=\boldsymbol{0} \tag{3-81}$$

式中，$\boldsymbol{M}_s=\boldsymbol{\Phi}^{*\mathrm{T}}\boldsymbol{M}\boldsymbol{\Phi}^*$、$\boldsymbol{K}_s=\boldsymbol{\Phi}^{*\mathrm{T}}\boldsymbol{K}\boldsymbol{\Phi}^*$ 和 $\boldsymbol{C}_s=\boldsymbol{\Phi}^{*\mathrm{T}}\boldsymbol{C}\boldsymbol{\Phi}^*$。此时 $\boldsymbol{M}_s=\boldsymbol{I}$ 为单位矩阵，$\boldsymbol{K}_s=\boldsymbol{\Omega}^2$ 为谱矩阵，二者必定是对角矩阵，但 $\boldsymbol{C}_s$ 一般不是对角矩阵。这样，式（3-81）仍是一组通过速度项互相耦合的微分方程，对其求解还是相当困难的。多年来，人们为研究使矩阵 $\boldsymbol{M}$、$\boldsymbol{K}$ 和 $\boldsymbol{C}$ 同时对角化的坐标变换付出了巨大的努力，取得的成果主要有两类：一类是比例阻尼法，另一类是复模态分析法。本书不涉及复模态理论及其方法，下面介绍 $\boldsymbol{C}$ 对角化的近似方法——比例阻尼。

比例阻尼是在原坐标系中，将阻尼矩阵 $\boldsymbol{C}$ 可以近似看作为质量矩阵 $\boldsymbol{M}$ 与刚度矩阵 $\boldsymbol{K}$ 的线性组合，即

$$\boldsymbol{C}=\alpha\boldsymbol{M}+\beta\boldsymbol{K} \tag{3-82}$$

式中，α、β 是大于或等于零的常数。在这种情况下，当坐标转换到正则坐标后，对应的阻尼矩阵 $\boldsymbol{C}_s$ 也将是一个对角矩阵。

$$\boldsymbol{C}_s=\boldsymbol{\Phi}^{*\mathrm{T}}\boldsymbol{C}\boldsymbol{\Phi}^*=\alpha\cdot\boldsymbol{I}+\beta\cdot\boldsymbol{\Omega}^2=\begin{pmatrix}\alpha+\beta\omega_1^{\ 2} & 0 & \cdots & 0\\ 0 & \alpha+\beta\omega_2^{\ 2} & \cdots & 0\\ \vdots & \vdots & & \vdots\\ 0 & 0 & \cdots & \alpha+\beta\omega_n^{\ 2}\end{pmatrix}$$

令 $\alpha+\beta\omega_r^2=2\xi_r\omega_r$，则 $\xi_r=(\alpha+\beta\omega_r^2)/(2\omega_r)$，称为第 r 阶模态的阻尼率，从而有

$$\boldsymbol{C}=\begin{pmatrix}2\xi_1\omega_1 & 0 & \cdots & 0\\ 0 & 2\xi_2\omega_2 & \cdots & 0\\ \vdots & \vdots & & \vdots\\ 0 & 0 & \cdots & 2\xi_n\omega_n\end{pmatrix} \tag{3-83}$$

当然，工程中的大多数机械振动系统中阻尼是非常小的。虽然 $\boldsymbol{C}$ 不是对角矩阵，仍

然可以用一个对角形式的阻尼矩阵来近似代替 $\boldsymbol{C}$，最简单的方法就是将 $\boldsymbol{C}$ 的非对角元素改为零。因为 $\boldsymbol{C}$ 的非对角元素引起方程中的微小阻尼力耦合项的影响一般远比非耦合项的作用（弹性力、惯性力、阻尼力）要小，可以作为次要的影响，将它略去后仍然可以得到合理的近似。实践证明，这一方法具有很大的实用价值。它一般适用于小阻尼系统，即 $\xi_r \leqslant 0.2$ 的情况。在这种情况下，其阻尼矩阵 $\boldsymbol{C}$ 也可用式（3-83）表述。于是，运动微分方程（式（3-81））可变成一组 n 个互相独立的方程。根据正则矩阵的性质，这 n 个单自由度方程可写成

$$\ddot{s}_r+2\xi_r\omega_r\dot{s}_r+\omega_r^2 s_r=0, \quad r=1,2,\cdots,n \tag{3-84}$$

这些方程类似于单自由度系统的运动方程，因而其第 r 个运动方程的解为

$$s_r=a_r \mathrm{e}^{-\xi_r\omega_r t}\cos\left(\sqrt{1-\xi_r^2}\,\omega_r t+\theta_r\right) \tag{3-85}$$

式中，a_r 和 θ_r 是待定常数，由初始条件决定。如果已知系统的初始条件，如初位移 $\boldsymbol{u}_0$ 和初速度 $\dot{\boldsymbol{u}}_0$，利用式（3-68）计算正则坐标下的初始条件 $\boldsymbol{s}_0$ 和 $\dot{\boldsymbol{s}}_0$，即可确定 a_r 和 θ_r。最后代回坐标变换式 $\boldsymbol{u}=\boldsymbol{\Phi}^*\boldsymbol{s}$，便可得到物理坐标下系统的振动响应。同样的，利用模态坐标变换，也可以得到系统的运动微分方程。

例 3-12 在图 3-15 所示的二自由度弹簧-质量-阻尼系统中，设 $m_1=m_2=m$，$k_1=k_2=k$，两质量间没有阻尼，而左右阻尼器参数为 $c_1=c+\delta$，$c_2=c$（$0<\delta\ll c$），两质量在正向单位静位移条件下释放，求其自由振动响应。

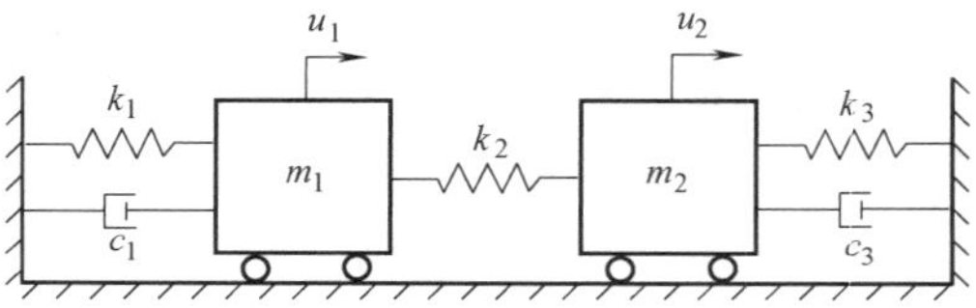

图 3-15 二自由度弹簧-质量-阻尼系统

解：选择坐标 u_1、u_2，如图 3-15 所示，则系统的运动微分方程为

$$\begin{pmatrix} m & 0 \\ 0 & m \end{pmatrix}\begin{pmatrix} \ddot{u}_1(t) \\ \ddot{u}_2(t) \end{pmatrix}+\begin{pmatrix} c+\delta & 0 \\ 0 & c \end{pmatrix}\begin{pmatrix} \dot{u}_1(t) \\ \dot{u}_2(t) \end{pmatrix}+\begin{pmatrix} 2k & -k \\ -k & 2k \end{pmatrix}\begin{pmatrix} u_1(t) \\ u_2(t) \end{pmatrix}=\boldsymbol{0}$$

由于两质量在正向单位静位移条件下释放，所以其初始条件为

$$\begin{pmatrix} u_1(0) \\ u_2(0) \end{pmatrix}=\begin{pmatrix} 1 \\ 1 \end{pmatrix}, \begin{pmatrix} \dot{u}_1(0) \\ \dot{u}_2(0) \end{pmatrix}=\begin{pmatrix} 0 \\ 0 \end{pmatrix}$$

可得系统的固有频率和固有振型矩阵 $\omega_1=\sqrt{\dfrac{k}{m}}$，$\omega_2=\sqrt{\dfrac{3k}{m}}$，$\boldsymbol{\Phi}=\begin{pmatrix} 1 & 1 \\ 1 & -1 \end{pmatrix}$

由于模态坐标变换为 $\begin{pmatrix} u_1(t) \\ u_2(t) \end{pmatrix}=\boldsymbol{\Phi}\begin{pmatrix} q_1(t) \\ q_2(t) \end{pmatrix}=\begin{pmatrix} 1 & 1 \\ 1 & -1 \end{pmatrix}\begin{pmatrix} q_1(t) \\ q_2(t) \end{pmatrix}$

因此，模态坐标下系统的运动微分方程和初始条件分别为

$$\begin{pmatrix} 2m & 0 \\ 0 & 2m \end{pmatrix}\begin{pmatrix} \ddot{q}_1(t) \\ \ddot{q}_2(t) \end{pmatrix}+\begin{pmatrix} 2c+\delta & \delta \\ \delta & 2c+\delta \end{pmatrix}\begin{pmatrix} \dot{q}_1(t) \\ \dot{q}_2(t) \end{pmatrix}+\begin{pmatrix} 2k & 0 \\ 0 & 6k \end{pmatrix}\begin{pmatrix} q_1(t) \\ q_2(t) \end{pmatrix}=\boldsymbol{0}$$

$$\begin{pmatrix} q_1(0) \\ q_2(0) \end{pmatrix} = \begin{pmatrix} 1 & 1 \\ 1 & -1 \end{pmatrix}^{-1} \begin{pmatrix} 1 \\ 1 \end{pmatrix} = \begin{pmatrix} 1 \\ 0 \end{pmatrix}, \begin{pmatrix} \dot{q}_1(t) \\ \dot{q}_2(t) \end{pmatrix} = \begin{pmatrix} 0 \\ 0 \end{pmatrix}$$

由模态坐标下系统的运动微分方程可知，此系统不是比例阻尼系统。由于阻尼差异量 δ 很小，所以采用最简单的方法，直接将 $\boldsymbol{C}$ 的非对角元素改为零，近似代替 $\boldsymbol{C}$。将上式解耦为

$$\begin{pmatrix} 2m & 0 \\ 0 & 2m \end{pmatrix} \begin{pmatrix} \ddot{q}_1(t) \\ \ddot{q}_2(t) \end{pmatrix} + \begin{pmatrix} 2c+\delta & 0 \\ 0 & 2c+\delta \end{pmatrix} \begin{pmatrix} \dot{q}_1(t) \\ \dot{q}_2(t) \end{pmatrix} + \begin{pmatrix} 2k & 0 \\ 0 & 6k \end{pmatrix} \begin{pmatrix} q_1(t) \\ q_2(t) \end{pmatrix} = 0$$

根据模态坐标下初始条件，可得

$$q_1(t) = \mathrm{e}^{-\beta t}\left(\cos\sqrt{\omega_1^2-\beta^2}\,t + \frac{\beta}{\sqrt{\omega_1^2-\beta^2}}\sin\sqrt{\omega_1^2-\beta^2}\,t\right), \quad q_2(t) = 0$$

式中，$\beta = (2c+\delta)/4m$。

利用模态变换，即可得到物理坐标下系统的振动响应为

$$\begin{pmatrix} u_1(t) \\ u_2(t) \end{pmatrix} = \mathrm{e}^{-\beta t}\left(\cos\sqrt{\omega_1^2-\beta^2}\,t + \frac{\beta}{\sqrt{\omega_1^2-\beta^2}}\sin\sqrt{\omega_1^2-\beta^2}\,t\right) \begin{pmatrix} 1 \\ 1 \end{pmatrix}$$

这说明：系统按第一阶纯模态进行同步自由振动，两质量块同时达到最大值并同时穿越平衡位置，最后同步回到平衡位置。

3.4.2　有阻尼多自由度系统的受迫振动

当系统存在阻尼时，多自由度系统受迫振动的运动微分方程可写成

$$\boldsymbol{M}\ddot{\boldsymbol{u}} + \boldsymbol{C}\dot{\boldsymbol{u}} + \boldsymbol{K}\boldsymbol{u} = \boldsymbol{f} \tag{3-86}$$

若阻尼矩阵为比例阻尼即 $\boldsymbol{C} = \alpha\boldsymbol{M} + \beta\boldsymbol{K}$ 时，利用正则坐标变换 $\boldsymbol{u} = \boldsymbol{\Phi}^*\boldsymbol{s}$，式（3-86）可化为

$$\boldsymbol{M}_s\ddot{\boldsymbol{s}}(t) + \boldsymbol{C}_s\dot{\boldsymbol{s}}(t) + \boldsymbol{K}_s\boldsymbol{s}(t) = \boldsymbol{f}_s \tag{3-87}$$

式中，$\boldsymbol{M}_s = \boldsymbol{I}$、$\boldsymbol{K}_s = \boldsymbol{\Omega}^2$、$\boldsymbol{C}_s = \alpha\boldsymbol{I} + \beta\boldsymbol{\Omega}^2$ 和 $\boldsymbol{f}_s = \boldsymbol{\Phi}^{*\mathrm{T}}\boldsymbol{f}$。令 $\alpha + \beta\omega_r^{\ 2} = 2\xi_r\omega_r$，则式（3-87）可变成一组 n 个互相独立的方程。根据正则矩阵的性质，这 n 个单自由度方程可写成

$$\ddot{s}_r + 2\xi_r\omega_r\dot{s}_r + \omega_r^{\ 2}s_r = f_{sr}, \quad r = 1, 2, \cdots, n \tag{3-88}$$

系统在简谐力 $\boldsymbol{f} = \boldsymbol{F}\sin\omega t$ 作用下，$\boldsymbol{f}_s = \boldsymbol{\Phi}^{*\mathrm{T}}\boldsymbol{F}\sin\omega t$，记 $\boldsymbol{F}_s = \boldsymbol{\Phi}^{*\mathrm{T}}\boldsymbol{F}$，则式（3-88）中 $f_{sr} = \boldsymbol{F}_{sr}\sin\omega t$。由单自由度受迫振动理论，可得到第 r 个运动方程的解为

$$s_r = b_r\sin(\omega t - \varphi_r) \tag{3-89}$$

式中，$b_r = \dfrac{F_{sr}}{\omega_r^2}\dfrac{1}{\sqrt{(1-\lambda_r^2)^2 + (2\xi_r\lambda_r)^2}}$，$\varphi_r = \arctan\dfrac{2\xi_r\lambda_r}{1-\lambda_r^2}$，$\lambda_r = \dfrac{\omega}{\omega_r}$

再由正则坐标变换关系式 $\boldsymbol{u} = \boldsymbol{\Phi}^*\boldsymbol{s}$，便可得到物理坐标下系统的稳态响应。

若阻尼矩阵 $\boldsymbol{C}$ 与质量矩阵 $\boldsymbol{M}$ 和弹簧矩阵 $\boldsymbol{K}$ 不成正比例时，称为**一般黏性阻尼**，此时一般不能去耦，经正则坐标变换处理后 $\boldsymbol{C}_s = \boldsymbol{\Phi}^{*\mathrm{T}}\boldsymbol{C}\boldsymbol{\Phi}^*$ 仍为一非对角矩阵。实用中，将 $\boldsymbol{C}_s$

的非对角元素直接取为零，仍可得到合理的近似，并实现解耦。

例 3-13 图 3-16 所示为三自由度弹簧-质量-阻尼系统，设 $m_1=m_2=m_3=m$，$k_1=k_2=k_3=k$，各振型阻尼比为 $\xi_1=\xi_2=\xi_3=0.01$，求各质量在简谐力 $F_1=F_2=F_3=F\sin\omega t$（$\omega=1.25\sqrt{k/m}$）作用下系统的响应。

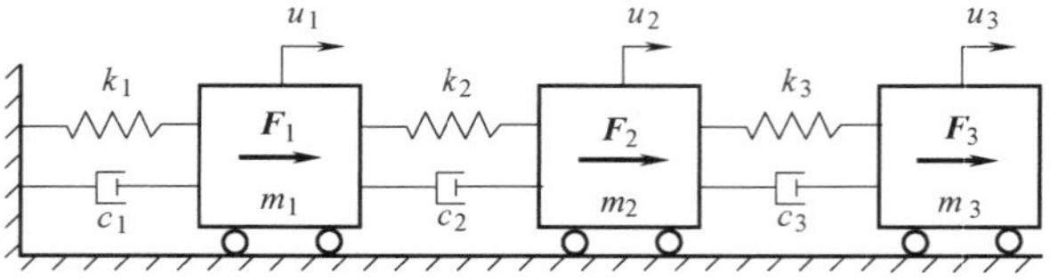

图 3-16　三自由度弹簧-质量-阻尼系统

解：(1) 选择坐标 u_1、u_2、u_3，如图 3-16 所示，则系统的运动微分方程

$$\boldsymbol{M}\ddot{\boldsymbol{u}}+\boldsymbol{C}\dot{\boldsymbol{u}}+\boldsymbol{K}\boldsymbol{u}=\boldsymbol{f}$$

式中，$\boldsymbol{M}=\begin{pmatrix} m & 0 & 0 \\ 0 & m & 0 \\ 0 & 0 & m \end{pmatrix}$，$\boldsymbol{C}=\begin{pmatrix} c_1+c_2 & -c_2 & 0 \\ -c_2 & c_2+c_3 & -c_3 \\ 0 & -c_3 & c_3 \end{pmatrix}$，$\boldsymbol{K}=\begin{pmatrix} 2k & -k & 0 \\ -k & 2k & -k \\ 0 & -k & k \end{pmatrix}$，$\boldsymbol{f}=F\begin{pmatrix} 1 \\ 1 \\ 1 \end{pmatrix}\sin\omega t$

故其简化模型可写成无阻尼受迫振动方程

$$\boldsymbol{M}\ddot{\boldsymbol{u}}+\boldsymbol{K}\boldsymbol{u}=\boldsymbol{f}$$

(2) 由系统的无阻尼受迫振动方程，求固有频率和正则振型

由特征方程 $|\boldsymbol{K}-\boldsymbol{M}\omega^2|=0$，可得

$$\omega_1=0.445\sqrt{\frac{k}{m}},\quad \omega_2=1.247\sqrt{\frac{k}{m}},\quad \omega_3=1.802\sqrt{\frac{k}{m}}$$

由特征矩阵 $\boldsymbol{B}=\boldsymbol{K}-\boldsymbol{M}\omega^2$ 的伴随矩阵的第一列

$$\mathrm{adj}\boldsymbol{B}=\begin{pmatrix} (2k-m\omega^2)(k-m\omega^2)-k^2 & \cdots \\ k(k-m\omega^2) & \cdots \\ k^2 & \cdots \end{pmatrix}$$

将 ω_1、ω_2、ω_3 的值依次代入 $\boldsymbol{B}$ 的伴随矩阵的第一列，得到第一、二、三阶主振型为

$$\boldsymbol{\varphi}_1=\begin{pmatrix} 0.445 \\ 0.802 \\ 1.000 \end{pmatrix},\boldsymbol{\varphi}_2=\begin{pmatrix} -1.247 \\ -0.555 \\ 1.000 \end{pmatrix},\boldsymbol{\varphi}_3=\begin{pmatrix} 1.802 \\ -2.247 \\ 1.000 \end{pmatrix}$$

于是，可得正则矩阵为

$$\boldsymbol{\Phi}^*=\frac{1}{\sqrt{m}}\begin{pmatrix} 0.328 & -0.737 & 0.591 \\ 0.591 & -0.328 & -0.737 \\ 0.737 & 0.591 & 0.328 \end{pmatrix}$$

(3) 由正则坐标变换关系式 $\boldsymbol{u}=\boldsymbol{\Phi}^*\boldsymbol{s}$ 和振型阻尼比 ξ_i，写成正则坐标下系统的 3 个单自由度方程为

$$\ddot{s}_r+2\xi_r\omega_r\dot{s}_r+\omega_r^2 s_r=f_{sr},\quad r=1,2,3$$

式中，$\boldsymbol{f}_{sr}=\boldsymbol{\Phi}^{*\mathrm{T}}\boldsymbol{f}=\dfrac{F}{\sqrt{m}}\begin{pmatrix} 0.328 & 0.591 & 0.737 \\ -0.737 & -0.328 & 0.591 \\ 0.591 & -0.737 & 0.328 \end{pmatrix}\begin{pmatrix} 1 \\ 1 \\ 1 \end{pmatrix}\sin\omega t=\dfrac{F}{\sqrt{m}}\begin{pmatrix} 1.656 \\ -0.474 \\ 0.182 \end{pmatrix}\sin\omega t$

（4）求正则坐标下系统的响应

由 $b_r=\dfrac{\boldsymbol{\Phi}_r^{*\mathrm{T}}F_r}{\omega_r^2}\dfrac{1}{\sqrt{(1-\lambda_r^2)^2+(2\xi_r\lambda_r)^2}}$，$\varphi_r=\arctan\dfrac{2\xi_r\lambda_r}{1-\lambda_r^2}$，$\lambda_r=\dfrac{\omega}{\omega_r}$

可得

$$\lambda_1=2.8090,\lambda_2=1.0024,\lambda_3=0.6937$$

$$\varphi_1=179°31'58'',\varphi_2=103°30'28'',\varphi_3=1°31'54''$$

$$b_1=1.2136\frac{F\sqrt{m}}{k},b_2=-14.784\frac{F\sqrt{m}}{k},b_3=0.1079\frac{F\sqrt{m}}{k}$$

于是，可得正则坐标下系统的响应

$$\boldsymbol{s}=\frac{F\sqrt{m}}{k}\begin{pmatrix}1.2136\sin(\omega t-\varphi_1)\\-14.784\sin(\omega t-\varphi_2)\\0.1079\sin(\omega t-\varphi_3)\end{pmatrix}$$

（5）求物理坐标下系统的响应

由正则坐标变换关系式 $\boldsymbol{u}=\boldsymbol{\Phi}^*\boldsymbol{s}$，可得

$$\boldsymbol{u}=\boldsymbol{\Phi}^*\boldsymbol{s}=\frac{F}{k}\begin{pmatrix}0.328&-0.737&0.591\\0.591&-0.328&-0.737\\0.737&0.591&0.328\end{pmatrix}\begin{pmatrix}1.2136\sin(\omega t-\varphi_1)\\-14.784\sin(\omega t-\varphi_2)\\0.1079\sin(\omega t-\varphi_3)\end{pmatrix}$$

$$=\frac{F}{k}\begin{pmatrix}0.398\\0.717\\0.894\end{pmatrix}\sin(\omega t-\varphi_1)+\frac{F}{k}\begin{pmatrix}10.896\\4.849\\-8.737\end{pmatrix}\sin(\omega t-\varphi_2)+\frac{F}{k}\begin{pmatrix}0.064\\-0.080\\0.035\end{pmatrix}\sin(\omega t-\varphi_3)$$

习　　题

3-1　如图 3-17 所示的系统，若系统的初始条件为 $t=0$，$u_{10}=5\mathrm{mm}$，$\dot{u}_{10}=\dot{u}_{20}=0$，试求系统对初始条件的响应。

3-2　图 3-18 所示为一带有附于质量 m_1 和 m_2 上的约束弹簧的双摆，作用于两质量上的激励力分别为 $F_1(t)$、$F_2(t)$，以质量的微小水平平移 u_1 和 u_2 为坐标，试写出系统的运动微分方程。

3-3　振动系统如图 3-19 所示，试用拉格朗日方程建立系统的运动微分方程。

3-4　如图 3-20 所示，一刚性杆竖直支承于可移动的支座上，刚性杆顶面和底面受水平弹簧的约束，质心 C 上受到水平力 F_C 和扭矩 M_C 的作用。设刚性杆长度、横截面面积和质量密度分别为 l、A 及 ρ，以质心 C 的微小位移 u_C 与 θ_C 为坐标，列出系统运动的作用力方程。

3-5　图 3-21 所示是两层楼建筑框架的示意图，假设梁是刚性的，框架中各根柱为棱柱形，下层和上层的抗弯刚度分别为 EI_1、EI_2，同时二者分别受到 $F_1(t)$、$F_2(t)$ 作用，采用微小水平运动 u_1 和 u_2 为坐标，列出系统运动的位移方程。

3-6　在习题 3.2 中，设 $m_1=m_2=m$，$l_1=l_2=l$，$k_1=k_2=0$，求系统的固有频率和主

振型。

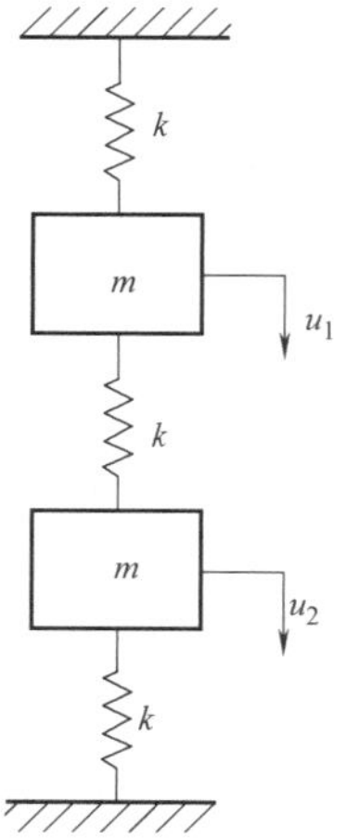

图 3-17　题 3-1 图

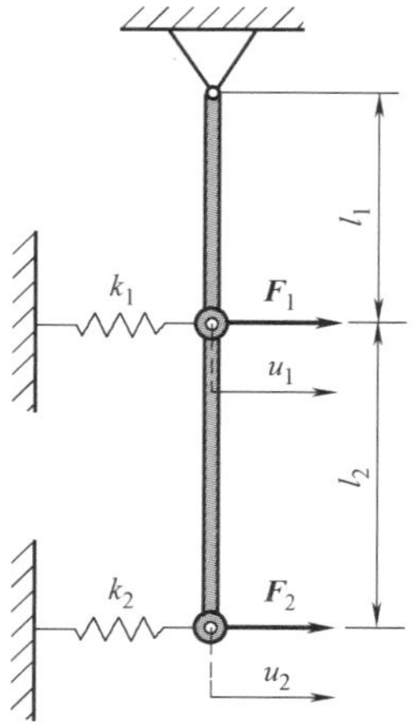

图 3-18　题 3-2 图

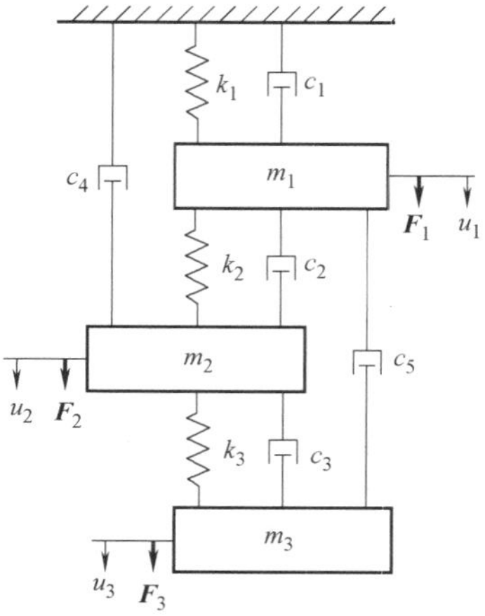

图 3-19　题 3-3 图

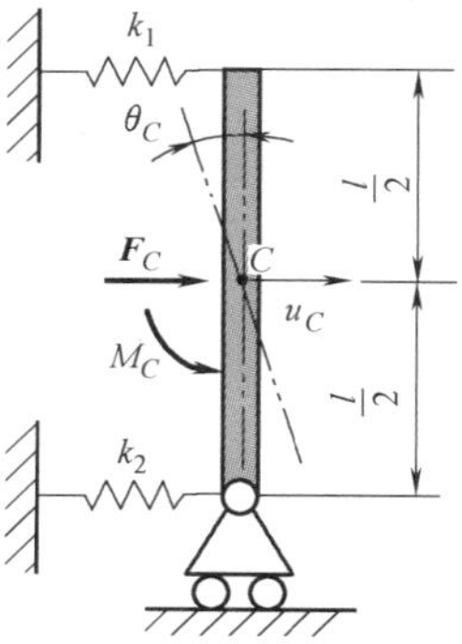

图 3-20　题 3-4 图

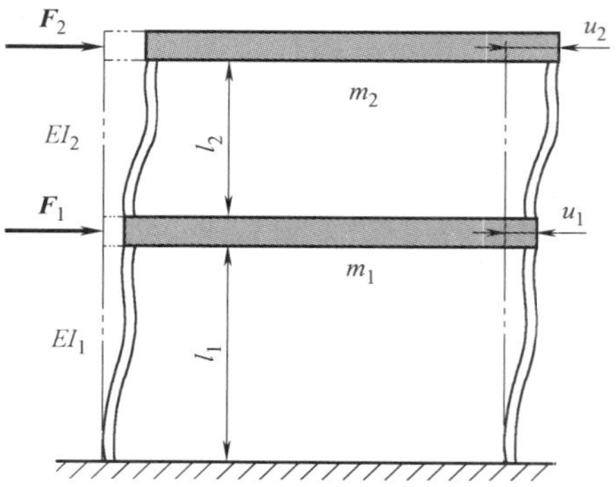

图 3-21　题 3-5 图

3-7　图 3-22 所示的均匀刚性杆质量为 m_1，求系统的频率方程。

3-8　图 3-23 所示的系统中，两根长度为 l 的均匀刚性杆的质量分别为 m_1 和 m_2，求系统刚度矩阵和柔度矩阵，并求当 $m_1=m_2=m$ 和 $k_1=k_2=k$ 时系统的固有频率。

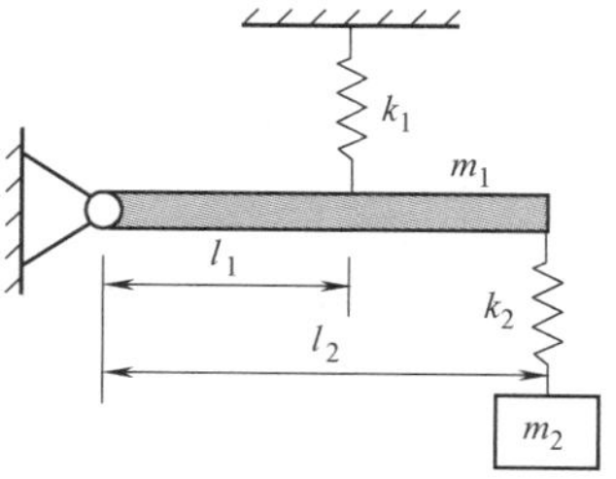

图 3-22　题 3-7 图

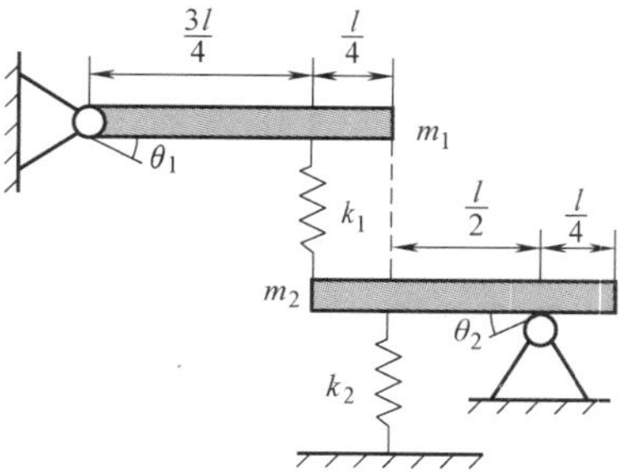

图 3-23　题 3-8 图

3-9　图 3-24 所示的三自由度系统，已知 $m_1=m_2=m_3=m$，$k_1=k_4=2k$，$k_2=k_3=k$，求系统的固有频率和主振型。

3-10　图 3-25 所示的系统中三个单摆用两个弹簧连接。若 $m_1=m_2=m_3=m$，$k_1=k_2=2k$，以各单摆微小的角 θ_1、θ_2和 θ_3为坐标：

（1）求系统的固有频率和主振型；

（2）计算系统对初始条件 $\boldsymbol{\theta}_0=[0,\ a,\ 0]^{\mathrm{T}}$和 $\dot{\boldsymbol{\theta}}_0=[0,\ 0,\ 0]^{\mathrm{T}}$的响应；

（3）假设一个水平向右作用的倾斜力 $\boldsymbol{F}_t$施加于中间摆的质量上，试确定系统的响应。

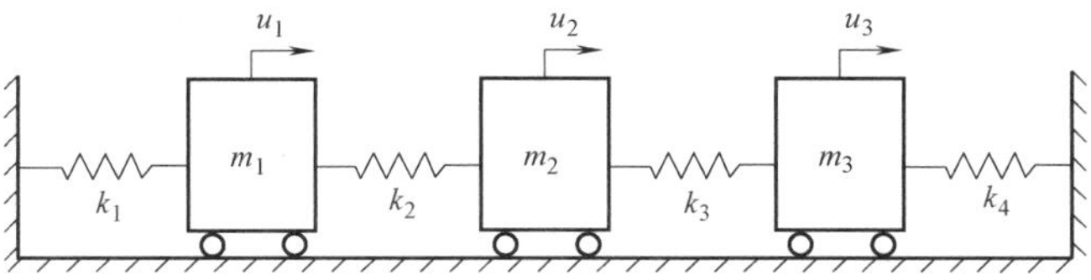

图 3-24　题 3-9 图

3-11　图 3-26 所示为两个单摆串联在一起，$l_1=l_2=l$，$m_1=m_2=m$，试用两个单摆相对于铅垂线的夹角 θ_1 和 θ_2 为坐标。

（1）求系统的固有频率和主振型；

（2）计算系统对初始条件 $\boldsymbol{\theta}_0=[a,\ 0]^{\mathrm{T}}$和 $\dot{\boldsymbol{\theta}}_0=[0,\ 0]^{\mathrm{T}}$的响应。

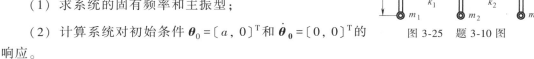

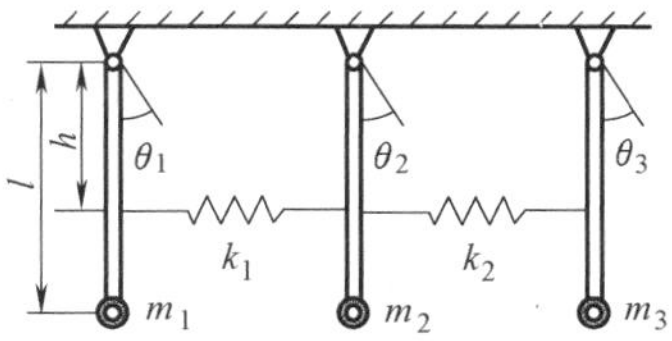

图 3-25　题 3-10 图

3-12　图 3-27 表示一座带有刚性梁和弹性立柱的三层楼建筑。假设 $m_1=m_2=m_3=m$，$h_1=h_2=h_3=h$，$EI_1=3EI$，$EI_2=2EI$，$EI_3=EI$，每层梁的微小水平平移量 u_1、u_2、u_3为坐标：

（1）求系统的固有频率和正则矩阵；

（2）若作用于 m_3上水平方向的静载荷 F 无初速度地释放，求其自由响应；

（3）由于地震，基础产生水平方向运动加速度 $\ddot{u}=a\sin\omega t$，求其建筑结构的稳态响应。

3-13　在图 3-28 所示的系统中，各质量只能沿铅垂方向运动。假设 $m_1=m_2=m_3=m$，$k_1=k_2=k_3=k_4=k_5=k_6=k$，试用各质量的微小铅垂移动量 u_1、u_2、u_3为坐标，求系统的固有频率和振型矩阵。

3-14　图 3-29 所示是某汽车示意图及其简化模型，若 $a=2.3\mathrm{m}$，$b=0.94\mathrm{m}$，$m=5.4\times10^3\mathrm{kg}$，$m_1=m_2=650\mathrm{kg}$，$k_1=k_2=35\mathrm{kN/m}$，前后车轮的轮胎刚度均为 $k=1200\mathrm{kN/m}$，试求汽车在 $I_C=mab$ 情况下的固有频率。

3-15　如图 3-30 所示，已知机器质量 $m_1=90\mathrm{kg}$，减振器质量 $m_2=2.25\mathrm{kg}$，若机器上有一个偏心质量 $m_3=0.5\mathrm{kg}$，偏心距 $e=10\mathrm{mm}$，机器转速 $n=1800\mathrm{r/min}$。当机器振幅为零时，若使减振器的振幅不超过 2mm，试求 m_2、k_2。

3-16　在图 3-31 所示的系统中，假设 $m_1=m_2=m$，$k_1=k_2=k_3=k$，$c_1=c_3=2c$，$c_2=c$，当 $c<0.5(3km)^{0.5}$时，阶跃力 $\boldsymbol{F}$ 作用于左端的质量块上，初始条件为零，求系统响应。

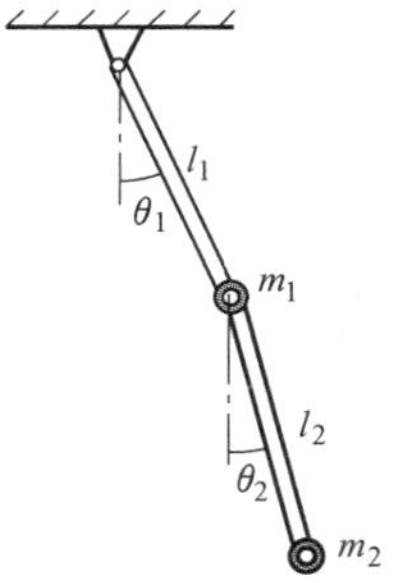

图 3-26　题 3-11 图

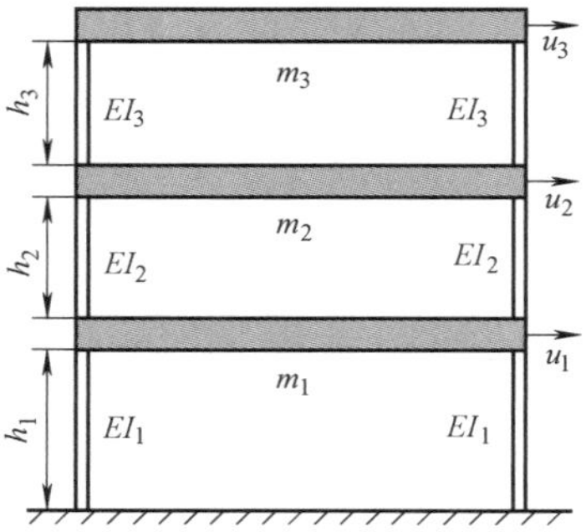

图 3-27　题 3-12 图

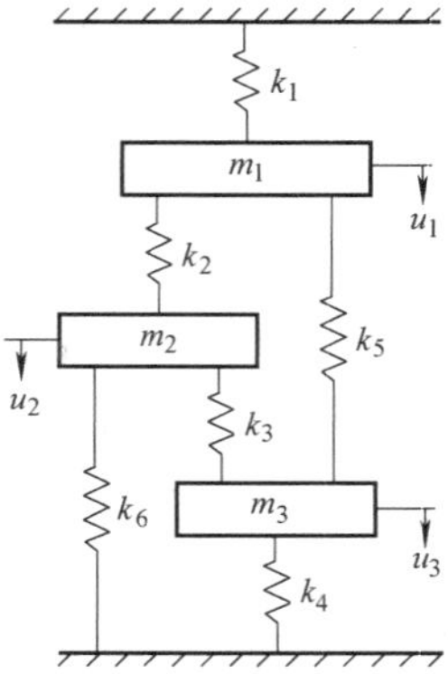

图 3-28　题 3-13 图

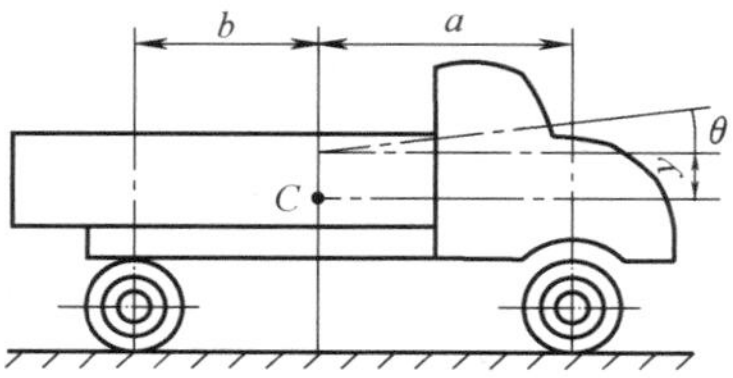

a)

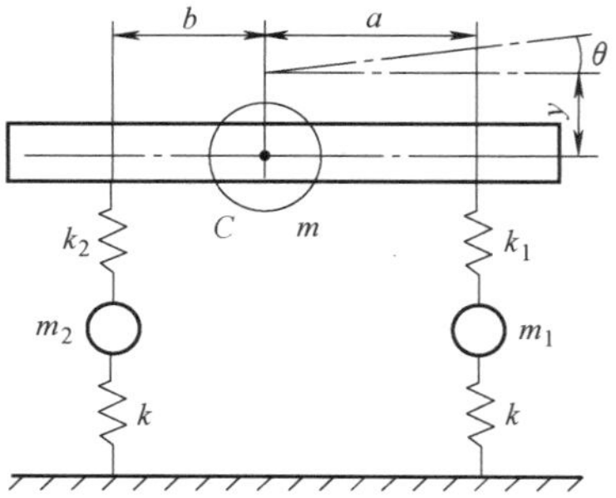

b)

图 3-29　题 3-14 图

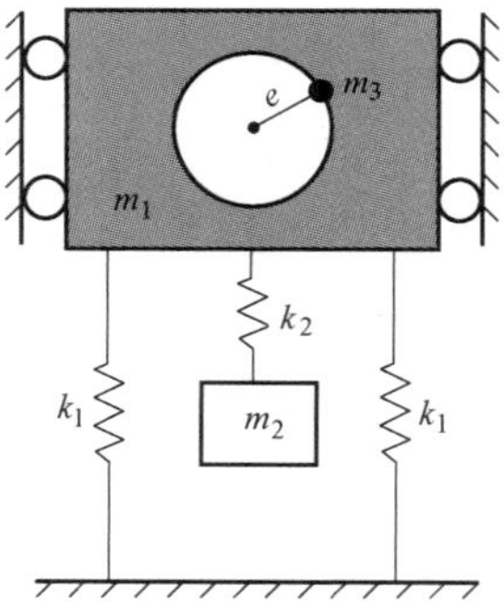

图 3-30　题 3-15 图

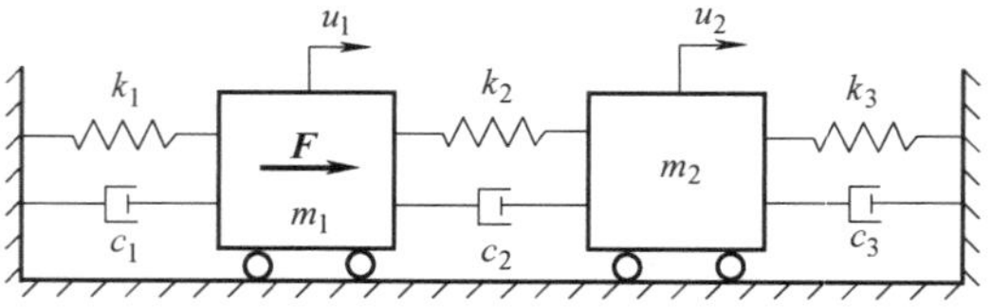

图 3-31　题 3-16 图

第4章

无限自由度系统的振动

在前一章节中，探讨了由几个集中质量构成的振动系统，但实际的物体（机械和构造物）应该是质量分布的连续体（continuoussystem），这样也更为接近自然。

本章对连续体振动进行研究。首先，为了严谨地对待连续体，用偏微分方程表示运动方程并进行说明。具体说明对象分别为弦的振动、弹性杆的纵向振动、弹性轴的扭转振动与弹性梁的弯曲振动。之后将对非阻尼情况下与阻尼情况下的振动系统响应做出说明。

4.1 弦的振动

对于弯曲时几乎不产生恢复力的弦，若在两端施加拉力，则可成为振动系统。例如吉他上的弦，若只固定弦的一端，弦本身几乎没有恢复力，会缓慢地垂下，即使拨动弦也不会产生振动现象；若将弦的另一端也固定并施加张力，则弦就成为了振动系统，如果拨动弦的中央，则可观察到其振动现象。

1. 运动方程

设弦的长度为 l，线密度（每单位长度的质量）为 μ，受到的作用力为张力 T，则分布在单位长度上的作用力为 $q(x, t)$。通常弦的两端是固定的，因此在最初推导弦的微元的运动方程时，边界条件不需要考虑。如图 4-1a 所示，将平衡状态下弦沿 x 轴固定，一端为原点 O，y 轴为代表时间的坐标轴 $y(x, t)$。

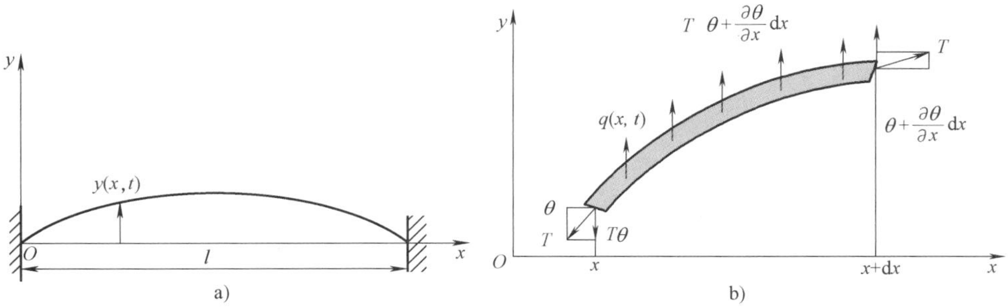

图 4-1 初始位移

a）两端固定弦 b）弦的微元

为了推导运动方程，如图 4-1b 所示，取弦的微元作为分析对象，当弯曲幅度不大时，这个微元的质量可近似为 μdx。作用于微元弯曲方向的力（即恢复力）为作用在微元两端的张力。具体来说，微元的左端面（坐标 x 的横截面）为向负方向弯曲的 $T\theta$，微元的右端面（坐标 $x+dx$ 的横截面）为向正方向弯曲的 $T\{\theta+(\partial\theta/\partial x)dx\}$。因此，根据牛顿第二

运动定律可得

$$(\mu \mathrm{d}x)\frac{\partial^2 y(x,t)}{\partial t^2}=T\left[\theta(x,t)+\frac{\partial\theta(x,t)}{\partial x}\mathrm{d}x\right]-T\theta(x,t)+q(x,t)\mathrm{d}x \tag{4-1}$$

进一步的，弦的弯曲和倾斜之间有如下关系：

$$\theta(x,t)=\frac{\partial y(x,t)}{\partial x} \tag{4-2}$$

因此运动方程为

$$\frac{\partial^2 y(x,t)}{\partial t^2}=c^2\frac{\partial^2 y(x,t)}{\partial x^2}+\frac{1}{\mu}q(x,t) \qquad \left(c=\sqrt{\frac{T}{\mu}}\right) \tag{4-3}$$

其中，c 表示弦上波的传播速度，这是弦的受迫振动方程。考虑弦的自由振动，令式（4-3）中 $q(x, t)=0$，则有

$$\frac{\partial^2 y(x,t)}{\partial t^2}=c^2\frac{\partial^2 y(x,t)}{\partial x^2} \tag{4-4}$$

这个方程叫作波动方程（wave equation），后面叙述的杆的纵向振动及扭转振动也可归纳为同样形式的运动方程。另外，推导这个方程时不考虑具体的坐标位置，因为弦在哪个位置都可以，因此这个方程对全部坐标下的弦均成立。在单自由度系统中，位移仅为时间的函数，运动方程用常微分方程来描述。而对于连续系统，其运动方程则是关于时间和位置的函数，所以用偏微分方程来表示。

对于连续系统，在推导其运动方程时需要考虑边界条件，一般情况下，弦的两端都是固定的，其边界条件为

$$y(0,t)=0, \qquad y(l,t)=0 \tag{4-5}$$

若进一步给出初始条件，初始位移为 $y(x, 0)$，初始速度为 $\dot{y}(x, 0)$，即

$$y(x,0)=y_0(x), \qquad \dot{y}(x,0)=v_0(x) \tag{4-6}$$

则可根据边界条件与初始条件确定系统的振动。

2. 自由振动

根据边界条件（式（4-5））和初始条件（式（4-6）），利用变量分离法求解式（4-4），假设式（4-4）的解 $y(x,t)$ 是 x 的函数 $Y(x)$ 与 t 的函数 $G(t)$ 的乘积，即

$$y(x,t)=Y(x)G(t) \tag{4-7}$$

如果将此公式代入式（4-4）后，因为左边与 t 相关，因此只需要将 $G(t)$ 求偏微分即可。$Y(x)$ 则可作为常数来对待，即对 $G(t)$ 进行常微分。对于右边做相同处理，只要将 $Y(x)$ 进行常微分，即可分为与 t 有关项和与 x 有关项，具体如下：

$$\frac{1}{G(t)}\frac{\mathrm{d}^2 G(t)}{\mathrm{d}t^2}=c^2\frac{1}{Y(x)}\frac{\mathrm{d}^2 Y(x)}{\mathrm{d}x^2} \tag{4-8}$$

式（4-8）左边是 t 的函数，右边是 x 的函数，为了使两者相等，必须分别是一个定值。通过引入 $-\omega^2$ 这个常数，可以得到以下两个常微分方程

$$\frac{\mathrm{d}^2 Y(x)}{\mathrm{d}x^2}+k^2 Y(x)=0 \qquad \left(k=\frac{\omega}{c}\right) \tag{4-9}$$

$$\frac{d^2G(t)}{dt^2}+\omega^2G(t)=0 \tag{4-10}$$

这个方程组的一般解如下：

$$Y(x)=A\cos kx+B\sin kx \tag{4-11}$$

$$G(t)=C\cos\omega t+D\sin\omega t \tag{4-12}$$

A、B 及 C、D 为任意常数，根据边界条件和初始条件来决定。在这一情况下 ζ 也是未知数，根据给定条件来决定。

在此，列举了式（4-5）中表示两端固定的情况。式（4-7）中，如果 $x=0$，则可以得到 $y(0,\ t)=Y(0)G(t)$，无论 t 的数值是多少，都会得到数值为 0。因此，式（4-5）的第一式表示 $Y(0)=0$，同样的，式（4-5）的第二式表示 $Y(l)=0$。将 $Y(0)=0$ 代入式（4-11），可以得到

$$A=0 \tag{4-13}$$

因而，式（4-11）变为 $Y(x)=B\sin kx$。另外，代入 $Y(l)=0$，则得到 $B\sin kl=0$。$B=0$ 也是解，但在这种情况下 $y(x,t)=0$ 给出了一个不振荡的解（明确的解），所以振型函数为

$$\sin kl=0 \tag{4-14}$$

满足这个条件的 k 值为

$$k_n=\frac{n\pi}{l}\qquad (n=1,2,\cdots) \tag{4-15}$$

根据式（4-9）可以得到固有频率。则 $Y(x)$ 为

$$Y_n(x)=B_n\sin k_nx=B_n\sin\frac{n\pi}{l}x\quad (n=1,2,\cdots) \tag{4-16}$$

弦的自由振动运动方程由式（4-4）给出。一般解如式（4-11）、式（4-12）（这个阶段不考虑弦的长度和边界条件）。对于一般解中的未知数 k，必须给出弦的长度和边界条件后才能确定。例如，当代入两端固定的条件时，k 必须满足式（4-14）的数值。换句话说，在两端固定的条件下，k 必须为式（4-15）中的数值，此时振动才会发生。另外，关于式（4-16），B_n 仅限于 0 以外的单系数。并且，通常可以认为 $B_n=1$。

根据式（4-9），对于频率 ω 和 k，存在关系 $k=\omega/c$。因此，根据式（4-15），固有频率 f_n 为

$$f_n=\frac{\omega_n}{2\pi}=\frac{nc}{2l}=\frac{n}{2l}\sqrt{\frac{T}{\mu}}\qquad (n=1,2,\cdots) \tag{4-17}$$

式（4-16）表示对应固有振动函数的振型，即 n 次固有振型。多自由度系统中，固有振型的波形很重要，但是其幅值则没有意义，它的对应 B_n 是单系数，并且为了方便可以设置为 1。因固有频率函数由式（4-14）决定，所以式（4-14）称为振动函数方程。

例 4-1　长为 1.5m，线密度为 0.08kg/m 的钢琴弦，两端固定，并受到 2×10^3N 的拉力，求一次固有振型函数。

解：根据式（4-17）得

$$f_1=\frac{1}{2l}\sqrt{\frac{T}{\mu}}=\frac{1}{2\times1.5}\sqrt{\frac{2\times10^3}{0.08}}\text{Hz}=52.70\text{Hz}$$

接下来，考虑在初始给定条件下的自由振动。如同多自由度系统的情况，自由振动的解为：

将各阶固有振型进行叠加，得到

$$y(x,t)=\sum_{n=1}^{\infty}y_n(x,t)=\sum_{n=1}^{\infty}Y_n(x)G(t)$$

$$=\sum_{n=1}^{\infty}\sin\frac{n\pi}{l}x(C_n\cos\omega_n t+D_n\sin\omega_n t)\tag{4-18}$$

这里，C_n、D_n为由初始条件决定的任意常数。初始条件式（4-6）对上述公式是适用的，因此可得

$$\sum_{n=1}^{\infty}C_n\sin\frac{n\pi}{l}x=y_0(x),\quad \sum_{n=1}^{\infty}\omega_n D_n\sin\frac{n\pi}{l}x=v_0(x)\tag{4-19}$$

这里 C_n、D_n可以通过傅里叶级数展开求得。即在式（4-19）的两边乘上 $\sin(m\pi x/l)$，x 从 0 到 l 积分。利用固有振型的正交性可以得到

$$C_m=\frac{2}{l}\int_0^l y_0(x)\sin\frac{m\pi}{l}x\mathrm{d}x$$

$$D_m=\frac{2}{l\omega_m}\int_0^l v_0(x)\sin\frac{m\pi}{l}x\mathrm{d}x\tag{4-20}$$

当代入式（4-18）时，需要将 m 替换为 n。

例 4-2 两端固定的弦，长度为 l，初速度为 0，初始位移如图 4-2 所示，求其自由振动的方程。

解： 根据初始位移图

$$y(x,0)=y_0(x)=\begin{cases}2y_0x & \left(0\leqslant x\leqslant\dfrac{l}{2}\right)\\[2ex] 2y_0\left(1-\dfrac{x}{l}\right) & \left(\dfrac{l}{2}\leqslant x\leqslant l\right)\end{cases}$$

$$\dot{y}(x,0)=v_0(x)=0$$

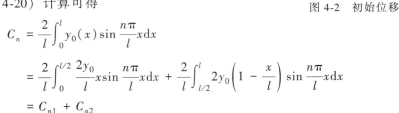

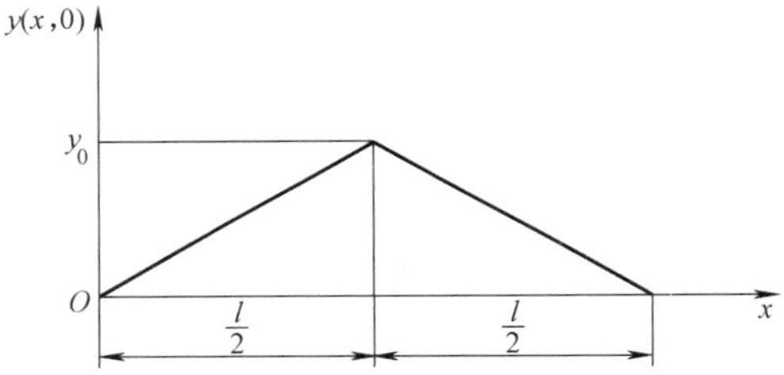

图 4-2 初始位移

根据式（4-20）计算可得

$$C_n=\frac{2}{l}\int_0^l y_0(x)\sin\frac{n\pi}{l}x\mathrm{d}x$$

$$=\frac{2}{l}\int_0^{l/2}\frac{2y_0}{l}x\sin\frac{n\pi}{l}x\mathrm{d}x+\frac{2}{l}\int_{l/2}^{l}2y_0\left(1-\frac{x}{l}\right)\sin\frac{n\pi}{l}x\mathrm{d}x$$

$$=C_{n1}+C_{n2}$$

其中 C_{n1}、C_{n2}的计算方法如下：

$$C_{n1}=\frac{2}{l}\frac{2y_0}{l}\int_0^{l/2}x\sin\frac{n\pi}{l}x\mathrm{d}x=-\frac{4y_0}{n\pi}\left(\frac{1}{2}\cos\frac{n\pi}{2}-\frac{1}{n\pi}\sin\frac{n\pi}{2}\right)$$

$$C_{n2}=\frac{2}{l}2y_0\int_{l/2}^{l}\left(1-\frac{x}{l}\right)\sin\frac{n\pi}{l}x\mathrm{d}x$$

$$=-\frac{4y_0}{n\pi}\left(\cos n\pi-\cos\frac{n\pi}{2}\right)+\frac{4y_0}{n\pi}\left(\cos n\pi-\frac{1}{2}\cos\frac{n\pi}{2}+\frac{1}{n\pi}\sin\frac{n\pi}{2}\right)$$

因此

$$C_n=C_{n1}+C_{n2}=\frac{8y_0}{(n\pi)^2}\sin\frac{n\pi}{2},D_n=0$$

所以自由振动的方程为

$$y(x,t)=\sum_{n=1}^{\infty}C_n\sin\frac{n\pi}{l}x\cos\omega_n t$$

$$=\sum_{n=1,3,\cdots}^{\infty}\left\{\frac{8y_0}{(n\pi)^2}\sin\frac{n\pi}{2}\sin\frac{n\pi}{l}x\cos\omega_n t\right\}$$

3. 受迫振动

考虑受到每单位长度上为 $q(x,\ t)$ 的作用力时的受迫振动。此时，要对受迫振动的特解进行说明。这种情况下的运动方程由式（4-3）给出。同样的，在这种情况下不指定边界条件。然后，如自由振动的情况，采取固定两端的做法。在分析多自由度系统的受迫振动的解法时，可通过各阶固有振型叠加来表示解。使用同样的方法，对其解做出如下假设：

$$y(x,t)=\sum_{n=1}^{\infty}\sin\left(\frac{n\pi}{l}x\right)H_n(t) \tag{4-21}$$

这里 $H_n(t)$ 是关于时间 t 的未知函数。将式（4-21）代入式（4-3），两边都乘上 sin（$m\pi x/l$），x 从 0 到 l 进行积分，再利用固有振型正交性可得

$$\frac{\mathrm{d}^2H_m(t)}{\mathrm{d}t^2}+\omega_m^2H_m(t)=R_m(t)\quad(m=1,2,\cdots) \tag{4-22}$$

并且

$$R_m(t)=\frac{2}{\mu l}\int_0^l q(x,t)\sin\frac{m\pi}{l}x\mathrm{d}x$$

这是关于 m 次振型的方程，只要给出作用力的具体表达形式即可求解。如果将得到的 $H_m(t)$ 代入式（4-21）中，可得到受迫振动的特解。

例 4-3　两端固定，长为 l 的弦，受到每单位长度上为 $q(t)=q_0\sin\omega t(0\leqslant x\leqslant l)$ 的外力作用，求其受迫振动的方程。初始位移、初始速度都为 0。

解：利用式（4-22），求出各振型对应外力

$$R_m(t)=\frac{2}{\mu l}\int_0^t q(x,\ t)\sin\frac{m\pi}{l}x\mathrm{d}x=\frac{2}{\mu l}\int_0^l q_0\sin\omega t\sin\frac{m\pi}{l}x\mathrm{d}x$$

$$=-\frac{2q_0}{m\mu\pi}\sin\omega t(\cos m\pi-1)$$

此处，因为 $\cos m\pi=(-1)^m$，所以有

$$R_m(t)=\begin{cases}\dfrac{4q_0}{m\mu\pi}\sin\omega t & (m\text{：奇数})\\ 0 & (m\text{：偶数})\end{cases}$$

并且时间函数 $H_m(t)$ 为

$$H_m(t)=\frac{4q_0}{m\mu\pi}\cdot\frac{\sin\omega t}{\omega_m^2-\omega^2}(m=1,3,\cdots)$$

因此，受迫振动的特解为

$$y(x,t)=\sum_{n=1,3,\cdots}^{\infty}\sin\left(\frac{n\pi}{l}x\right)\frac{4q_0}{n\mu\pi}\cdot\frac{\sin\omega t}{\omega_n^2-\omega^2}$$

4.2　弹性杆的纵向振动

杆的纵向振动是指沿轴方向的应力分布的振动，即轴伸缩方向上的振动。为了推导运动方程，考虑图 4-3 所示的横截面面积为 $A(x)$ 的微元。当垂直于横截面方向上的应力为 $\sigma(x,\ t)$ 时，横截面上的作用力为 $\sigma(x,\ t)A(x)$。此外，当轴方向上的位移和变形分别为 $u(x,\ t)$、$\varepsilon(x,\ t)$，纵向弹性系数为 E 时，有 $\sigma(x,\ t)=E\varepsilon(x,\ t)=E(\partial u(x,t)/\partial x)$ 的关系存在。因此，对于该微元的运动方程，根据惯性力与恢复力（微元 $\mathrm{d}x$ 两端的力之差），轴的密度为 ρ，牛顿第二运动定律有

$$(\rho A\mathrm{d}x)\frac{\partial^2u(x,t)}{\partial t^2}=-(\sigma A)+(\sigma A)+\frac{\partial(\sigma A)}{\partial x}\mathrm{d}x=\frac{\partial(\sigma A)}{\partial x}\mathrm{d}x$$

$$=\frac{\partial}{\partial x}\left[EA\frac{\partial u(x,t)}{\partial x}\right]\mathrm{d}x \tag{4-23}$$

当杆均质且截面一致时，ρ、E 和 A 为定值，因此上述公式等价为

$$\frac{\partial^2u(x,t)}{\partial t^2}=c^2\frac{\partial^2u(x,t)}{\partial x^2}\qquad\left(c=\sqrt{\frac{E}{\rho}}\right) \tag{4-24}$$

此处，c 表示沿杆传播的弹性波的传播速度。

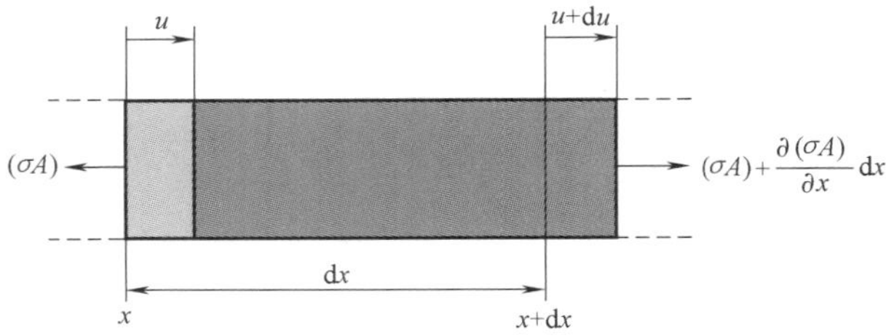

图 4-3　弹性杆的微元

例 4-4　如图 4-4 所示，长度为 l，均值（E、ρ 为定值）且截面一致（A 为定值）的杆一端固定，另一端保持自由状态。求杆的纵向振动固有振型函数。

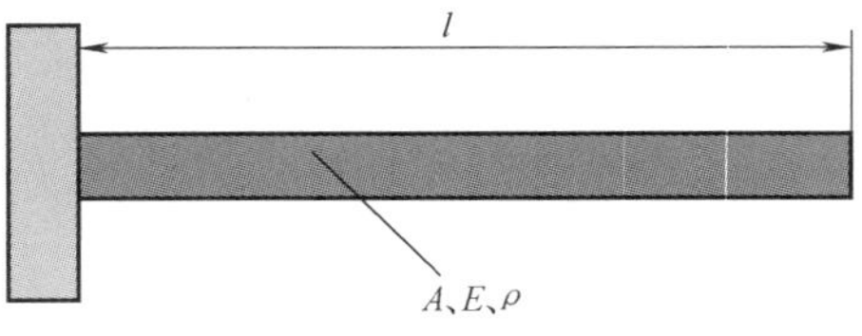

图 4-4　一端固定另一端自由的弹性杆

解：边界条件如下：首先，在左端（$x=0$）处，杆固定，位移通常为 0，有

$$u(0,t)=0 \tag{4-25}$$

然后，在右端（$x=l$）处，杆是自由的，而应力 $\sigma(=E\varepsilon=E(\partial u/\partial x))$ 为 0，因此就有

$$AE\frac{\partial u}{\partial x}(l,t)=0 \tag{4-26}$$

边界条件（式（4-3））与 $Y(0)=0$ 相对应，式（4-4）与 $\mathrm{d}Y/\mathrm{d}x(x=l)=0$ 相对应。根据 $Y(0)=0$，式（4-11）中的任意定值 $A=0$，即 $Y(x)=B\sin kx$。因为 $Y(x)/\mathrm{d}x=Bk\cos kx$，根据 $\mathrm{d}Y/\mathrm{d}x(x=l)=0$，所以 $\cos kl=0$ 的关系成立。

因此，固有振型函数为

$$\omega_n=ck_n=c\frac{2n-1}{2l}\pi=\frac{(2n-1)\pi}{2l}\sqrt{\frac{E}{\rho}}\quad(n=1,2,\cdots)$$

例 4-5　一根长 1.5m，密度为 $8.0\times10^3\mathrm{kg/m^3}$，弹性模量为 216GPa 的杆，情况（1）为两端固定，情况（2）为固定一端。求出这两种情况下纵向振动的第一阶固有频率。

解：弦的振动与杆的纵向振动的运动方程具有相同的表现形式，仅仅是波的传播速度 c 的定义需要改变。具体表现为在式（4-17）中的 T/μ 由 E/ρ 来代替。

对于情况（1），根据式（4-17）得

$$f_1=\frac{1}{2l}\sqrt{\frac{E}{\rho}}=\frac{1}{2\times1.5}\sqrt{\frac{216\times10^9}{8.0\times10^3}}\mathrm{Hz}=1732\mathrm{Hz}$$

对于情况（2），有

$$f_2=\frac{1}{4l}\sqrt{\frac{E}{\rho}}=\frac{1}{4\times1.5}\sqrt{\frac{216\times10^9}{8.0\times10^3}}\mathrm{Hz}=866\mathrm{Hz}$$

4.3　弹性轴的扭转振动

在处理轴的扭转振动时，必须要推导出与力矩相关的运动方程。首先考虑图 4-5 所示的微元。轴的横向弹性模量为 G，横截面的极惯性矩为 J_p［直径为 d 的轴，极惯性矩为 $\pi/(32d^4)$］。坐标为 x 处的横截面的扭转角为 $\theta(x,\ t)$，其作用力为 $M(x,\ t)=GJ_p(\partial\theta(x,\ t)/\partial x)$。因此，对于该微元的运动方程，根据牛顿第二运动定律可得

$$\begin{aligned}(\rho J_p\mathrm{d}x)=\frac{\partial^2\theta(x,t)}{\partial t^2}&=-M+M+\frac{\partial M}{\partial x}\mathrm{d}x=\frac{\partial M}{\partial x}\mathrm{d}x\\&=\frac{\partial}{\partial x}\left[GJ_p\frac{\partial\theta(x,t)}{\partial x}\right]\mathrm{d}x\end{aligned} \tag{4-27}$$

当该轴为均质，横截面一致，且 ρ、G、J_p 均为定值时，上述方程也可以等价为

$$\frac{\partial^2\theta(x,t)}{\partial t^2}=c^2\frac{\partial^2\theta(x,t)}{\partial x^2}\left(c=\sqrt{\frac{G}{\rho}}\right) \tag{4-28}$$

上式 c 表示波在轴上的传播速度，与弦的运动方程（式（4-3））一样。

例 4-6　如图 4-6 所示，上端固定着长为 l，横向弹性模量为 G，横截面的极惯性矩为 J_p 的圆轴，下端固定着惯性矩为 I_p 的圆盘。求系统扭转振动的固有振型函数。

解：扭转振动的运动方程为式（4-28），解与式（4-7）相同，假设为 $\theta(x,t)=Y(x)G(t)$。

上端（$x=0$）处的边界条件为

$$\theta(0,\ t)=0,\ 即\ Y(0)=0$$

自由端（$x=l$）处的边界条件，根据转矩平衡条件可得

$$-GJ_p\frac{\partial\theta}{\partial x}(l,t)=I_p\frac{\partial^2\theta}{\partial t^2}(l,t) \tag{4-29}$$

根据边界条件（式（4-29）），由式（4-11）中的 $A=0$，可得解为

$$\theta(x,t)=(C\cos\omega t+D\sin\omega t)\frac{\omega}{c}\cos\frac{\omega}{c}l=-I_p\omega^2(C\cos\omega t+D\sin\omega t)\sin\frac{\omega}{c}l \tag{4-30}$$

且有恒等式成立，并且

$$\frac{GJ_p}{cI_p}=\omega\tan\left(\frac{\omega}{c}l\right),即\sqrt{G\rho}\frac{J_p}{I_p}=\omega\tan\left(\omega\sqrt{\frac{\rho}{G}}t\right) \tag{4-31}$$

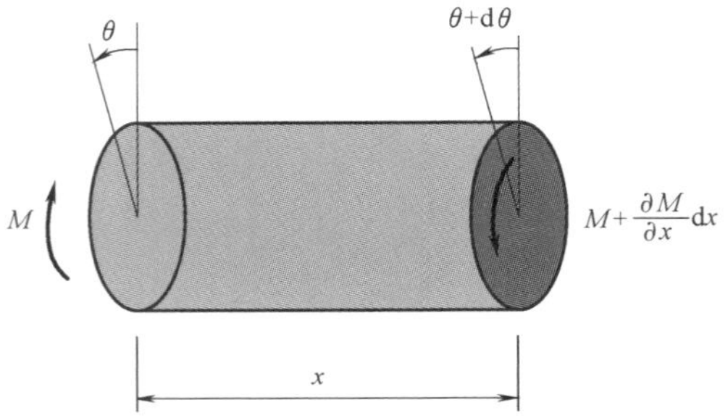

图 4-5　轴的扭转振动微元

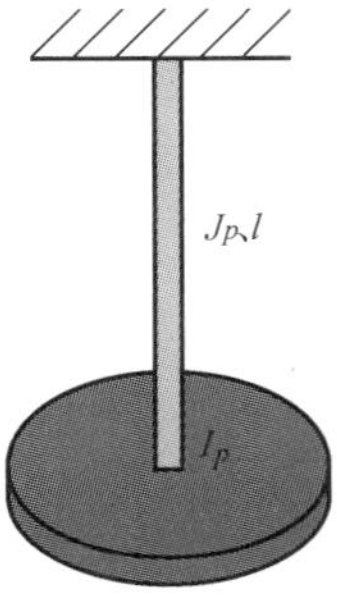

图 4-6　圆盘与杆相连接的系统

4.4　弹性梁的弯曲振动

在 4.1 节中介绍的弦没有抵抗弯曲的恢复力，但是梁（beam）具有恢复力。梁是许多结构构件和结构本身的简化模型。例如，如果以最简单的方式对桥梁进行建模，那么它将是一个具有均匀横截面的梁。在本节中，我们将研究梁的振动。

1. 运动方程

作为弦的例子，可以考虑橡皮筋，而作为梁的例子，则可以考虑直尺。把尺子的一端放在桌子的边缘，用东西压住。这种情况下，因为尺子自身具有复原力，所以不会像橡皮筋一样下垂。在这种情况下，如果拨动尺子的自由端，尺子就会振动，观察这种振动状态。另外，在推导梁运动方程时，需要运用到材料力学的知识。

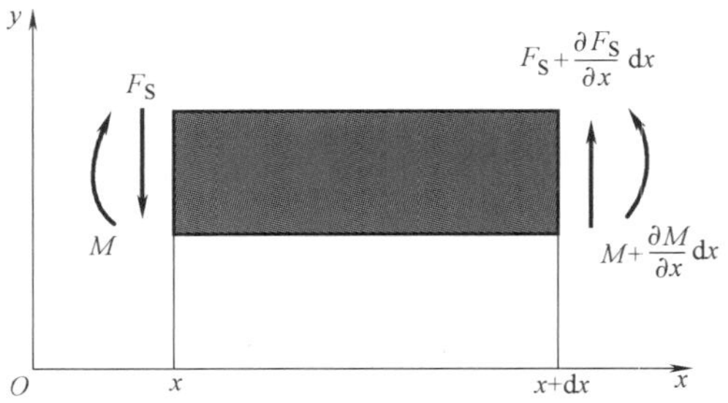

图 4-7　梁的弯曲振动微元

推导梁的运动方程，考虑图 4-7 所示的微元，坐标为 x 处的梁的密度为 $\rho(x)$，横截面面积为 $A(x)$，抗弯刚度为 $EI(x)$　（E

为弹性系数，$I(x)$ 为截面的惯性矩)。并且，在坐标为 x，时间为 t 时，作用在横截面上的作用力为 $F_S(x,t)$，弯曲力矩为$M(x,t)$，挠度为 $y(x,t)$。对于这个微元，考虑力矩的平衡和牛顿第二运动定律，可以推导出其运动方程。

该微元在 y 方向上的运动方程为

$$(\rho A\mathrm{d}x)\frac{\partial^2 y(x,t)}{\partial t^2}=F_S+\frac{\partial F_S}{\partial x}\mathrm{d}x-F_S=\frac{\partial F_S}{\partial x}\mathrm{d}x \tag{4-32}$$

由于作用力 $F_S(x,t)$ 使得梁的挠度为 $y(x,t)$，考虑坐标为 $x+\mathrm{d}x$ 位置上的相对力矩

$$M(x,t)+\frac{\partial M(x,t)}{\partial x}\mathrm{d}x-M(x,t)+F_S(x,t)\mathrm{d}x=0 \tag{4-33}$$

即可得到

$$\frac{\partial M(x,t)}{\partial x}\mathrm{d}x=-F_S(x,t)\mathrm{d}x \tag{4-34}$$

根据材料力学的知识，弯曲力矩与发生的位移之间的关系为

$$EI(x)=\frac{\partial^2 y(x,t)}{\partial x^2}=M(x,t) \tag{4-35}$$

将式（4-34）、式（4-35）代入式（4-32）中可以得到

$$\rho A(x)\frac{\partial^2 y(x,t)}{\partial t^2}+\frac{\partial^2}{\partial x^2}\left[EI(x)\frac{\partial^2 y(x,t)}{\partial x^2}\right]=0 \tag{4-36}$$

这就是梁的运动方程。特别注意，当梁是均质且横截面一致时，$EI(x)$、$A(x)$ 均为定值，那么上述公式就变为

$$\rho A\frac{\partial^2 y(x,t)}{\partial t^2}+EI\frac{\partial^4 y(x,t)}{\partial x^4}=0 \tag{4-37}$$

与弦的运动方程（式（4-3））不同，该方程是关于位置 x 的 4 阶微分方程。弦的情况下，弯曲和倾斜有力的平衡之意，而弹力则有弯曲力矩和剪切力之意。

和弦的情况相同，式（4-37）的运动方程不考虑梁的长度与边界条件。如果梁的长度及边界条件是给定的，则可确定式（4-37）的一般解中的未知数。

2. 自由振动

在梁均质且截面一致的情况下，可以使用变量分离法进行求解。求解式（4-37），首先假设

$$y(x,t)=Y(x)G(t) \tag{4-38}$$

将式（4-38）代入式（4-37）中，分离关于 t 的函数与关于 x 的函数，可以得到

$$\frac{EI}{\rho AY(x)}\frac{\mathrm{d}^4 Y(x)}{\mathrm{d}x^4}=-\frac{1}{G(t)}\frac{\mathrm{d}^2 G(t)}{\mathrm{d}t^2} \tag{4-39}$$

这个公式的左边是关于 x 的函数，右边是关于 t 的函数，要想使得两者恒相等，并且必须要满足对各种取值都成立。我们引入 ω^2这个常数，可以得到下面两个常微分方程

$$\frac{\mathrm{d}^4 Y(x)}{\mathrm{d}x^4}-k^4 Y(x)=0\quad\left(k^4=\frac{\rho A}{EI}\omega^2\right) \tag{4-40}$$

$$\frac{\mathrm{d}^2 G(t)}{\mathrm{d}t^2}+\omega^2 G(t)=0 \tag{4-41}$$

为了求出式（4-40）的一般解，使用未知数 $\overline{Y}$、s 进行替换，可得 $Y(x)=\overline{Y}e^{sx}$，其特征方程为

$$s^4-k^4=0 \tag{4-42}$$

它的特征根为±ik、±k，则它的一般解为

$$Y(x)=\overline{Y}_1e^{ikx}+\overline{Y}_2e^{-ikx}+\overline{Y}_3e^{kx}+\overline{Y}_4e^{-kx} \tag{4-43}$$

这种情况下，将一般解改写为另一种形式会更加方便计算

$$Y(x)=C_1\cos kx+C_2\sin kx+C_3\cosh kx+C_4\sinh kx \tag{4-44}$$

当然，使用式（4-44）进行计算同样可以得到相同的结果。

式（4-41）的一般解是

$$G(t)=A\cos\omega t+B\sin\omega t \tag{4-45}$$

但是 C_1、C_2、C_3、C_4 以及 A、B 都是任意常数，由边界条件及初始条件决定。k 在此时也是未知数，同样需要结合其他条件确定。

对于边界条件，图 4-8 给出了三种情况，图 4-8a 所示为简支情况，图 4-8b所示为固定端，图 4-8c 所示为自由端。通过对这三种情况的不同组合，即可求出各种情况下的边界条件。接下来，求解长为 l 的均质两端简支的弹性梁的固有振型函数和固有振动模型。

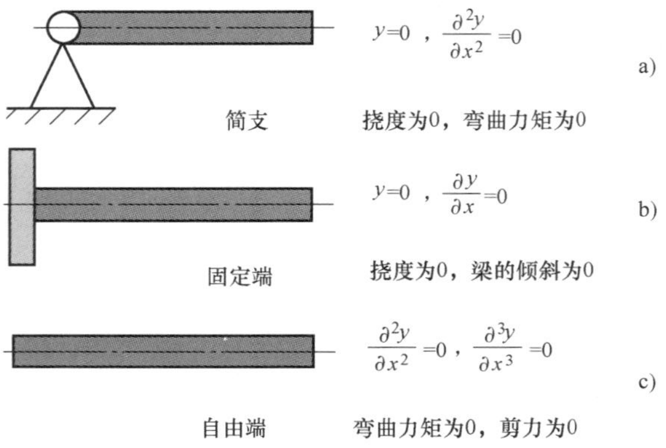

图 4-8　基本情况下的边界条件

边界条件如下：

$$y\big|_{x=0},\left.\frac{\partial^2 y}{\partial x^2}\right|_{x=0}=0 \tag{4-46}$$

$$y\big|_{x=l},\left.\frac{\partial^2 y}{\partial x^2}\right|_{x=l}=0 \tag{4-47}$$

考虑式（4-38），对于 $Y(x)$ 的条件有如下方程：

$$Y(x)=0,\left.\frac{d^2 Y}{dx^2}\right|_{x=0}=0 \tag{4-48}$$

$$Y(l)=0,\left.\frac{d^2 Y}{dx^2}\right|_{x=l}=0 \tag{4-49}$$

将式（4-48）的条件代入式（4-44），得到 $C_1=C_3=0$，则 $Y(x)$ 为

$$Y(x)=C_2\sin kx+C_4\sinh kx \tag{4-50}$$

将式（4-49）的条件代入式（4-50），可以得到

$$C_2\sin kl+C_4\sinh kl=0,\quad -C_2\sin kl+C_4\sinh kl=0 \tag{4-51}$$

由此可知

$$C_2\sin kl=0,\ C_4\sinh kl=0 \tag{4-52}$$

对于 $\sinh kl$，当 $kl=0$ 即 $k=0$ 时，其值为 0，此时 $Y(x)=0$，否则振动不会发生。如果 $k\neq 0$，那么 $C_4=0$ 就必然成立。并且，如果 $C_2\neq 0$，那么振动也不会发生。因此振动方程为

$$\sin kl=0 \tag{4-53}$$

在这里 k 的解为

$$k_n=\frac{n\pi}{l}\quad (n=1,2,\cdots) \tag{4-54}$$

因此，根据式（4-40）可知，固有频率为

$$\omega_n=\left(\frac{n\pi}{l}\right)^2\sqrt{\frac{EI}{\rho A}}\quad (n=1,2,\cdots) \tag{4-55}$$

因为对于任何常数都有 $C_1=C_3=C_4=0$，因此，n 次固有频率对应的固有振型为

$$Y_n(x)=\sin\frac{n\pi}{l}x \tag{4-56}$$

这里为了方便，将 C_2 设为 1。

将自由振动的解表示为各阶固有振型的叠加，则其形式如下：

$$y(x,t)=\sum_{n=1}^{\infty}\sin\frac{n\pi}{l}x(A_n\cos\omega_n t+B_n\sin\omega_n t) \tag{4-57}$$

在这里 A_n、B_n 都是由初始条件决定的任意常数。上述公式与两端固定的弦的一般解（式(4-18)）具有相同的形式，固有频率则有所不同。而利用初始条件求解任意常数 A_n、B_n，这与弦的情况是一样的。

再者，对于受迫振动的特解，可按与弦的情况相同的方法进行求解。

例 4-7 如图 4-9 所示，长为 l，均质（E、ρ 均为定值），并且横截面一致（A 为定值）的弹性梁处于两端固定约束的情况。求出梁的弯曲振动的振动方程。

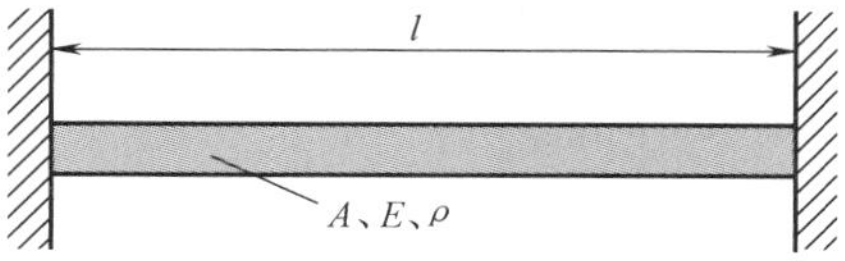

图 4-9 两端固定约束的弹性梁

解：根据式（4-48）和式（4-49）所对应的边界条件可以得出

$$Y(x)=0,\left.\frac{\mathrm{d}Y}{\mathrm{d}x}\right|_{x=0}=0 \tag{4-58}$$

$$Y(l)=0,\left.\frac{\mathrm{d}Y}{\mathrm{d}x}\right|_{x=l}=0 \tag{4-59}$$

将式（4-58）的条件代入一般解的式（4-44）中，可以得到 $C_3=-C_1$，$C_4=-C_2$，因此，一般解可以等价为

$$Y(x)=C_1\cos kx+C_2\sin kx-C_1\cosh kx-C_2\sinh kx$$

将式（4-59）的条件代入该公式，可以得到下面两个公式

$$(\cos kl-\cosh kl)C_1+(\sin kl-\sinh kl)C_2=0$$

$$(\sin kl+\sinh kl)C_1-(\cos kl-\cosh kl)C_2=0$$

为了找到除了 $C_1=C_2=0$ 以外的解，必须使得上述公式的系数矩阵的行列式为 0。即

$$\det\begin{pmatrix}(\cos kl-\cosh kl) & (\sin kl-\sinh kl)\\ (\sin kl+\sinh kl) & -(\cos kl-\cosh kl)\end{pmatrix}=2\cos kl\cosh kl-2=0$$

由此可知，振型函数方程为

$$\cos kl\cosh kl=0$$

满足这个方程的 k 的值可以用计算机求解。另外，固有频率 ω 可以根据式（4-40）进行求解。

4.5 无阻尼振动系统的响应

在求解无阻尼振动系统的响应时，我们主要采用振型叠加的方法来计算，梁作为例子，求解无阻尼振动系统的响应。我们利用振型函数的正交性，类比有限自由度系统的模态分析方法，可以使得连续系统的偏微分方程变换为一系列用主坐标表示的常微分方程。并且仍使用振型叠加法进行求解，为此，我们首先要引入主坐标变换

$$\omega(x,t)=\sum_{n=1}^{\infty}W_n(x)q_n(t) \tag{4-60}$$

将该式代入梁的弯曲振动微分方程中可得

$$\rho A\sum_{n=1}^{\infty}W_n(x)\ddot{q}_n(t)+EI\sum_{n=1}^{\infty}W_n^{(4)}q_n(t)=f-\frac{\partial m}{\partial x} \tag{4-61}$$

其相应的初始条件为

$$\begin{cases}\omega(x,0)=\omega_0(x)=\sum\limits_{n=1}^{\infty}W_n(x)q_n(0)\\ \dfrac{\partial\omega(x,0)}{\partial t}=v_0(x)=\sum\limits_{n=1}^{\infty}W_n(x)\dot{q}_n(0)\end{cases} \tag{4-62}$$

将式（4-61）和式（4-62）两端同时乘上 $W_n(x)$ 并沿着梁长方向对 x 积分，利用固有振型的正交性可以得到

$$M_n\ddot{q}_n(t)+K_nq_n(t)=f_n(t)\quad(n=1,2,\cdots) \tag{4-63}$$

$$\begin{cases}q_n(0)=\dfrac{1}{M_n}\int_0^l\rho A\omega_0(x)W_n(x)\mathrm{d}x\\ \dot{q}_n(0)=\dfrac{1}{M_n}\int_0^l\rho Av_n(x)W_n(x)\mathrm{d}x\end{cases} \tag{4-64}$$

式中，M_n 和 K_n 分别为第 n 阶主质量和主刚度，而

$$f_n(t)=\int_0^l\left(f-\frac{\partial m}{\partial x}\right)W_n(x)\mathrm{d}x\quad(n=1,2,\cdots) \tag{4-65}$$

为第 n 阶模态力。对于无刚体运动的梁，具有分布外力矩 m（x，t）时，将式（4-65）分布积分，则模态力可表示为

$$f_n(t)=\int_0^l[fW_n(x)+m(x,t)W_n'(x)]\mathrm{d}x\quad(n=1,2,\cdots) \tag{4-66}$$

式（4-63）与初始条件式（4-64）构成了一组解耦的单自由度无阻尼系统受迫振动问题。梁振动响应解为各阶主振动的叠加，求解后代回式（4-60）得到

$$\omega(x,t)=\sum_{n=1}^{\infty}W_n(x)\left[q_n(0)\cos\omega_n t+\frac{\dot{q}_n(0)}{\omega_n}\sin\omega_n t+\int_0^l\frac{\sin\omega_n(t-\tau)}{M_n\omega_n}f_n(\tau)\mathrm{d}\tau\right]\quad(4\text{-}67)$$

例 4-8　一阶跃力 F_0突然作用于等截面均质简支梁的中央，求梁的振动响应。

解： 简支梁的固有频率和振型函数为

$$\omega_n=(n\pi)^2\sqrt{\frac{EI}{\rho Al^4}},W_n(x)=\sin\frac{n\pi x}{l}\quad(n=1,2,\cdots)\quad(4\text{-}68)$$

于是，主质量、主刚度和模态力分别为

$$M_n=\int_0^l\rho A\sin^2\frac{n\pi x}{l}\mathrm{d}x=\frac{1}{2}\rho Al,K_n=\omega_n^2M_n\quad(n=1,2,\cdots)\quad(4\text{-}69)$$

$$f_n(t)=F_0\sin\frac{n\pi}{2}=\begin{cases}(-1)^{(n-1)/2}\quad F_0(n=1,3,\cdots)\\0\qquad\qquad(n=2,4,\cdots)\end{cases}\quad(4\text{-}70)$$

注意梁初始静止，由式（4-63）和式（4-64）解出各主坐标在阶跃模态力下的响应

$$q_n(t)\frac{f_n(t)}{K_n}(1-\cos\omega_n t)\quad(n=1,2,\cdots)\quad(4\text{-}71)$$

将式（4-69）~式（4-71）代入主坐标变换式（4-60），得到梁的受迫振动响应为

$$\omega(x,t)=\frac{2F_0l^3}{\pi^4EI}\sum_{n=1,3,\cdots}^{\infty}\left[(-1)^{(n-1)/2}\frac{1}{n^4}\sin\frac{n\pi x}{l}\right](1-\cos\omega_n t)\quad(4\text{-}72)$$

由于外载荷作用在梁的中央，故零状态响应中仅具有对称振型的各阶振动成分。

例 4-9　均质简支梁在 $x=x_0$ 处受到简谐力 $F_0=f_0\sin\omega t$ 的作用，其中 ω 不等于梁的各阶固有频率。若梁的初始条件为零，试求梁的振动响应。

解： 利用上例结果，简支梁主质量 $M_n=\rho Al/2$，固有振型 $W_n(x)=\sin\frac{n\pi x}{l}$，则梁的正则振型为

$$W_{Nn}(x)=\sqrt{\frac{\rho Al}{2}}\sin\frac{n\pi x}{l}\quad(n=1,2,\cdots)$$

模态力为

$$f_{Nn}(t)=\int_0^l f_0\sin\omega t\cdot\delta(x-x_0)W_{Nn}(x)\mathrm{d}x=\sqrt{\frac{\rho Al}{2}}f_0\sin\frac{n\pi x_0}{l}\sin\omega t$$

参考式（4-67）中括号最后一项，在零初始条件下，有

$$\begin{aligned}q_{Nn}(t)&=\frac{1}{\omega_n}\int_0^t f_{Nn}\sin\omega_n(t-\tau)\mathrm{d}\tau\\&=\frac{1}{\omega_n}\sqrt{\frac{2}{\rho Al}}f_0\sin\frac{n\pi x_0}{l}\int_0^t\sin\omega_n(t-\tau)\sin\tau\mathrm{d}\tau\\&=\sqrt{\frac{2}{\rho Al}}\frac{f_0}{\omega_n^2-\omega^2}\sin\frac{n\pi x_0}{l}\left(\sin\omega t-\frac{\omega}{\omega_n}\sin\omega_n t\right)\end{aligned}$$

于是，梁的振动响应为

$$\omega(x,t)=\frac{2}{\rho Al}\sum_{n=1}^{\infty}\frac{f_0}{\omega_n^2-\omega^2}\sin\frac{n\pi x_0}{l}\cdot\sin\frac{n\pi x_0}{l}\left(\sin\omega t-\frac{\omega}{\omega_n}\sin\omega_n t\right)$$

可见，当激励频率接近于梁的某阶固有频率时将引起该阶模态的共振。

4.6 有阻尼振动系统的响应

实际系统的振动总要受到阻尼的影响。由于本章侧重于研究系统的自由度从有限到无限给振动行为带来的差异，所以仅以杆和梁为例，介绍计入黏性阻尼材料内阻尼后如何对弹性体进行振动分析。

4.6.1 含黏性阻尼的弹性杆纵向振动

当弹性体在空气或液体中低速运动时，应考虑其受到的黏性阻尼力。以等截面均质直杆为例，包含黏性阻尼的直杆纵向振动的微分方程为

$$\rho A\frac{\partial^2 u}{\partial t^2}+c\frac{\partial u}{\partial t}-EA\frac{\partial^2 u}{\partial x^2}=f \tag{4-73}$$

式中，c 表示单位长度杆的黏性阻尼系数。设杆的运动为

$$u(x,t)=\sum_{n=1}^{\infty}U_n(x)q_n(t) \tag{4-74}$$

类似之前分析的，可将式（4-73）解耦为主坐标描述的单自由度系统

$$M_n\ddot{q}_n(t)+C_n\dot{q}_n(t)+K_nq_n(t)=f_n(t)\quad(n=1,2,\cdots) \tag{4-75}$$

其中

$$C_n=c\int_0^l U_n^2(x)\mathrm{d}x\quad(n=1,2,\cdots) \tag{4-76}$$

C_n为振型阻尼系数。显然，具有黏性阻尼的弹性杆是一个比例阻尼系统。系统的主质量、主刚度、模态力与无阻尼系统时相同，主坐标下的初始条件也与无阻尼系统相同。式（4-75）的解为

$$q_n(t)=\mathrm{e}^{-\xi_n\omega_n t}\left[q_n(0)\cos\omega_{\mathrm{d}n}t+\frac{\dot{q}_n(0)+\xi_n\omega_n q_n(0)}{\omega_{\mathrm{d}n}}\sin\omega_{\mathrm{d}n}t\right]+$$
$$\frac{1}{M_n\omega_{\mathrm{d}n}}\int_0^t\mathrm{e}^{-\xi_n\omega_n(t-\tau)}\sin\omega_{\mathrm{d}n}(t-\tau)f_n(\tau)\mathrm{d}\tau \tag{4-77}$$

其中

$$\xi_n=\frac{C_n}{2M_n\omega_n},\omega_{\mathrm{d}n}=\omega_n\sqrt{1-\xi_n^2} \tag{4-78}$$

将式（4-77）代回式（4-74），即可得到具有黏性阻尼弹性杆的纵向振动。

4.6.2 含材料阻尼的弹性梁的受迫振动

任何材料在变形过程中总有损耗，即材料自身具有阻尼。对材料阻尼机理研究需要从

微观进行，但振动分析通常基于某些宏观等效的阻尼模型。例如，对金属杆进行简谐加载的拉压试验表明，杆内的动应力可近似表示为

$$\sigma(x,t)=E\left[\varepsilon(x,t)+\eta\frac{\partial\varepsilon(x,t)}{\partial t}\right]\quad(0<\eta\leqslant1)\tag{4-79}$$

其中与应变速率有关的项反映了材料的内阻尼大小。

现分析金属材料等截面伯努利-欧拉梁在简谐激励下的稳态振动。相应于式（4-79），梁的弯矩与挠度的关系为

$$M=EI\left(\frac{\partial^2\omega}{\partial x^2}+\eta\frac{\partial^3\omega}{\partial x^2\partial t}\right)\tag{4-80}$$

于是，可得到梁的简谐受迫振动微分方程

$$\rho A\frac{\partial^2\omega}{\partial t^2}+EI\frac{\partial^4\omega}{\partial x^4}+\eta EI\frac{\partial^5\omega}{\partial t\partial x^4}=f(x)\sin\omega t\tag{4-81}$$

设梁的运动为

$$\omega(x,t)=\sum_{n=1}^{\infty}W_n(x)q_n(t)\tag{4-82}$$

则解耦后的主坐标微分方程为

$$\ddot{q}_n(t)+\mu\omega_n^2\dot{q}_n(t)+\omega_n^2q_n(t)=f_n\sin\omega t\quad(n=1,2,\cdots)\tag{4-83}$$

其中模态力的幅值为

$$f_n=\frac{\int_0^l W_n(x)f(x)\mathrm{d}x}{\rho A\int_0^l W_n^2(x)\mathrm{d}x}\quad(n=1,2,\cdots)\tag{4-84}$$

式（4-83）的稳态解为

$$q_n(t)=\frac{f_n}{\sqrt{(\omega_n^2-\omega^2)^2+(\eta\omega_n^2\omega)^2}}\sin\left[\omega t-\arctan\left(\frac{\eta\omega_n^2\omega}{\omega_n^2-\omega^2}\right)\right]\quad(n=1,2,\cdots)\tag{4-85}$$

代回式（4-82），即可得到梁的稳态振动响应。

习 题

4-1 对于两端固定，长为 l 的弦，它的初始位移为 0，初始速度如图 4-10 所示，求其自由振型函数。

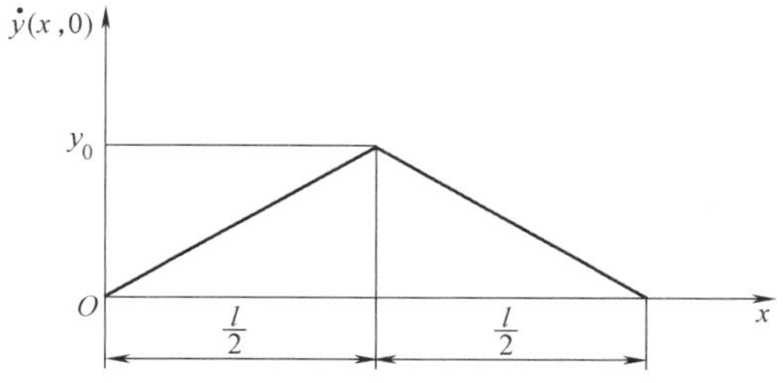

图 4-10 初始速度图

4-2 对于 $x=0$ 端固定，$x=L$ 端自由的均质直杆，其参数为 EA、ρ、L，受到均布轴向力 F_0/L 的作用。求轴向力瞬间移去后杆的纵向振动。

4-3 对于两端固定的均质直杆，其参

数为 EA、ρ、L。若一轴向阶跃力 F_0突然作用于杆中央，求杆的纵向振动。

4-4　请推导图 4-11 所示的系统的纵向振动的振型函数方程。自由端的边界条件可以从牛顿第二运动定律得到：

$$-EA\frac{\partial u}{\partial x}(l,t)=m\frac{\partial^2 u}{\partial t^2}(l,t)$$

请参考例 4-4。

4-5　对于一均质圆轴，其参数为 GI_ρ、ρ、L，在 $x=0$ 端受到 $M(s)=M_0 s/s_0$ 的扭矩作用。求该轴在零初始条件下的扭转振动。

4-6　请推导出图 4-12 所示的梁的横向振动的振动方程，自由端的边界条件可以根据牛顿第二运动定律求解：

$$EA\frac{\partial^3 \omega}{\partial x^3}(l,t)=m\frac{\partial^2 \omega}{\partial t^2}(l,t)$$

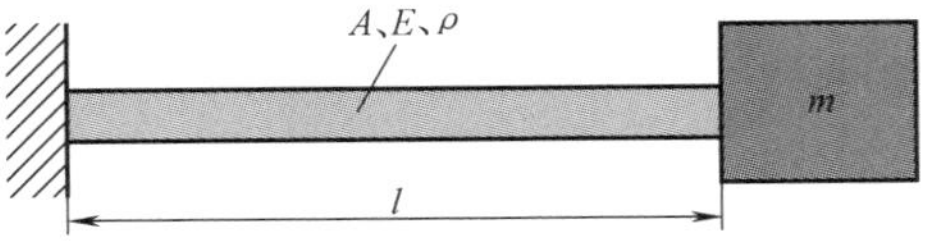

图 4-11　一端固定约束，另一端带有集中质量块的弹性梁

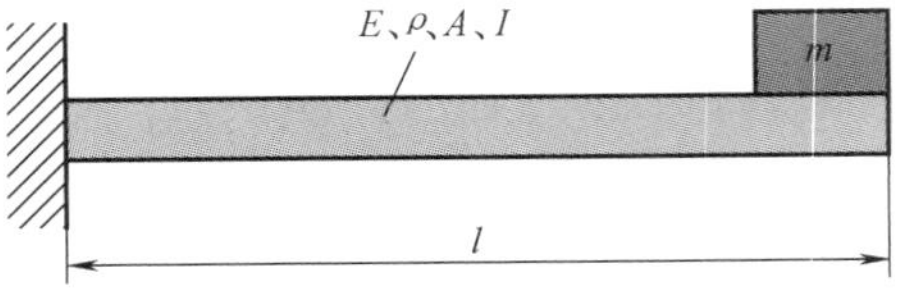

图 4-12　一端固定约束，另一端有集中质量块的弹性梁

4-7　对于 $x=0$ 端固定在刚性基础上，$x=L$ 端自由的均质直梁，其参数为 EI、ρA、L。若该刚性基础做横向运动 $v_0\cos\omega t$，不计阻尼，求梁的稳态振动响应。

第5章

运动方程解法

n 个自由度的振动系统的运动方程为

$$\boldsymbol{M}\ddot{\boldsymbol{u}}(t)+\boldsymbol{C}\dot{\boldsymbol{u}}(t)+\boldsymbol{K}\boldsymbol{u}(t)=\boldsymbol{f}(t) \tag{5-1}$$

对于该二阶常微分方程组，数学上应用常规的常微分方程组解法即可进行求解，如龙格-库塔法。但在实际工程应用中，机械系统或结构的自由度数往往是巨大的，需要进行有限元动力学分析。此时矩阵的阶数很高，常规的方法通常是低效的，有时甚至是不可能的。这就需要通过近似方法或数值方法来分析系统的动态特性。数值计算指有效使用数字计算机求数学问题近似解的方法与过程，主要研究如何利用计算机更好地解决各种数学问题。在振动系统动态响应求解中，一般有直接积分法与振型叠加法两大类。近些年来，随着工程应用而发展出来的精细积分法也得到了有力的发展。本章将对各类数值计算方法进行详细阐述。

5.1 直接积分法

直接积分法求解微分方程组时不对其进行任何形式变换，而是直接进行数值积分。首先，将求解域 $0\leqslant t\leqslant T$ 划分为 M 个时间步长 Δt，有 $\Delta t=T/M$。原则上，任一时刻 t 的响应都应满足式（5-1）的要求，但直接积分法只要求在 0，Δt，$2\Delta t$，…时刻满足运动方程。其次，在一定数目的 Δt 时间域内，用某形式函数来近似表示方程的解 $\boldsymbol{u}(t)$、$\dot{\boldsymbol{u}}(t)$ 与 $\ddot{\boldsymbol{u}}(t)$。这是直接积分法求解微分方程的两个基本步骤。

假设系统的初始条件 $\boldsymbol{u}(0)=\boldsymbol{u}_0$ 与 $\dot{\boldsymbol{u}}(0)=\dot{\boldsymbol{u}}_0$ 为已知，且前 n 个 Δt 时刻的位移响应 $\boldsymbol{u}_1(t_1=\Delta t)$，$\boldsymbol{u}_2(t_2=2\Delta t)$，$\boldsymbol{u}_3(t_3=3\Delta t)$，…，$\boldsymbol{u}_n(t_n=n\Delta t)$ 已经解得，下一步即求 $t_{n+1}=(n+1)\Delta t$ 时刻的响应 $\boldsymbol{u}_{n+1}$。如此，则可得到所有离散时刻方程的解。在用直接积分法求解式（5-1）时，有必要先介绍一阶常微分方程组的求解过程，这便于更好地理解二阶常微分方程的求解。

5.1.1 一阶常微分方程的求解

在工程实际中，瞬态热传导问题的求解方程为一阶常微分方程组。其形式为

$$\boldsymbol{C}\dot{\boldsymbol{\varphi}}(t)+\boldsymbol{K}\boldsymbol{\varphi}(t)=\boldsymbol{Q}(t) \tag{5-2}$$

式中，$\boldsymbol{C}$ 是热熔矩阵；$\boldsymbol{K}$ 是热传导矩阵，在引入给定的温度后，两者均为对称正定矩阵；$\boldsymbol{Q}(t)$ 是温度载荷向量；$\boldsymbol{\varphi}(t)$ 是节点温度向量；$\dot{\boldsymbol{\varphi}}(t)$ 是节点温度对时间的导数向量。

为解该方程，可设定时间步长为 Δt。假设在 t_n 和 t_{n+1} 时刻的响应向量分别为 $\boldsymbol{\varphi}_n$ 和 $\boldsymbol{\varphi}_{n+1}$，在 t_n 和 t_{n+1} 区间内的任一时刻响应向量可以用如下的线性插值形式表示：

$$\boldsymbol{\varphi}(t_n+\xi\Delta t)=\Xi_n\boldsymbol{\varphi}_n+\Xi_{n+1}\boldsymbol{\varphi}_{n+1} \tag{5-3}$$

其中 $\xi\in[0,\ 1]$，且

$$\begin{cases}\xi=\dfrac{t}{\Delta t}\\ \Xi_n=1-\xi\\ \Xi_{n+1}=\xi\end{cases}$$

将式（5-3）对时间进行求导，可得

$$\dot{\boldsymbol{\varphi}}(t_n+\xi\Delta t)=\dot{\Xi}_n\boldsymbol{\varphi}_n+\dot{\Xi}_{n+1}\boldsymbol{\varphi}_{n+1} \tag{5-4}$$

式中，

$$\dot{\Xi}_n=-\frac{1}{\Delta t},\quad \dot{\Xi}_{n+1}=\frac{1}{\Delta t}$$

采用式（5-3）进行近似插值，在时间区间 Δt 内，式（5-2）必将产生余量。一般可以采用典型的加权余量表示该时间区间内的余量

$$\int_0^1 \varpi\ [\boldsymbol{C}(\dot{\Xi}_n\boldsymbol{\varphi}_n+\dot{\Xi}_{n+1}\boldsymbol{\varphi}_{n+1})+\boldsymbol{K}(\Xi_n\boldsymbol{\varphi}_n+\Xi_{n+1}\boldsymbol{\varphi}_{n+1})-\boldsymbol{Q}]\mathrm{d}\xi=\boldsymbol{0} \tag{5-5}$$

此处省略时间 t。根据式（5-5），当已知 $\boldsymbol{\varphi}_n$ 时，便可以求出下一时刻的响应向量 $\boldsymbol{\varphi}_{n+1}$。将式（5-3）、式（5-4）代入式（5-5）可得时间区域 Δt 前后节点上两组响应的关系式，即

$$\left(\boldsymbol{K}\int_0^1 \varpi\ \xi\mathrm{d}\xi+\boldsymbol{C}\int_0^1 \varpi\ \frac{\mathrm{d}\xi}{\Delta t}\right)\boldsymbol{\varphi}_{n+1}+\left(\boldsymbol{K}\int_0^1 \varpi\ (1-\xi)\mathrm{d}\xi-\boldsymbol{C}\int_0^1 \varpi\ \frac{\mathrm{d}\xi}{\Delta t}\right)\boldsymbol{\varphi}_n-\int_0^1 \varpi\ \boldsymbol{Q}\mathrm{d}\xi=\boldsymbol{0} \tag{5-6}$$

代入不同的权函数，并设

$$\theta=\frac{\int_0^1 \varpi\ \xi\mathrm{d}\xi}{\int_0^1 \varpi\ \mathrm{d}\xi},\quad \overline{\boldsymbol{Q}}=\frac{\int_0^1 \varpi\ \boldsymbol{Q}\mathrm{d}\xi}{\int_0^1 \varpi\ \mathrm{d}\xi} \tag{5-7}$$

当热传导矩阵 $\boldsymbol{K}$ 和热熔矩阵 $\boldsymbol{C}$ 都是时不变矩阵时，式（5-6）有一般形式

$$\left(\frac{\boldsymbol{C}}{\Delta t}+\boldsymbol{K}\theta\right)\boldsymbol{\varphi}_{n+1}+\left[-\frac{\boldsymbol{C}}{\Delta t}+\boldsymbol{K}(1-\theta)\right]\boldsymbol{\varphi}_n=\overline{\boldsymbol{Q}}=\boldsymbol{Q}_{n+1}\theta+\boldsymbol{Q}_n(1-\theta) \tag{5-8}$$

当 $\boldsymbol{\varphi}_n$ 和 $\boldsymbol{Q}(t)$ 已知时，由式（5-8）就可以求得 t_{n+1} 时刻的响应向量 $\boldsymbol{\varphi}_{n+1}$。即

$$\overline{\boldsymbol{K}}\boldsymbol{\varphi}_{n+1}=\overline{\boldsymbol{Q}}_{n+1}\quad(n=0,1,2,\cdots,M) \tag{5-9}$$

其中

$$\begin{cases}\overline{\boldsymbol{K}}=\dfrac{\boldsymbol{C}}{\Delta t}+\boldsymbol{K}\theta\\ \overline{\boldsymbol{Q}}_{n+1}=\left[\dfrac{\boldsymbol{C}}{\Delta t}-(1-\theta)\boldsymbol{K}\right]\boldsymbol{\varphi}_n+(1-\theta)\boldsymbol{Q}_n+\theta\boldsymbol{Q}_{n+1}\end{cases} \tag{5-10}$$

由上可知，当知系统初始条件时，可依次递推求得温度向量 $\boldsymbol{\varphi}(t)$ 在 Δt，$2\Delta t$，…，$M\Delta t$ 各个瞬时值。因此，该方法也称为**逐步积分法**。

这是一种近似的求解方法，通过分析可知每一步积分计算都会产生误差。误差主要来源有**截断误差**和**舍入误差**两大类。截断误差是由方法本身确定的，指的是在计算一阶导数或二阶导数过程中的近似表达忽略了高阶小量而产生的误差。可以估计的是，它随着步长 Δt 的增大而增大。舍入误差是指在使用计算机计算时由于超出计算机字长位数而舍去产生的误差。这是一种累积误差，虽然在每一步计算中舍入误差并不大，但随着计算步数的增加其计算结果可能完全失真。这就要求积分步长 Δt 必须小于某个设定的临界值 Δt_c，此时无论步数多大，其计算结果都不会无限增大。

下面讨论参数 θ 的选择。式（5-8）实质上是一组加权差分公式，与式（5-3）进行比较后发现，可将 ξ 替换为参数 θ。则在每个时间区域 Δt 内，对于 $t_n+\theta\Delta t$（$\theta\in[0,\ 1]$）时刻建立差分公式

$$\boldsymbol{\varphi}(t_n+\theta\Delta t)=(1-\theta)\boldsymbol{\varphi}_n+\theta\boldsymbol{\varphi}_{n+1} \tag{5-11}$$

$$\dot{\boldsymbol{\varphi}}(t_n+\theta\Delta t)=\frac{\boldsymbol{\varphi}_n-\boldsymbol{\varphi}_{n+1}}{\Delta t} \tag{5-12}$$

将式（5-11）和式（5-12）代入式（5-2），并将 $\boldsymbol{Q}(t)$ 表示成和 $\boldsymbol{\varphi}(t)$ 相同的差分形式，得到建立 $t_n+\theta\Delta t$ 时刻的差分方程，与式（5-8）形式相同。因此，参数 θ 的物理含义是其取值决定了在 Δt 时间区域内建立差分方程的具体位置。表 5-1 给出了几种典型的差分方式。

表 5-1　几种典型插值方式及相应 θ 取值

θ 取值	图示	差分形式
$\theta=0$	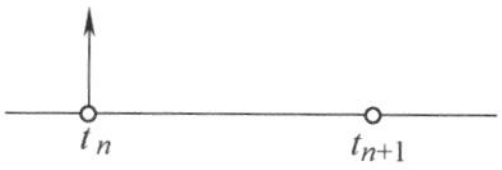	前差分公式（欧拉差分公式）
$\theta=1$		后差分公式
$\theta=\frac{1}{2}$	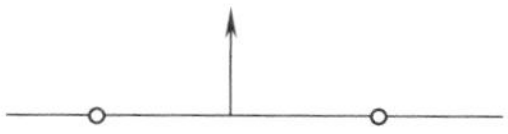	中心差分公式（Crank-Nicholson 公式）
$\theta=\frac{1}{2}$	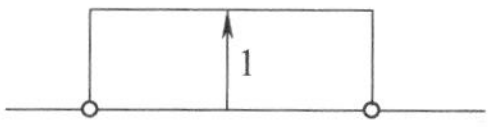	时间区域内加权函数为常数
$\theta=\frac{2}{3}$	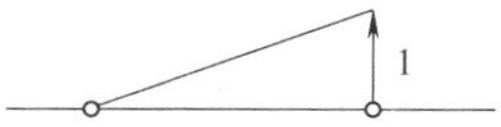	伽辽金型权函数
$\theta=\frac{1}{3}$	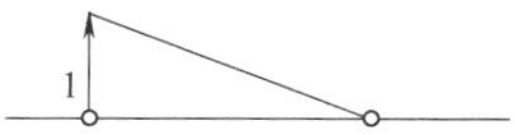	伽辽金型权函数

加权余量法在何处集中加权，即要求在该处微分方程得到满足。因此，参数 θ 的取值直接影响解的精度和稳定性。

一阶常微分方程直接积分法计算步骤可综述如下。

(1) 初始计算

1）形成系统矩阵 $\boldsymbol{C}$ 和 $\boldsymbol{K}$。

2）给定初始条件 $\boldsymbol{\varphi}_0$。

3）选择参数 θ 和时间步长 Δt。

4）形成系统的有效系数矩阵 $\overline{\boldsymbol{K}}=\boldsymbol{C}/\Delta t+\boldsymbol{K}\theta$。

5）三角分解矩阵 $\overline{\boldsymbol{K}}=\boldsymbol{LDL}^{\mathrm{T}}$。

(2) 每一时间步长的计算

1）形成向量 $\boldsymbol{Q}_{n+1}$。

2）形成有效向量 $\overline{\boldsymbol{Q}}_{n+1}=\left[\dfrac{\boldsymbol{C}}{\Delta t}-(1-\theta)\boldsymbol{K}\right]\boldsymbol{\varphi}_n+(1-\theta)\boldsymbol{Q}_n+\theta\boldsymbol{Q}_{n+1}$。

3）求解 $\boldsymbol{\varphi}_{n+1}$，$\boldsymbol{LDL}^{\mathrm{T}}\boldsymbol{\varphi}_{n+1}=\overline{\boldsymbol{Q}}_{n+1}$。

5.1.2 二阶常微分方程的求解

对于二阶常微分方程的求解，如式（5-1），理论上前面一节所提到的几种差分表达式都可以用来建立其逐步积分公式。不过考虑到计算效率，中心差分法在处理这些问题时更加有效，本节即介绍中心差分法在二阶常微分方程中的应用。

为求解式（5-1），先把位移响应 $\boldsymbol{u}(t)$ 按泰勒级数展开，即可得到前差分公式

$$\boldsymbol{u}_{t+\Delta t}=\boldsymbol{u}_t+\dot{\boldsymbol{u}}_t\Delta t+\frac{1}{2}\ddot{\boldsymbol{u}}_t(\Delta t)^2+\frac{1}{6}\dddot{\boldsymbol{u}}_t(\Delta t)^3+o[(\Delta t)^4] \tag{5-13}$$

同理，可得后差分公式

$$\boldsymbol{u}_{t-\Delta t}=\boldsymbol{u}_t-\dot{\boldsymbol{u}}_t\Delta t+\frac{1}{2}\ddot{\boldsymbol{u}}_t(\Delta t)^2-\frac{1}{6}\dddot{\boldsymbol{u}}_t(\Delta t)^3+o[(\Delta t)^4] \tag{5-14}$$

将两式相加可得

$$\ddot{\boldsymbol{u}}_t(\Delta t)^2=\boldsymbol{u}_{t+\Delta t}-2\boldsymbol{u}_t+\boldsymbol{u}_{t-\Delta t}+o[(\Delta t)^4] \tag{5-15}$$

将两式相减可得

$$\dot{\boldsymbol{u}}_t\Delta t=\frac{1}{2}(\boldsymbol{u}_{t+\Delta t}-\boldsymbol{u}_{t-\Delta t})+o[(\Delta t)^3] \tag{5-16}$$

在式（5-15）与式（5-16）都忽略高于高阶小量 $[o(\Delta t)^2]$ 的情况下，可得到用 $t-\Delta t$、t 和 $t+\Delta t$ 时刻的位移 $\boldsymbol{u}_{t-\Delta t}$、$\boldsymbol{u}_t$ 和 $\boldsymbol{u}_{t+\Delta t}$ 近似表示的 t 时刻的速度和加速度

$$\ddot{\boldsymbol{u}}_t=\frac{1}{(\Delta t)^2}(\boldsymbol{u}_{t+\Delta t}-2\boldsymbol{u}_t+\boldsymbol{u}_{t-\Delta t}) \tag{5-17}$$

$$\dot{\boldsymbol{u}}_t=\frac{1}{2\Delta t}(\boldsymbol{u}_{t+\Delta t}-\boldsymbol{u}_{t-\Delta t}) \tag{5-18}$$

假设已知 $t-\Delta t$ 与 t 时刻的位移 $\boldsymbol{u}_{t-\Delta t}$ 与 $\boldsymbol{u}_t$，现要求 $t+\Delta t$ 时刻的位移 $\boldsymbol{u}_{t+\Delta t}$，将式（5-17）与式（5-18）代入式（5-1），得

$$\widetilde{M}u_{t+\Delta t}=\widetilde{f}_t \tag{5-19}$$

式中，

$$\widetilde{M}=\frac{1}{(\Delta t)^2}M+\frac{1}{2\Delta t}C$$

$$\widetilde{f}_t=f_t+\left(K-\frac{2}{(\Delta t)^2}M\right)u_t-\left(\frac{1}{(\Delta t)^2}M-\frac{1}{2\Delta t}C\right)u_{t-\Delta t}$$

从而可以求得 $t+\Delta t$ 时刻的位移 $u_{t+\Delta t}$。仔细观察式（5-19）可知，当只知道初始时刻条件 u_0 与 $\dot{u}_0$ 时是无法求得 Δt 时刻的位移 $u_{\Delta t}$ 的，因为并不知 $u_{-\Delta t}$ 取值。为此，需用后差分公式求得 $-\Delta t$ 时刻的 $u_{-\Delta t}$ 值

$$u_{-\Delta t}=u_0-\dot{u}_0\Delta t+\frac{1}{2}\ddot{u}_0\Delta t^2 \tag{5-20}$$

式中，

$$\ddot{u}_0=M^{-1}(f_0-C\dot{u}_0-Ku_0)$$

二阶常微分方程中心差分法计算步骤可综合如下。

（1）初始计算

1）形成系统质量矩阵 M、阻尼矩阵 C 和刚度矩阵 K。

2）给定初始条件 u_0、$\dot{u}_0$ 和 $\ddot{u}_0$。

3）选择时间步长 Δt，$\Delta t<\Delta t_c$，并计算积分常数

$$c_0=\frac{1}{(\Delta t)^2},\quad c_1=\frac{1}{2\Delta t},\quad c_2=2c_0,\quad c_3=\frac{1}{c_2}$$

4）计算 $u_{-\Delta t}=u_0-\dot{u}_0\Delta t+c_3\ddot{u}_0$。

5）形成有效质量矩阵 $\widetilde{M}=c_0M+c_1C$。

6）三角分解矩阵 $\widetilde{M}=LDL^{\mathrm{T}}$。

（2）每一时间步长的计算

1）计算 t 时刻的有效载荷

$$\widetilde{f}_t=f_t+(K-c_2M)u_t-(c_0M-c_1C)u_{t-\Delta t}$$

2）求解 $t+\Delta t$ 时刻的位移 $u_{t+\Delta t}$：

$$LDL^{\mathrm{T}}u_{t+\Delta t}=\widetilde{f}_t$$

3）计算 t 时刻的速度与加速度

$$\dot{u}_t=c_1(u_{t+\Delta t}-u_{t-\Delta t})$$

$$\ddot{u}_t=c_0(u_{t+\Delta t}-2u_t+u_{t-\Delta t})$$

观察式（5-19），刚度矩阵 K 并未出现在式的左端。当质量矩阵 M 与阻尼矩阵 C 均为对角阵（有时忽略）时，利用递推公式求解运动方程不需要进行矩阵求逆运算，只需进行矩阵乘法运算获得有效载荷，再得到位移的各分量。这表明中心差分法是一种显式算法，在计算中更有优势。尤其是在非线性分析中，每个增量步的刚度矩阵是经过修正的，这种显式算法更有意义。因此，中心差分法比较适用于由爆炸、冲击类型载荷引起的波传播问题的求解。因为在这类波传播过程中，高频占主要作用，为了使解答更有意义，需要

采用较小的时间步长。前面分析道，中心差分法是条件稳定算法，其时间步长必须小于某个临界值才能使得计算稳定。所以，在这方面两者要求是一致的。

但对于结构动力学问题的求解，中心差分法的应用将会受到限制。这是因为结构响应中低频成分占主导，允许采用较大的时间步长，无须受临界步长的限制。另一方面，结构动响应问题中的时间域尺度往往较大，如果步长过小，计算工作量将会非常庞大。因此，为了提高计算的效率、精度和稳定度，人们又发展了许多方法，Newmark 法即是其中著名方法之一。

例 5-1　图 5-1 所示系统中 $m=1\text{kg}$，$k=2\text{N/m}$，比例阻尼$c=3\text{N}\cdot\text{s/m}$，最右端质量作用力为正弦激励 $F=\sin t+1$，取比例阻尼系统的初位移与初速度均为零。求此系统的受迫振动响应。

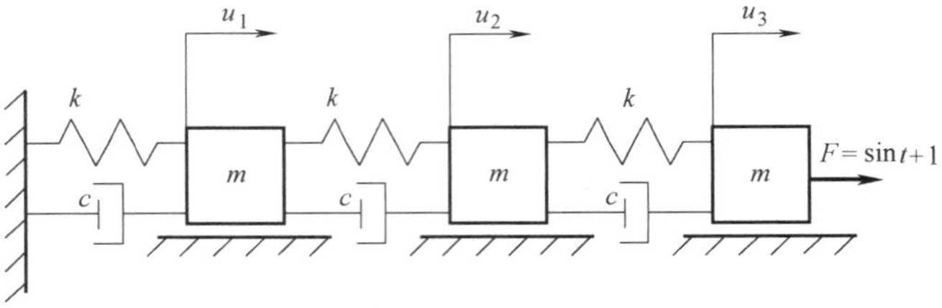

图 5-1　例 5-1 图

解： 列系统运动微分方程

$$\boldsymbol{M}\begin{pmatrix}\ddot{u}_1\\ \ddot{u}_2\\ \ddot{u}_3\end{pmatrix}+\boldsymbol{K}\begin{pmatrix}\dot{u}_1\\ \dot{u}_2\\ \dot{u}_3\end{pmatrix}+\boldsymbol{C}\begin{pmatrix}u_1\\ u_2\\ u_3\end{pmatrix}=\begin{pmatrix}0\\ 0\\ F\end{pmatrix}$$

由图得刚度矩阵 $\boldsymbol{K}$、质量矩阵 $\boldsymbol{M}$ 和阻尼矩阵 $\boldsymbol{C}$ 分别为

$$\boldsymbol{K}=\begin{pmatrix}6&-3&0\\-3&6&-3\\0&-3&3\end{pmatrix},\quad \boldsymbol{M}=\begin{pmatrix}1&0&0\\0&1&0\\0&0&1\end{pmatrix},\quad \boldsymbol{C}=\begin{pmatrix}4&-2&0\\-2&4&-2\\0&-2&2\end{pmatrix}$$

将 t=0 时刻的初始条件 $\boldsymbol{u}\big|_{t=0}=0$、$\dot{\boldsymbol{u}}\big|_{t=0}=0$、$F\big|_{t=0}=1$ 代入运动方程，解得

$$\ddot{\boldsymbol{u}}_0=\begin{pmatrix}0\\0\\1\end{pmatrix}$$

取 $\Delta t=0.28$，求得积分常数为

$$c_0=\frac{1}{\Delta t^2}=12.7551,\qquad c_1=\frac{1}{2\Delta t}=1.7857,$$

$$c_2 = 2c_0 = 25.5102, \qquad c_3 = \frac{1}{c_2} = 0.0392$$

求解 $\boldsymbol{u}_{-\Delta t}$ 得

$$\boldsymbol{u}_{-\Delta t} = \boldsymbol{u}_0 - \Delta t\, \dot{\boldsymbol{u}}_0 + c_3 \boldsymbol{u}_0 = \begin{pmatrix} 0 \\ 0 \\ 0.0392 \end{pmatrix}$$

计算有效质量矩阵

$$\widetilde{\boldsymbol{M}} = c_0 \boldsymbol{M} + c_1 \boldsymbol{C} = \begin{pmatrix} -19.8980 & -3.5714 & 0 \\ -3.5714 & 19.8980 & -3.5714 \\ 0 & -3.5714 & 16.3265 \end{pmatrix}$$

对 $\widetilde{\boldsymbol{M}}$ 进行三角分解得

$$\widetilde{\boldsymbol{M}} = \begin{pmatrix} 1.0000 & 0 & 0 \\ -0.1795 & 1.0000 & 0 \\ 0 & -0.1855 & 1.0000 \end{pmatrix} \begin{pmatrix} 19.8980 & 0 & 0 \\ 0 & 19.2569 & 0 \\ 0 & 0 & 15.6642 \end{pmatrix} \begin{pmatrix} 1.0000 & 0 & 0 \\ -0.1795 & 1.0000 & 0 \\ 0 & -0.1855 & 1.0000 \end{pmatrix}^{\mathrm{T}}$$

计算时刻 t 的有效载荷

$$\tilde{\boldsymbol{f}}_t = \boldsymbol{f}_t - (\boldsymbol{K} - c_2 \boldsymbol{M}) \boldsymbol{u}_t - (c_0 \boldsymbol{M} - c_1 \boldsymbol{C}) \boldsymbol{u}_{t-\Delta t}$$

$$= \begin{pmatrix} 0 \\ 0 \\ \sin t + 1 \end{pmatrix} - \begin{pmatrix} -19.5102 & -3.0000 & 0 \\ -3.0000 & -19.5102 & -3.0000 \\ 0 & -3.0000 & -22.5102 \end{pmatrix} \boldsymbol{u}_t - \begin{pmatrix} 5.6122 & 3.5714 & 0 \\ 3.5714 & 5.6122 & 3.5714 \\ 0 & 3.5714 & 9.1837 \end{pmatrix} \boldsymbol{u}_{t-\Delta t} \quad \text{(a)}$$

求解 $t+\Delta t$ 时刻的位移

$$\begin{pmatrix} 1.0000 & 0 & 0 \\ -0.1795 & 1.0000 & 0 \\ 0 & -0.1855 & 1.0000 \end{pmatrix} \begin{pmatrix} 19.8980 & 0 & 0 \\ 0 & 19.2569 & 0 \\ 0 & 0 & 15.6642 \end{pmatrix} \begin{pmatrix} 1.0000 & 0 & 0 \\ -0.1795 & 1.0000 & 0 \\ 0 & -0.1855 & 1.0000 \end{pmatrix}^{\mathrm{T}} \boldsymbol{u}_{t+\Delta t} = \tilde{\boldsymbol{f}}_t \quad \text{(b)}$$

在每个时间步中计算式（a）并求解式（b），即可得到该时间步的位移，列于表 5-2 中（见图 5-2）。

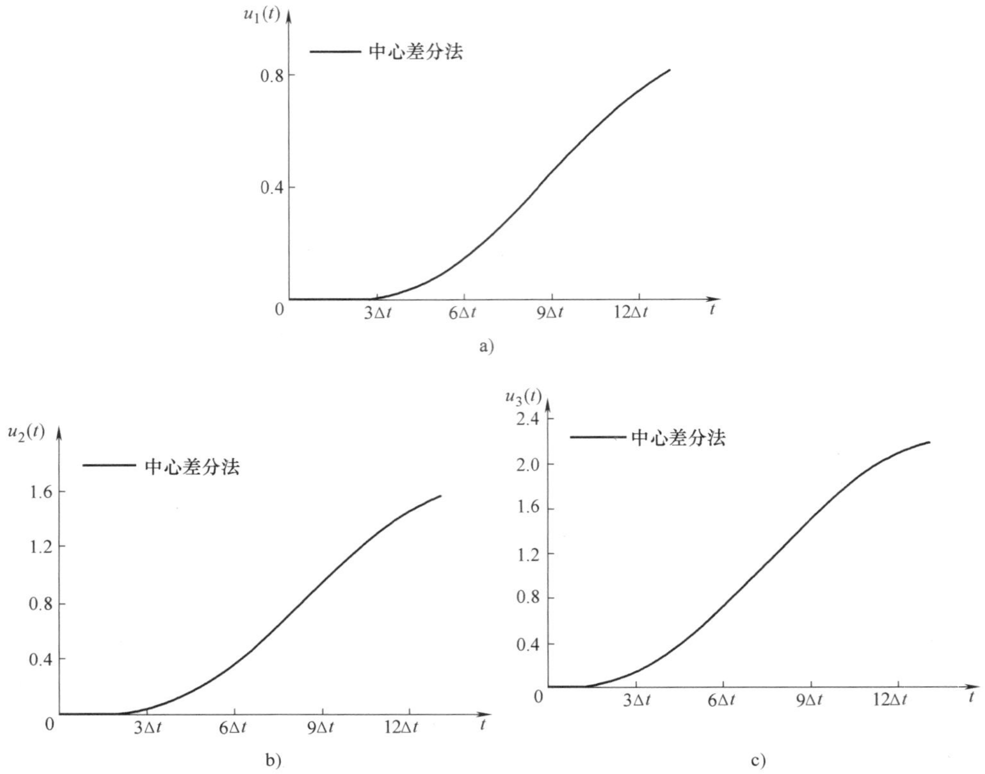

图 5-2　由中心差分法得到的各时刻的位移

表 5-2　由中心差分法得到的各时刻的位移

时刻	Δt	$2\Delta t$	$3\Delta t$	$4\Delta t$	$5\Delta t$	$6\Delta t$	$7\Delta t$	$8\Delta t$	$9\Delta t$	$10\Delta t$	$11\Delta t$	$12\Delta t$
$u(t)$	0.000	0.006	0.029	0.076	0.146	0.237	0.343	0.456	0.568	0.671	0.758	0.820
	0. 000	0.032	0.104	0.217	0.368	0.549	0.750	0.958	1.159	1.338	1.482	1.580
	0. 039	0.139	0.292	0.491	0.727	0.987	1.259	1.526	1.771	1.976	2.126	2.211

5. 2　Newmark 法

若 t 时刻系统状态 $\boldsymbol{u}_t$ 和 $\dot{\boldsymbol{u}}_t$ 已知，则根据式（5-1）可以确定此时的加速度 $\ddot{\boldsymbol{u}}_t$。系统在下一时刻 $t+\Delta t$ 满足运动方程

$$\boldsymbol{M}\ddot{\boldsymbol{u}}_{t+\Delta t}+\boldsymbol{C}\dot{\boldsymbol{u}}_{t+\Delta t}+\boldsymbol{K}\boldsymbol{u}_{t+\Delta t}=\boldsymbol{f}_{t+\Delta t} \tag{5-21}$$

类似于式（5-13），可以将速度与加速度响应也用泰勒公式展开如下：

$$\dot{\boldsymbol{u}}_{t+\Delta t}=\dot{\boldsymbol{u}}_t+\ddot{\boldsymbol{u}}_t\Delta t+\frac{1}{2}\dddot{\boldsymbol{u}}_t\Delta t^2+o[(\Delta t)^3] \tag{5-22}$$

$$\ddot{\boldsymbol{u}}_{t+\Delta t}=\ddot{\boldsymbol{u}}_t+\dddot{\boldsymbol{u}}_t\Delta t+o[(\Delta t)^2] \tag{5-23}$$

由式（5-23）可知，在忽略高阶项的情况下，响应加速度在［t，$t+\Delta t$］区间内随着时间呈线性变化，这反映了外激励也是线性变化的。因此需要足够小的 Δt 来逼近真实的外激励。

Newmark 法引入了两个参数，将上述两式做截断处理，有

$$\boldsymbol{u}_{t+\Delta t}=\boldsymbol{u}_t+\dot{\boldsymbol{u}}_t\Delta t+\frac{1}{2}\ddot{\boldsymbol{u}}_t(\Delta t)^2+\beta\dddot{\boldsymbol{u}}_t(\Delta t)^3 \tag{5-24}$$

$$\dot{\boldsymbol{u}}_{t+\Delta t}=\dot{\boldsymbol{u}}_t+\ddot{\boldsymbol{u}}_t\Delta t+\gamma\dddot{\boldsymbol{u}}_t(\Delta t)^2 \tag{5-25}$$

$$\ddot{\boldsymbol{u}}_{t+\Delta t}=\ddot{\boldsymbol{u}}_t+\dddot{\boldsymbol{u}}_t\Delta t \tag{5-26}$$

将式（5-26）中的 $\dddot{\boldsymbol{u}}_t$ 代入式（5-24）和式（5-25）中，得到

$$\boldsymbol{u}_{t+\Delta t}=\boldsymbol{u}_t+\dot{\boldsymbol{u}}_t\Delta t+\left(\frac{1}{2}-\beta\right)\ddot{\boldsymbol{u}}_t(\Delta t)^2+\beta\ddot{\boldsymbol{u}}_{t+\Delta t}(\Delta t)^2 \tag{5-27}$$

$$\dot{\boldsymbol{u}}_{t+\Delta t}=\dot{\boldsymbol{u}}_t+(1-\gamma)\ddot{\boldsymbol{u}}_t\Delta t+\gamma\ddot{\boldsymbol{u}}_{t+\Delta t}(\Delta t)^2 \tag{5-28}$$

式（5-21）、式（5-27）和式（5-28）即为 Newmark 迭代方法的基本公式。将式（5-27）和式（5-28）写成如下形式：

$$\ddot{\boldsymbol{u}}_{t+\Delta t}=b_1(\boldsymbol{u}_{t+\Delta t}-\boldsymbol{u}_t)+b_2\dot{\boldsymbol{u}}_t+b_3\ddot{\boldsymbol{u}}_t \tag{5-29}$$

$$\dot{\boldsymbol{u}}_{t+\Delta t}=b_4(\boldsymbol{u}_{t+\Delta t}-\boldsymbol{u}_t)+b_5\dot{\boldsymbol{u}}_t+b_6\ddot{\boldsymbol{u}}_t \tag{5-30}$$

将上述两式代入式（5-21）得到

$$(b_1\boldsymbol{M}+b_4\boldsymbol{C}+\boldsymbol{K})\boldsymbol{u}_{t+\Delta t}=\boldsymbol{f}_{t+\Delta t}+\boldsymbol{M}(b_1\boldsymbol{u}_t-b_2\dot{\boldsymbol{u}}_t-b_3\ddot{\boldsymbol{u}}_t)+\boldsymbol{C}(b_4\boldsymbol{u}_t-b_5\dot{\boldsymbol{u}}_t-b_6\ddot{\boldsymbol{u}}_t) \tag{5-31}$$

式中，

$$b_1=\frac{1}{\beta(\Delta t)^2};\qquad b_2=-\frac{1}{\beta\Delta t};\qquad b_3=-\left(\frac{1}{2\beta}-1\right)$$

$$b_4=\gamma b_1\Delta t;\qquad b_5=1+\gamma b_2\Delta t;\qquad b_6=(1+\gamma b_3-\gamma)\Delta t$$

根据以上公式可以依次算出任意时刻的响应。

下面讨论 Newmark 算法的稳定性。根据式(5-27)，有

$$\ddot{u}_{t+\Delta t}=\frac{1}{\beta(\Delta t)^2}(\boldsymbol{u}_{t+\Delta t}-\boldsymbol{u}_t)-\frac{1}{\beta\Delta t}\dot{\boldsymbol{u}}_t-\left(\frac{1}{2\beta}-1\right)\ddot{\boldsymbol{u}}_t^2 \tag{5-32}$$

将式（5-32）代入 $t+\Delta t$ 时刻单自由度无阻尼系统运动方程，可得

$$[1+\beta\omega^2(\Delta t)^2]u_{t+\Delta t}=u_t+\Delta t\dot{u}_t+\left(\frac{1}{2}-\beta\right)(\Delta t)^2\ddot{u}_t \tag{5-33}$$

用 u_t 和 $u_{t-\Delta t}$ 等位移表示 $\dot{u}_t$ 和 $\ddot{u}_t$ 以建立 Newmark 法的递推格式。利用式（5-27）和式（5-28），并考虑到 $\ddot{u}_{t-\Delta t}=-\omega^2u_{t-\Delta t}$ 和 $\ddot{u}_t=-\omega^2u_t$，得到

$$u_{t+\Delta t}=u_t+\dot{u}_t\Delta t-\left[\left(\frac{1}{2}-\beta\right)u_t+\beta u_{t+\Delta t}\right]\omega^2(\Delta t)^2 \tag{5-34}$$

$$\dot{u}_{t+\Delta t}=\dot{u}_t-[(1-\gamma)u_t+\gamma u_{t+\Delta t}]\omega^2\Delta t \tag{5-35}$$

解出式（5-34）中的 $\dot{u}_t$ 并代入式（5-35），得

$$\Delta t\dot{u}_{t+\Delta t}=[1+(\beta-\gamma)\omega^2(\Delta t)^2]u_{t+\Delta t}-\left[1+\left(\frac{1}{2}+\beta-\gamma\right)\omega^2(\Delta t)^2\right]u_t \tag{5-36}$$

令 $t=t-\Delta t$ 得

$$\Delta t\dot{u}_t=[1+(\beta-\gamma)\omega^2(\Delta t)^2]u_t-\left[1+\left(\frac{1}{2}+\beta-\gamma\right)\omega^2(\Delta t)^2\right]u_{t-\Delta t} \tag{5-37}$$

将式（5-37）代入式（5-33），并考虑到 $\ddot{u}_t=-\omega^2 u_t$ 得

$$[1+\beta\omega^2(\Delta t)^2]u_{t+\Delta t}+\left[-2+\left(\frac{1}{2}-2\beta+\gamma\right)\omega^2(\Delta t)^2\right]u_t+\left[1+\left(\frac{1}{2}+\beta-\gamma\right)\omega^2(\Delta t)^2\right]u_{t-\Delta t}=0 \tag{5-38}$$

因为

$$u_t\equiv u_t \tag{5-39}$$

将式（5-38）和式（5-39）联立可得

$$\boldsymbol{U}_{t+\Delta t}=\boldsymbol{D}\boldsymbol{U}_t \tag{5-40}$$

式中，

$$\boldsymbol{U}_{t+\Delta t}=(u_{t+\Delta t},u_t)^{\mathrm{T}},\qquad \boldsymbol{U}_t=(u_t,u_{t-\Delta t})^{\mathrm{T}},\qquad \boldsymbol{D}=\begin{pmatrix} b & -c\\ 1 & 0\end{pmatrix}$$

$$b=2-h^2\left(\gamma+\frac{1}{2}\right),\qquad h^2=\frac{\omega^2(\Delta t)^2}{1+\beta\omega^2(\Delta t)^2},\qquad c=1-h^2\left(\gamma-\frac{1}{2}\right)$$

式（5-40）的特征方程为

$$p(\lambda)=|\boldsymbol{D}-\lambda\boldsymbol{I}|=\lambda^2-b\lambda+c=0 \tag{5-41}$$

则矩阵 $\boldsymbol{D}$ 的特征值为

$$\lambda_{1,2}=\frac{b\pm\sqrt{b^2-4c}}{2} \tag{5-42}$$

当 $|\lambda_{1,2}|\leqslant 1$，Newmark 法是稳定的，即要求

$$b^2-4ac\leqslant 0 \tag{5-43}$$

$$|\lambda_{1,2}|=\sqrt{c}\leqslant 1 \tag{5-44}$$

由式（5-43）可得

$$\omega^2(\Delta t)^2\left[\left(\gamma+\frac{1}{2}\right)^2-4\beta\right]<4 \tag{5-45}$$

要使式（5-45）对任意 Δt 都成立，则必有

$$\beta\geqslant\frac{1}{4}\left(\gamma+\frac{1}{2}\right)^2 \tag{5-46}$$

式（5-44）的要求是

$$0 \leqslant h^2\left(\gamma-\frac{1}{2}\right) \leqslant 1 \tag{5-47}$$

式（5-47）对任意 Δt 都成立的条件是

$$\gamma \geqslant \frac{1}{2},\quad \frac{1}{2}-\gamma+\beta \geqslant 0 \tag{5-48}$$

综上所述，Newmark 法无条件稳定的条件是

$$\gamma \geqslant \frac{1}{2},\quad \beta \geqslant \frac{1}{4}\left(\gamma+\frac{1}{2}\right)^2 \tag{5-49}$$

如果该条件不满足，则 Newmark 法条件稳定，其时间步长 Δt 必须小于某临界值 Δt_c。由式（5-45）可得

$$\Delta t_c = \frac{T}{\pi}\frac{1}{\sqrt{\left(\gamma+\frac{1}{2}\right)^2-4\beta}} \tag{5-50}$$

Newmark 法计算步骤可综合如下。

（1）初始计算

1）形成系统质量矩阵 $\boldsymbol{M}$、阻尼矩阵 $\boldsymbol{C}$ 和刚度矩阵 $\boldsymbol{K}$。

2）给定初始条件 $\boldsymbol{u}_0$、$\dot{\boldsymbol{u}}_0$ 和 $\ddot{\boldsymbol{u}}_0$。

3）指定积分参数 β 和 γ。

4）计算积分常数

$$b_1=\frac{1}{\beta(\Delta t)^2};\qquad b_2=-\frac{1}{\beta\Delta t};\qquad b_3=-\left(\frac{1}{2\beta}-1\right)$$

$$b_4=\gamma b_1\Delta t;\qquad b_5=1+\gamma b_2\Delta t;\qquad b_6=(1+\gamma b_3-\gamma)\Delta t$$

5）形成有效刚度矩阵

$$\widetilde{\boldsymbol{K}}=\boldsymbol{K}+b_1\boldsymbol{M}+b_4\boldsymbol{C}$$

（2）每一时间步长的计算

1）计算 $t+\Delta t$ 时刻的有效载荷

$$\widetilde{\boldsymbol{f}}_{t+\Delta t}=\boldsymbol{f}_{t+\Delta t}+\boldsymbol{M}(b_1\boldsymbol{u}_t-b_2\dot{\boldsymbol{u}}_t-b_3\ddot{\boldsymbol{u}}_t)+\boldsymbol{C}(b_4\boldsymbol{u}_t-b_5\dot{\boldsymbol{u}}_t-b_6\ddot{\boldsymbol{u}}_t)$$

2）求解 $t+\Delta t$ 时刻的位移 $\boldsymbol{u}_{t+\Delta t}$ 得

$$\boldsymbol{u}_{t+\Delta t}=\widetilde{\boldsymbol{K}}^{-1}\widetilde{\boldsymbol{f}}_{t+\Delta t}$$

3）得到 $t+\Delta t$ 时刻的速度与加速度分别为

$$\dot{\boldsymbol{u}}_{t+\Delta t}=b_4(\boldsymbol{u}_{t+\Delta t}-\boldsymbol{u}_t)+b_5\dot{\boldsymbol{u}}_t+b_6\ddot{\boldsymbol{u}}_t$$

$$\ddot{\boldsymbol{u}}_{t+\Delta t}=b_1(\boldsymbol{u}_{t+\Delta t}-\boldsymbol{u}_t)+b_2\dot{\boldsymbol{u}}_t+b_3\ddot{\boldsymbol{u}}_t$$

例 5-2 利用 Newmark 法求解例 5-1，取时间步长 $\Delta t=0.28$，$\gamma=0.5$，$\beta=0.25$。

解： 系统运动微分方程

$$\boldsymbol{M}\begin{pmatrix}\ddot{u}_1\\ \ddot{u}_2\\ \ddot{u}_3\end{pmatrix}+\boldsymbol{K}\begin{pmatrix}\dot{u}_1\\ \dot{u}_2\\ \dot{u}_3\end{pmatrix}+\boldsymbol{C}\begin{pmatrix}u_1\\ u_2\\ u_3\end{pmatrix}=\begin{pmatrix}0\\0\\F\end{pmatrix}$$

由图得刚度矩阵 $\boldsymbol{K}$、质量矩阵 $\boldsymbol{M}$ 和阻尼矩阵 $\boldsymbol{C}$ 分别为

$$\boldsymbol{K}=\begin{pmatrix}6&-3&0\\-3&6&-3\\0&-3&6\end{pmatrix},\quad \boldsymbol{M}=\begin{pmatrix}1&0&0\\0&1&0\\0&0&1\end{pmatrix},\quad \boldsymbol{C}=\begin{pmatrix}4&-2&0\\-2&4&-2\\0&-2&2\end{pmatrix}$$

将 $t=0$ 时刻的初始条件 $\boldsymbol{u}\big|_{t=0}=0$、$\dot{\boldsymbol{u}}\big|_{t=0}=0$、$F\big|_{t=0}=1$ 代入运动方程，解得

$$\ddot{\boldsymbol{u}}_0=\begin{pmatrix}0\\0\\1\end{pmatrix}$$

取 $\Delta t=0.28$，$\gamma=0.5$，$\beta=0.25$，求得积分常数为

$$b_1=\frac{1}{\beta(\Delta t)^2}=51.0204;\qquad b_2=-\frac{1}{\beta\Delta t}=-14.2857;\qquad b_3=-\left(\frac{1}{2\beta}-1\right)=-1$$

$$b_4=\gamma b_1\Delta t=7.1429;\qquad b_5=1+\gamma b_2\Delta t=-1;\qquad b_6=(1+\gamma b_3-\gamma)\Delta t=0$$

在每个时间步中计算有效载荷

$$\tilde{\boldsymbol{f}}_{t+\Delta t}=\begin{pmatrix}0\\0\\\sin(t+\Delta t)+1\end{pmatrix}+\begin{pmatrix}1&0&0\\0&1&0\\0&0&1\end{pmatrix}(51.0204\boldsymbol{u}_t+14.2857\dot{\boldsymbol{u}}_t+1.0\ddot{\boldsymbol{u}}_t)+$$

$$\begin{pmatrix}6&-3&0\\-3&6&-3\\0&-3&3\end{pmatrix}(7.1429\boldsymbol{u}_t+1\dot{\boldsymbol{u}}_t+0\ddot{\boldsymbol{u}}_t)\tag{a}$$

求解方程 $\boldsymbol{u}_{t+\Delta t}=\tilde{\boldsymbol{K}}^{-1}\tilde{\boldsymbol{f}}_{t+\Delta t}$ 得

$$\boldsymbol{u}_{t+\Delta t}=\begin{pmatrix}0.0109&0.0028&0.0009\\0.0028&0.0118&0.0037\\0.0009&0.0037&0.0146\end{pmatrix}\tilde{\boldsymbol{f}}_{t+\Delta t}\tag{b}$$

在每个时间步中计算式（a）并求解式（b），即可得到该时间步的位移，列于表 5-3 中（见图 5-3 由中心差分法与 Newmark 法得到的结果）。

表 5-3 由 Newmark 法得到的各时刻的位移

时刻	Δt	$2\Delta t$	$3\Delta t$	$4\Delta t$	$5\Delta t$	$6\Delta t$	$7\Delta t$	$8\Delta t$	$9\Delta t$	$10\Delta t$	$11\Delta t$	$12\Delta t$
$u(t)$	0.001	0.010	0.034	0.079	0.147	0.235	0.338	0.449	0.560	0.662	0.748	0.811
	0.007	0.040	0.109	0.220	0.367	0.545	0.742	0.947	1.145	1.322	1.466	1.564
	0.035	0.135	0.288	0.486	0.721	0.980	1.249	1.512	1.754	1.957	2.107	2.192

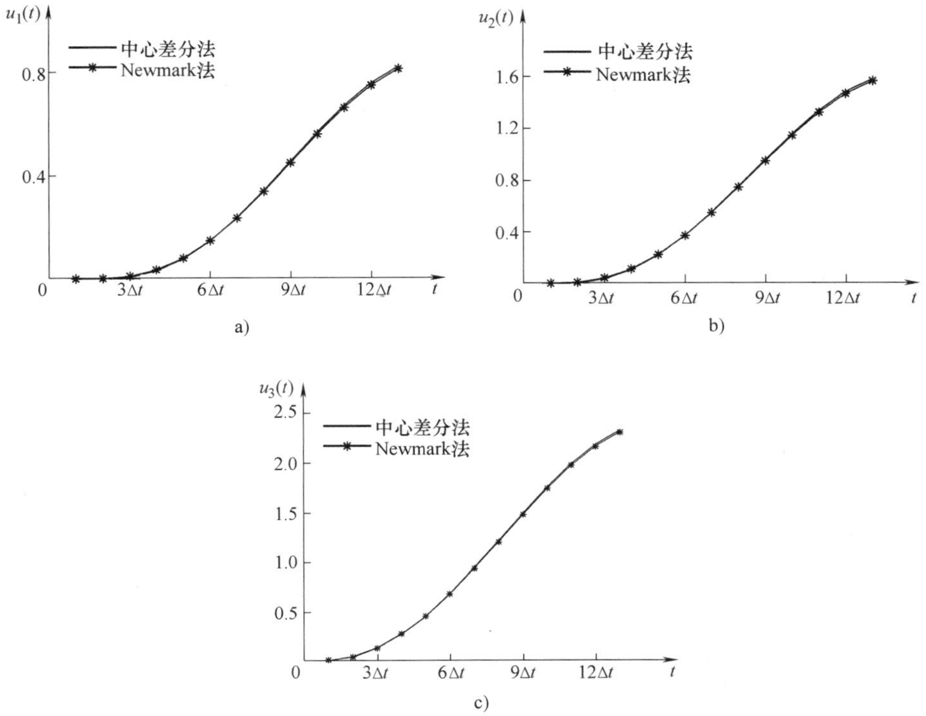

图 5-3 由中心差分法和 Newmark 法得到的各时刻的位移

5.3 Wilson-θ 法

忽略高阶小量，由式（5-13）可解出

$$\dddot{\boldsymbol{u}}_t=\frac{6}{\Delta t^3}\left[\boldsymbol{u}_{t+\Delta t}-\boldsymbol{u}_t-\dot{\boldsymbol{u}}_t\Delta t-\frac{1}{2}\ddot{\boldsymbol{u}}_t(\Delta t)^2\right] \tag{5-51}$$

将此式代入式（5-22）和式（5-23），可得

$$\dot{\boldsymbol{u}}_{t+\Delta t}=\frac{3}{\Delta t}\boldsymbol{u}_{t+\Delta t}-\boldsymbol{a}_t \tag{5-52}$$

$$\ddot{\boldsymbol{u}}_{t+\Delta t}=\frac{6}{(\Delta t)^2}\boldsymbol{u}_{t+\Delta t}-\boldsymbol{b}_t \tag{5-53}$$

式中，$\boldsymbol{a}_t$与$\boldsymbol{b}_t$是只与 t 时刻系统运动有关的已知向量，定义为

$$\begin{cases}\boldsymbol{a}_t=\dfrac{3}{\Delta t}\boldsymbol{u}_t+2\dot{\boldsymbol{u}}_t+\dfrac{\Delta t}{2}\ddot{\boldsymbol{u}}_t\\ \boldsymbol{b}_t=\dfrac{6}{(\Delta t)^2}\boldsymbol{u}_t+\dfrac{6}{\Delta t}\dot{\boldsymbol{u}}_t+2\ddot{\boldsymbol{u}}_t\end{cases} \tag{5-54}$$

把上述两式代入式（5-21）得

$$\left[\frac{6}{(\Delta t)^2}\boldsymbol{M}+\frac{3}{\Delta t}\boldsymbol{C}+\boldsymbol{K}\right]\boldsymbol{u}_{t+\Delta t}=\boldsymbol{f}_{t+\Delta t}+\boldsymbol{M}\boldsymbol{a}_t+\boldsymbol{C}\boldsymbol{b}_t \tag{5-55}$$

由此可得

$$\boldsymbol{u}_{t+\Delta t}=\left[\frac{6}{(\Delta t)^2}\boldsymbol{M}+\frac{3}{\Delta t}\boldsymbol{C}+\boldsymbol{K}\right]^{-1}(\boldsymbol{f}_{t+\Delta t}+\boldsymbol{M}\boldsymbol{a}_t+\boldsymbol{C}\boldsymbol{b}_t) \tag{5-56}$$

式（5-52）、式（5-53）和式（5-56）给出了由 t 时刻的响应 $\boldsymbol{u}_t$、$\dot{\boldsymbol{u}}_t$ 和 $\ddot{\boldsymbol{u}}_t$ 计算 $t+\Delta t$ 时刻的响应 $\boldsymbol{u}_{t+\Delta t}$、$\dot{\boldsymbol{u}}_{t+\Delta t}$ 和 $\ddot{\boldsymbol{u}}_{t+\Delta t}$ 的过程，这称之为线性加速度法。该方法也存在计算精度与计算时间矛盾问题。为保证精度，时间步长 Δt 必须足够小，但这又带来计算量庞大和计算时间过长的问题。而增加步长又会使得计算的误差累积，降低计算精度。Wilson-θ 法具有更高的精度，同时也具有更强的稳定性，常为人们使用。

Wilson-θ 法引入参数 $\theta>1$，并假设在［t，$t+\theta\Delta t$］时间区域内加速度按线性规律变化。令 $s=\theta\Delta t$，设从 t 时刻到 $t+\theta\Delta t$ 时刻加速度线性变化量为

$$\Delta\ddot{\boldsymbol{u}}_s=\ddot{\boldsymbol{u}}_{t+s}-\ddot{\boldsymbol{u}}_t \tag{5-57}$$

对于［t，$t+\theta\Delta t$］时间区域内任一时刻 τ，有

$$\ddot{\boldsymbol{u}}_{t+\tau}=\ddot{\boldsymbol{u}}_t+\frac{\tau}{s}\Delta\ddot{\boldsymbol{u}}_s,\quad 0\leqslant t\leqslant s \tag{5-58}$$

将此式对 τ 分别进行一次和两次积分得到

$$\dot{\boldsymbol{u}}_{t+\tau}=\dot{\boldsymbol{u}}_t+\ddot{\boldsymbol{u}}_t\tau+\frac{\tau^2}{2\theta\Delta t}(\ddot{\boldsymbol{u}}_{t+s}-\ddot{\boldsymbol{u}}_t) \tag{5-59}$$

$$\boldsymbol{u}_{t+\tau}=\boldsymbol{u}_t+\dot{\boldsymbol{u}}_t\tau+\frac{1}{2}\ddot{\boldsymbol{u}}_t\tau^2+\frac{\tau^3}{6\theta\Delta t}(\ddot{\boldsymbol{u}}_{t+s}-\ddot{\boldsymbol{u}}_t) \tag{5-60}$$

取 $\tau=s=\theta\Delta t$，有

$$\dot{\boldsymbol{u}}_{t+s}=\dot{\boldsymbol{u}}_t+\ddot{\boldsymbol{u}}_t s+\frac{s}{2}\Delta\ddot{\boldsymbol{u}}_s \tag{5-61}$$

$$\boldsymbol{u}_{t+s}=\boldsymbol{u}_t+\dot{\boldsymbol{u}}_t s+\frac{1}{2}\ddot{\boldsymbol{u}}_t s^2+\frac{s^2}{6}\Delta\ddot{\boldsymbol{u}}_s \tag{5-62}$$

将式（5-57）代入上述两式得

$$\dot{\boldsymbol{u}}_{t+s}=\dot{\boldsymbol{u}}_t+\frac{s}{2}(\ddot{\boldsymbol{u}}_{t+s}+\ddot{\boldsymbol{u}}_t) \tag{5-63}$$

$$\boldsymbol{u}_{t+s}=\boldsymbol{u}_t+\dot{\boldsymbol{u}}_t s+\frac{s^2}{6}(\ddot{\boldsymbol{u}}_{t+s}+2\ddot{\boldsymbol{u}}_t) \tag{5-64}$$

将式（5-64）求解出 $\ddot{\boldsymbol{u}}_{t+s}$ 并代入式（5-63）得

$$\ddot{\boldsymbol{u}}_{t+s}=\frac{6}{s^2}(\boldsymbol{u}_{t+s}-\boldsymbol{u}_t)-\frac{6}{s}\dot{\boldsymbol{u}}_t s-2\ddot{\boldsymbol{u}}_t \tag{5-65}$$

$$\dot{\boldsymbol{u}}_{t+s}=\frac{3}{s}(\boldsymbol{u}_{t+s}-\boldsymbol{u}_t)-2\dot{\boldsymbol{u}}_t-\frac{s}{2}\ddot{\boldsymbol{u}}_t \tag{5-66}$$

当 $t=t+s=t+\theta\Delta t$ 时，运动微分方程为

$$\boldsymbol{M}\ddot{\boldsymbol{u}}_{t+s}+\boldsymbol{C}\dot{\boldsymbol{u}}_{t+s}+\boldsymbol{K}\boldsymbol{u}_{t+s}=\boldsymbol{f}_{t+s} \tag{5-67}$$

因在时间区间［t，$t+s$］内假设加速度是线性变化的，所以也可认为外载荷在这段时间内也是线性变化的，采用线性外插值得到 $t+s$ 时刻的外载荷 $\boldsymbol{f}_{t+s}$ 为

$$f_{t+s}=f_t+s(f_{t+\Delta t}-f_t) \tag{5-68}$$

将式（5-65）、式（5-66）和式（5-68）代入式（5-67）得

$$\widetilde{K}_t u_{t+s}=g_{t,t+s} \tag{5-69}$$

式中，$\widetilde{K}$ 与 $g_{t,t+s}$ 分别定义为

$$\widetilde{K}=\frac{6}{s^2}M+\frac{3}{s}C+K$$

$$g_{t,t+s}=M\left(\frac{6}{s^2}u_t+\frac{6}{s}\dot{u}_t+2\ddot{u}_t\right)+C\left(\frac{3}{s}u_t+2\dot{u}_t+\frac{s}{2}\ddot{u}_t\right)+f_t+s(f_{t+\Delta t}-f_t)$$

由式（5-69）可以求得 $t+s$ 时刻的位移响应 u_{t+s}，将其代入式（5-65）可得到 $t+s$ 时刻的加速度响应 $\ddot{u}_{t+s}$，再将 $\ddot{u}_{t+s}$ 代入式（5-58）和式（5-61）并取 $s=\Delta t$，可得

$$\begin{cases}\ddot{u}_{t+\Delta t}=\dfrac{6}{\theta^3(\Delta t)^2}(u_{t+s}-u_t)-\dfrac{6}{\theta^2\Delta t}\dot{u}_t+\left(1-\dfrac{3}{\theta}\right)\ddot{u}_t\\ \dot{u}_{t+\Delta t}=\dot{u}_t+\dfrac{\Delta t}{2}(\ddot{u}_{t+s}+\ddot{u}_t)\\ u_{t+\Delta t}=u_t+\Delta t\,\dot{u}_t+\dfrac{(\Delta t)^2}{6}(\ddot{u}_{t+s}+2\ddot{u}_t)\end{cases} \tag{5-70}$$

根据该式求得的响应可作进一步迭代，获得所有的响应。

Wilson-θ 法稳定性较好，其稳定度与参数 θ 取值有关。证明可得，当 $\theta\geqslant(1+\sqrt{3})/2\approx1.37$ 时算法是无条件稳定的，当 $1\leqslant\theta<(1+\sqrt{3})/2$ 时算法是条件稳定的，此时临界步长为

$$\Delta t_c=\frac{T}{\pi}\sqrt{\frac{3}{1+2\theta-2\theta^2}} \tag{5-71}$$

实践中，一般取 $\theta=1.4$。

Wilson-θ 法计算步骤可综合如下。

（1）初始计算

1）形成系统质量矩阵 M、阻尼矩阵 C 和刚度矩阵 K。

2）给定初始条件 u_0、$\dot{u}_0$ 和 $\ddot{u}_0$。

3）选择时间步长 Δt 与积分参数 θ，计算积分常数

$$b_1=\frac{6}{\theta^2(\Delta t)^2};\quad b_2=\frac{1}{\theta\Delta t};\quad b_3=2b_2$$

$$b_4=\frac{\theta\Delta t}{2};\quad b_5=\frac{b_1}{\theta};\quad b_6=-\frac{b_3}{\theta}$$

$$b_7=1-\frac{3}{\theta};\quad b_8=\frac{\Delta t}{2};\quad b_9=\frac{\Delta t^2}{6}$$

4）形成有效刚度矩阵

$$\widetilde{K}=K+b_1M+b_2C$$

（2）每一时间步长的计算

1）计算 $t+\theta\Delta t$ 时刻的有效载荷

$$\widetilde{\boldsymbol{f}}_{t+\theta\Delta t}=\boldsymbol{f}_{t+\theta\Delta t}+\boldsymbol{M}(b_1\boldsymbol{u}_t+b_3\dot{\boldsymbol{u}}_t+2\ddot{\boldsymbol{u}}_t)+\boldsymbol{C}(b_2\boldsymbol{u}_t+2\dot{\boldsymbol{u}}_t+b_4\ddot{\boldsymbol{u}}_t)$$

2）求解 $t+\theta\Delta t$ 时刻的位移 $\boldsymbol{u}_{t+\Delta t}$ 为

$$\boldsymbol{u}_{t+\theta\Delta t}=\widetilde{\boldsymbol{K}}^{-1}\widetilde{\boldsymbol{f}}_{t+\theta\Delta t}$$

3）得到 $t+\Delta t$ 时刻的位移、速度与加速度分别为

$$\boldsymbol{u}_{t+\Delta t}=\boldsymbol{u}_t+\Delta t\,\dot{\boldsymbol{u}}_t+b_9(\ddot{\boldsymbol{u}}_{t+\theta\Delta t}+2\ddot{\boldsymbol{u}}_t)$$

$$\dot{\boldsymbol{u}}_{t+\Delta t}=\dot{\boldsymbol{u}}_t+b_8(\ddot{\boldsymbol{u}}_{t+\theta\Delta t}+\ddot{\boldsymbol{u}}_t)$$

$$\ddot{\boldsymbol{u}}_{t+\Delta t}=b_5(\boldsymbol{u}_{t+\theta\Delta t}-\boldsymbol{u}_t)+b_6\dot{\boldsymbol{u}}_t+b_7\ddot{\boldsymbol{u}}_t$$

例 5-3 利用 Wilson-θ 法求解例 5-1，取时间步长 $\Delta t=0.28$，$\theta=1.4$。

解： 系统运动微分方程

$$\boldsymbol{M}\begin{pmatrix}\ddot{u}_1\\\ddot{u}_2\\\ddot{u}_3\end{pmatrix}+\boldsymbol{K}\begin{pmatrix}\dot{u}_1\\\dot{u}_2\\\dot{u}_3\end{pmatrix}+\boldsymbol{C}\begin{pmatrix}u_1\\u_2\\u_3\end{pmatrix}=\begin{pmatrix}0\\0\\F\end{pmatrix}$$

由图得刚度矩阵 $\boldsymbol{K}$、质量矩阵 $\boldsymbol{M}$ 和阻尼矩阵 $\boldsymbol{C}$ 分别为

$$\boldsymbol{K}=\begin{pmatrix}6&-3&0\\-3&6&-3\\0&-3&6\end{pmatrix},\quad \boldsymbol{M}=\begin{pmatrix}1&0&0\\0&1&0\\0&0&1\end{pmatrix},\quad \boldsymbol{C}=\begin{pmatrix}4&-2&0\\-2&4&-2\\0&-2&2\end{pmatrix}$$

将 $t=0$ 时刻的初始条件 $\boldsymbol{u}|_{t=0}=0$、$\dot{\boldsymbol{u}}|_{t=0}=0$、$\boldsymbol{F}|_{t=0}=1$ 代入运动方程，解得

$$\ddot{\boldsymbol{u}}_0=\begin{pmatrix}0\\0\\1\end{pmatrix}$$

取 $\Delta t=0.28$，$\theta=1.4$，求得积分常数为

$$c_0=\frac{6}{\theta^2(\Delta t)^2}=39.0462,\quad c_1=\frac{3}{\theta\Delta t}=7.6531,\quad c_2=2c_1=15.3061,\quad c_3=2$$

$$c_4=2,\quad c_5=\frac{\theta\Delta t}{2}=0.1960,\quad c_6=\frac{c_0}{\theta}=27.8902,\quad c_7=-\frac{c_2}{\theta}=-10.9329$$

$$c_8=1-\frac{3}{\theta}=-1.1429,\quad c_9=\frac{\Delta t}{2}=0.1400,\quad c_{10}=\frac{(\Delta t)^2}{6}=0.0131$$

计算有效刚度矩阵 $\widetilde{\boldsymbol{K}}$ 为

$$\widetilde{\boldsymbol{K}}=\boldsymbol{K}+c_0\boldsymbol{M}+c_1\boldsymbol{C}=\begin{pmatrix}75.6585&-18.3061&0\\-18.3061&75.6585&-18.3061\\0&-18.3061&57.3524\end{pmatrix}$$

三角分解 $\widetilde{\boldsymbol{K}}$ 得

$$\widetilde{\boldsymbol{K}}=\boldsymbol{LDL}^{\mathrm{T}}$$

$$=\begin{pmatrix}1.0000 & 0 & 0\\ -0.2420 & 1.0000 & 0\\ 0 & -0.2570 & 1.0000\end{pmatrix}\begin{pmatrix}75.6585 & 0 & 0\\ 0 & 71.2292 & 0\\ 0 & 0 & 52.6476\end{pmatrix}\begin{pmatrix}1.0000 & 0 & 0\\ -0.2420 & 1.0000 & 0\\ 0 & -0.2570 & 1.0000\end{pmatrix}^{\mathrm{T}}$$

在每个时间步中计算有效载荷

$$\tilde{\boldsymbol{f}}_{t+\theta\Delta t}=\begin{pmatrix}0\\0\\\sin t+1\end{pmatrix}+\theta\left(\begin{pmatrix}0\\0\\\sin(t+1)+1\end{pmatrix}-\begin{pmatrix}0\\0\\\sin t+1\end{pmatrix}\right)+\begin{pmatrix}1&0&0\\0&1&0\\0&0&1\end{pmatrix}(39.0462\boldsymbol{u}_t+15.3061\dot{\boldsymbol{u}}_t+2\ddot{\boldsymbol{u}}_t)+$$

$$\begin{pmatrix}6&-3&0\\-3&6&-3\\0&-3&3\end{pmatrix}(7.6531\boldsymbol{u}_t+2\dot{\boldsymbol{u}}_t+0.1960\ddot{\boldsymbol{u}}_t)$$

求解方程 $\boldsymbol{LDL}^{\mathrm{T}}\boldsymbol{u}_{t+\theta\Delta t}=\tilde{\boldsymbol{f}}_{t+\theta\Delta t}$，即

$$\begin{pmatrix}1.0000 & 0 & 0\\ -0.2420 & 1.0000 & 0\\ 0 & -0.2570 & 1.0000\end{pmatrix}\begin{pmatrix}75.6585 & 0 & 0\\ 0 & 71.2292 & 0\\ 0 & 0 & 52.6476\end{pmatrix}\begin{pmatrix}1.0000 & 0 & 0\\ -0.2420 & 1.0000 & 0\\ 0 & -0.2570 & 1.0000\end{pmatrix}^{\mathrm{T}}\boldsymbol{u}_{t+\theta\Delta t}=\tilde{\boldsymbol{f}}_{t+\theta\Delta t}$$

由下式计算时刻 $t+\Delta t$ 的加速度、速度和位移：

$$\ddot{\boldsymbol{a}}_{t+\Delta t}=27.8902(\boldsymbol{a}_{t+\theta\Delta t}-\boldsymbol{a}_t)-10.9329\dot{\boldsymbol{a}}_t-1.1429\ddot{\boldsymbol{a}}_t$$

$$\dot{\boldsymbol{a}}_{t+\Delta t}=\dot{\boldsymbol{a}}_t+0.1400(\ddot{\boldsymbol{a}}_{t+\Delta t}+\ddot{\boldsymbol{a}}_t)$$

$$\boldsymbol{a}_{t+\Delta t}=\boldsymbol{a}_t+0.28\dot{\boldsymbol{a}}_t+0.0131(\ddot{\boldsymbol{a}}_{t+\Delta t}+2\ddot{\boldsymbol{a}}_t)$$

得到该时间步的位移，列于表 5-4 中（见图 5-4 由中心差分法、Newmark 法、Wilson-θ 法得到的结果）。

表 5-4 由 Wilson-θ 法得到的各时刻的位移

时刻	Δt	$2\Delta t$	$3\Delta t$	$4\Delta t$	$5\Delta t$	$6\Delta t$	$7\Delta t$	$8\Delta t$	$9\Delta t$	$10\Delta t$	$11\Delta t$	$12\Delta t$
$u(t)$	0.001	0.009	0.032	0.075	0.142	0.230	0.333	0.445	0.557	0.661	0.749	0.814
	0.005	0.034	0.102	0.212	0.360	0.538	0.737	0.943	1.143	1.322	1.468	1.569
	0.037	0.137	0.291	0.489	0.723	0.981	1.249	1.513	1.756	1.961	2.113	2.201

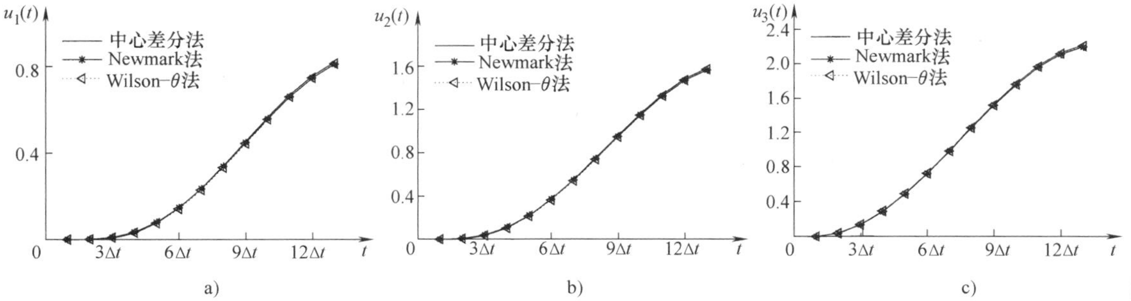

图 5-4 由中心差分法、Newmark 法、Wilson-θ 法得到的各时刻的位移

5.4 振型叠加法

前文所述的数值方法在某种程度上都存在精度和计算效率之间的矛盾，且对于每一时间步长，其运算次数和半带宽与自由度数的乘积成正比。如中心差分法，要求时间步长 Δt 比系统最小的固有振动周期还要小很多。当半带宽较大且时间历程远大于最小周期时，计算将是十分庞杂和烦琐的，且费时耗力。而振型叠加法可以取得比直接积分法更高的计算效率，是振动系统响应计算常用的方法之一。其主要计算过程是在计算积分运动方程之前，利用系统固有振型对质量矩阵和刚度矩阵的正交特性将原系统方程解耦成 N 个独立的方程，再对这些方程进行数值积分或解析计算得到 N 个独立方程的响应。最后将各振型的响应按照一定的方式进行线性叠加，就得到原始系统的振动响应。主要步骤如下：

1. 求解系统的固有频率和固有振型

系统运动方程为式（5-1），暂不考虑阻尼项和激励项，得到

$$\boldsymbol{M}\ddot{\boldsymbol{u}}(t)+\boldsymbol{K}\boldsymbol{u}(t)=\boldsymbol{0} \tag{5-72}$$

为求解系统的固有频率和固有振型，需求系统的广义特征值

$$(\boldsymbol{K}-\omega^2\boldsymbol{M})\boldsymbol{\varphi}=\boldsymbol{0} \tag{5-73}$$

要使式（5-73）有非零解，则有

$$|\boldsymbol{K}-\omega^2\boldsymbol{M}|=0 \tag{5-74}$$

由此解得系统 N 个固有频率，从小到大排列依次为

$$0\leqslant\omega_1<\omega_2<\cdots<\omega_N \tag{5-75}$$

将式（5-75）代入式（5-73）可得到相应固有频率所对应的固有振型

$$\boldsymbol{\varphi}_1,\boldsymbol{\varphi}_2,\cdots,\boldsymbol{\varphi}_N \tag{5-76}$$

这是一组线性无关的向量，记固有振型矩阵 $\boldsymbol{\Phi}=(\boldsymbol{\varphi}_1, \boldsymbol{\varphi}_2, \cdots, \boldsymbol{\varphi}_N)$，由第 3 章可知

$$\boldsymbol{\Phi}^{\mathrm{T}}\boldsymbol{M}\boldsymbol{\Phi}=\underset{1\leqslant r\leqslant N}{\mathrm{diag}}(M_r),\qquad \boldsymbol{\Phi}^{\mathrm{T}}\boldsymbol{K}\boldsymbol{\Phi}=\underset{1\leqslant r\leqslant N}{\mathrm{diag}}(K_r) \tag{5-77}$$

当阻尼矩阵取比例阻尼时，有

$$\boldsymbol{\Phi}^{\mathrm{T}}\boldsymbol{C}\boldsymbol{\Phi}=\underset{1\leqslant r\leqslant N}{\mathrm{diag}}(C_r) \tag{5-78}$$

2. 物理坐标与模态坐标的转换

由于固有振型的线性无关性，引入变换

$$\begin{aligned}\boldsymbol{u}(t)&=\boldsymbol{\varphi}_1q_1(t)+\boldsymbol{\varphi}_2q_2(t)+\cdots+\boldsymbol{\varphi}_Nq_N(t)\\&=(\boldsymbol{\varphi}_1,\boldsymbol{\varphi}_2,\cdots,\boldsymbol{\varphi}_N)\begin{pmatrix}q_1(t)\\q_2(t)\\\vdots\\q_N(t)\end{pmatrix}\\&=\sum_{r=1}^{N}\boldsymbol{\varphi}_rq_r(t)\\&=\boldsymbol{\Phi}\boldsymbol{q}(t)\end{aligned} \tag{5-79}$$

该式表明系统的响应 $\boldsymbol{u}(t)$ 是由 N 个线性无关的向量 $\boldsymbol{\varphi}_1$，$\boldsymbol{\varphi}_2$，…，$\boldsymbol{\varphi}_N$ 组合而成的，

求解 $\boldsymbol{u}(t)$ 的问题转化成求解 $q_r(t)$。$\boldsymbol{u}(t)$ 称为物理坐标系下的响应，$q_r(t)$ 称为模态坐标下的响应。它们之间的转换即为物理空间与模态空间之间的转换，示意图如图 5-5 所示。

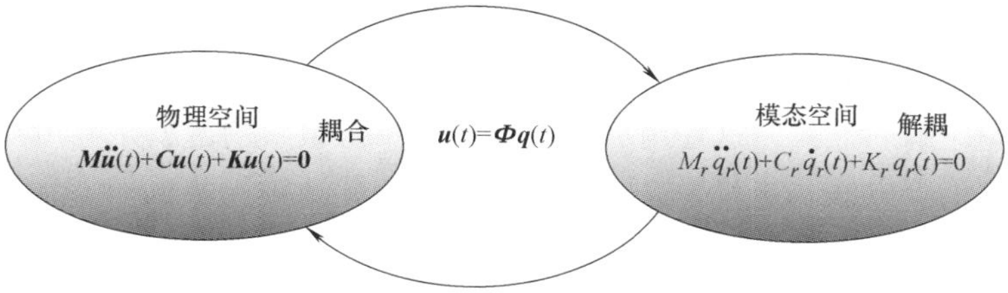

图 5-5　系统响应坐标转换

将式（5-79）代入式（5-1）可得

$$\boldsymbol{M\Phi}\ddot{\boldsymbol{q}}(t)+\boldsymbol{C\Phi}\dot{\boldsymbol{q}}(t)+\boldsymbol{K\Phi q}(t)=\boldsymbol{f}(t) \tag{5-80}$$

再将式（5-80）左右两端同时左乘 $\boldsymbol{\Phi}^{\mathrm{T}}$，即

$$\boldsymbol{\Phi}^{\mathrm{T}}\boldsymbol{M\Phi}\ddot{\boldsymbol{q}}(t)+\boldsymbol{\Phi}^{\mathrm{T}}\boldsymbol{C\Phi}\dot{\boldsymbol{q}}(t)+\boldsymbol{\Phi}^{\mathrm{T}}\boldsymbol{K\Phi q}(t)=\boldsymbol{\Phi}^{\mathrm{T}}\boldsymbol{f}(t) \tag{5-81}$$

根据正交性可得

$$\begin{pmatrix} M_1 & & & \\ & M_2 & & \\ & & \ddots & \\ & & & M_N \end{pmatrix}\begin{pmatrix} \ddot{q}_1(t) \\ \ddot{q}_2(t) \\ \vdots \\ \ddot{q}_N(t) \end{pmatrix}+\begin{pmatrix} C_1 & & & \\ & C_2 & & \\ & & \ddots & \\ & & & C_N \end{pmatrix}\begin{pmatrix} \dot{q}_1(t) \\ \dot{q}_2(t) \\ \vdots \\ \dot{q}_N(t) \end{pmatrix}+$$

$$\begin{pmatrix} K_1 & & & \\ & K_2 & & \\ & & \ddots & \\ & & & K_N \end{pmatrix}\begin{pmatrix} q_1(t) \\ q_2(t) \\ \vdots \\ q_N(t) \end{pmatrix}=\begin{pmatrix} \boldsymbol{\varphi}_1^{\mathrm{T}}\boldsymbol{f}_1(t) \\ \boldsymbol{\varphi}_2^{\mathrm{T}}\boldsymbol{f}_2(t) \\ \vdots \\ \boldsymbol{\varphi}_N^{\mathrm{T}}\boldsymbol{f}_N(t) \end{pmatrix} \tag{5-82}$$

由此可得到 N 个解耦的独立方程

$$\begin{cases} \ddot{q}_1(t)+2\omega_1\zeta_1\dot{q}_1(t)+\omega_1^2q_1(t)=\boldsymbol{\varphi}_1^{\mathrm{T}}\boldsymbol{f}_1(t)/M_1 \\ \vdots \\ \ddot{q}_r(t)+2\omega_r\zeta_r\dot{q}_r(t)+\omega_r^2q_r(t)=\boldsymbol{\varphi}_r^{\mathrm{T}}\boldsymbol{f}_r(t)/M_r \\ \vdots \\ \ddot{q}_N(t)+2\omega_N\zeta_N\dot{q}_N(t)+\omega_N^2q_N(t)=\boldsymbol{\varphi}_N^{\mathrm{T}}\boldsymbol{f}_N(t)/M_N \end{cases} \tag{5-83}$$

式中，

$$\omega_r=\sqrt{\frac{M_r}{K_r}},\quad \zeta_r=\frac{C_r}{2M_r\omega_r}$$

3. 求解单自由度系统振动响应

求解单自由度系统

$$\ddot{q}_r(t)+2\omega_r\zeta_r\dot{q}_r(t)+\omega_r^2 q_r(t)=\boldsymbol{\varphi}_r^{\mathrm{T}}\boldsymbol{f}_r(t)/M_r,\quad r=1,2,\cdots,N \tag{5-84}$$

响应的方法有多种，可以采用前几节讨论的直接积分法或 Wilson-θ 法，也可以从数学角度直接计算出二阶微分方程的解。激励形式有简谐激励、周期激励与任意激励，不同的激励形式有不同的响应解的形式，这在前面章节已经介绍。最常用的就是利用线性振动系统叠加特性的杜哈梅积分方法。这就要先求出系统的单位脉冲响应函数

$$h_r(t)=\frac{1}{\omega_r\sqrt{1-\zeta_r^2}}\mathrm{e}^{-\zeta_r\omega_r t}\sin\left(\omega_r\sqrt{1-\zeta_r^2}\,t\right) \tag{5-85}$$

再进行杜哈梅积分可得到式（5-84）的响应为

$$q_r(t)=\frac{1}{M_r\omega_r\sqrt{1-\zeta_r^2}}\int_0^t\boldsymbol{\phi}_r^{\mathrm{T}}\boldsymbol{f}_r(\tau)\mathrm{e}^{-\zeta_r\omega_r t}\sin\left(\omega_r\sqrt{1-\zeta_r^2}(t-\tau)\right)\mathrm{d}\tau+$$

$$\mathrm{e}^{-\zeta_r\omega_r t}\left(a_r\cos\omega_r\sqrt{1-\zeta_r^2}\,t+b_r\sin\omega_r\sqrt{1-\zeta_r^2}\,t\right) \tag{5-86}$$

式中，a_r与b_r由初始条件决定。

用式（5-86）得到的解是解析解，比用数值计算方法得到的结果精度更高。对于简单的激励，可以直接积分求得。但当激励较为复杂或随机时，通过积分法很难获得或根本无法得到结果，此时可用前文所述的数值积分法求解。

4. 物理空间下系统响应求解

在求得式（5-83）的各个响应后，即可将它们依照式（5-79）得到系统的响应。即

$$\boldsymbol{u}(t)=\sum_{r=1}^{N}\boldsymbol{\varphi}_r q_r(t) \tag{5-87}$$

由上面分析可知，振型叠加法的计算步骤非常明确。它主要应用了多自由度系统固有振型线性无关性以及对质量矩阵和刚度矩阵的正交特性，将物理空间下的响应求解转化为求解模态坐标下各振型的响应。在模态响应的求解中，既可以用解析方法也可以用数值方法，计算的灵活性大为提高。计算中产生的误差与直接积分法等数值方法是一致的，但也有后者没有的误差。即在无限自由度系统响应计算中，高阶振型在系统实际响应中所占的比重较小，通常忽略不计。又由于有限元法本身只能近似系统的低阶振型，对高阶振型的近似精度不足，因此在实际的振型叠加法计算中往往取系统的前 p 阶振型进行计算。通常这样的计算所产生的误差是可以接受的，如在地震载荷计算中，尽管系统的阶数很高，但常常只考虑前 10 阶振型。对爆炸或冲击载荷可能需要考虑更多阶，但也常常不超过阶数的 2/3。最后有一点需要强调的是，在非线性振动系统中，由于刚度矩阵是随着时间变化的，所以系统的特征解也是时变的，故无法使用振型叠加法进行求解。

例 5-4 利用振型叠加法求解例 5-1，取时间步长 $\Delta t=0.28$。

解：系统运动微分方程

$$M\begin{pmatrix}\ddot{u}_1\\ \ddot{u}_2\\ \ddot{u}_3\end{pmatrix}+K\begin{pmatrix}\dot{u}_1\\ \dot{u}_2\\ \dot{u}_3\end{pmatrix}+C\begin{pmatrix}u_1\\ u_2\\ u_3\end{pmatrix}=\begin{pmatrix}0\\ 0\\ F\end{pmatrix}$$

由图得刚度矩阵 $\boldsymbol{K}$、质量矩阵 $\boldsymbol{M}$ 和阻尼矩阵 $\boldsymbol{C}$ 分别为

$$\boldsymbol{K}=\begin{pmatrix}6&-3&0\\ -3&6&-3\\ 0&-3&6\end{pmatrix},\quad \boldsymbol{M}=\begin{pmatrix}1&0&0\\ 0&1&0\\ 0&0&1\end{pmatrix},\quad \boldsymbol{C}=\begin{pmatrix}4&-2&0\\ -2&4&-2\\ 0&-2&2\end{pmatrix}$$

暂不考虑阻尼项和激励项，得到微分方程为

$$\begin{pmatrix}1&0&0\\ 0&1&0\\ 0&0&1\end{pmatrix}\begin{pmatrix}\ddot{u}_1\\ \ddot{u}_2\\ \ddot{u}_3\end{pmatrix}+\begin{pmatrix}4&-2&0\\ -2&4&-2\\ 0&-2&2\end{pmatrix}\begin{pmatrix}u_1\\ u_2\\ u_3\end{pmatrix}=\begin{pmatrix}0\\ 0\\ 0\end{pmatrix}$$

相应的广义特征问题 $K\boldsymbol{\phi}=\boldsymbol{\omega}^2\boldsymbol{M}\boldsymbol{\phi}$ 的特征对为

$$\omega_1^2=0.5942,\quad \boldsymbol{\phi}_1=\begin{pmatrix}-0.3280\\ -0.5910\\ -0.7370\end{pmatrix}$$

$$\omega_2^2=4.6649,\quad \boldsymbol{\phi}_2=\begin{pmatrix}0.7370\\ 0.3280\\ -0.5910\end{pmatrix}$$

$$\omega_3^2=9.7409,\quad \boldsymbol{\phi}_3=\begin{pmatrix}-0.5910\\ 0.7370\\ -0.3280\end{pmatrix}$$

谱矩阵和振型矩阵分别为

$$\boldsymbol{\Lambda}=\begin{pmatrix}0.5942&0&0\\ 0&4.6649&0\\ 0&0&9.7409\end{pmatrix},\quad \boldsymbol{\Phi}=\begin{pmatrix}-0.3280&0.7370&-0.5910\\ -0.5910&0.3280&0.7370\\ -0.7370&-0.5910&-0.3280\end{pmatrix}$$

引入坐标变换

$$\boldsymbol{u}(t)=\boldsymbol{\Phi x}(t)$$

阻尼解耦

$$\boldsymbol{\Phi}^{\mathrm{T}}\boldsymbol{C}\boldsymbol{\Phi}=\begin{pmatrix}0.3961 & 0 & 0\\ 0 & 3.1099 & 0\\ 0 & 0 & 6\end{pmatrix}$$

可以得到广义坐标形式的运动方程

$$\ddot{\boldsymbol{x}}(t)+\begin{pmatrix}0.3961 & 0 & 0\\ 0 & 3.1099 & 0\\ 0 & 0 & 6\end{pmatrix}\dot{\boldsymbol{x}}(t)+\begin{pmatrix}0.5942 & 0 & 0\\ 0 & 4.6649 & 0\\ 0 & 0 & 9.7409\end{pmatrix}\boldsymbol{x}(t)$$

$$=\begin{pmatrix}-0.3280 & 0.7370 & -0.5910\\ -0.5910 & 0.3280 & 0.7370\\ -0.7370 & -0.5910 & -0.3280\end{pmatrix}\begin{pmatrix}0\\ 0\\ \sin t+1\end{pmatrix}$$

式中，广义坐标向量 $\boldsymbol{x}(t)=[x_1(t),\ x_2(t),\ x_3(t)]^{\mathrm{T}}$。广义坐标形式的初始条件 $\boldsymbol{x}|_{t=0}=0$，$\dot{\boldsymbol{x}}|_{t=0}=0$。

应用杜哈梅积分

$$x_i(t)=\frac{1}{M_i\omega_i\sqrt{1-\zeta_i^2}}\int_0^t\boldsymbol{\varphi}_i^{\mathrm{T}}\boldsymbol{f}_i(\tau)\mathrm{e}^{-\zeta_i\omega_i(t-\tau)}\sin\left(\omega_i\sqrt{1-\zeta_i^2}(t-\tau)\right)\mathrm{d}\tau$$

取步长 $\Delta t=0.28$，分别取 Δt、$2\Delta t$、$3\Delta t$、…、$12\Delta t$ 时的 $x(t)$ 精确解，广义坐标下各时刻的位移如表 5-5 所示。

表 5-5 广义坐标下各时刻的位移

时刻	Δt	$2\Delta t$	$3\Delta t$	$4\Delta t$	$5\Delta t$	$6\Delta t$	$7\Delta t$	$8\Delta t$	$9\Delta t$	$10\Delta t$	$11\Delta t$	$12\Delta t$
$u(t)$	-0.030	-0.126	-0.289	-0.517	-0.802	-1.130	-1.481	-1.836	-2.169	-2.458	-2.681	-2.821
	-0.019	-0.061	-0.111	-0.158	-0.197	-0.227	-0.245	-0.252	-0.248	-0.235	-0.213	-0.185
	-0.008	-0.021	-0.034	-0.044	-0.053	-0.059	-0.062	-0.064	-0.062	-0.059	-0.053	-0.046

根据 $\boldsymbol{u}(t)=\begin{pmatrix}-0.3280 & 0.7370 & -0.5910\\ -0.5910 & 0.3280 & 0.7370\\ -0.7370 & -0.5910 & -0.3280\end{pmatrix}\begin{pmatrix}x_1\\ x_2\\ x_3\end{pmatrix}$，得各时刻的位移，如表 5-6 所示（见图 5-6 由中心差分法、Newmark 法、Wilson-θ 法、振型叠加法得到的各时刻的位移）。

表 5-6 由振型叠加法得到的各时刻的位移

时刻	Δt	$2\Delta t$	$3\Delta t$	$4\Delta t$	$5\Delta t$	$6\Delta t$	$7\Delta t$	$8\Delta t$	$9\Delta t$	$10\Delta t$	$11\Delta t$	$12\Delta t$
$u(t)$	0.001	0.009	0.033	0.079	0.149	0.238	0.342	0.454	0.565	0.668	0.754	0.816
	0.006	0.039	0.110	0.221	0.370	0.550	0.749	0.956	1.155	1.332	1.476	1.573
	0.036	0.136	0.290	0.489	0.725	0.986	1.257	1.522	1.765	1.969	2.119	2.203

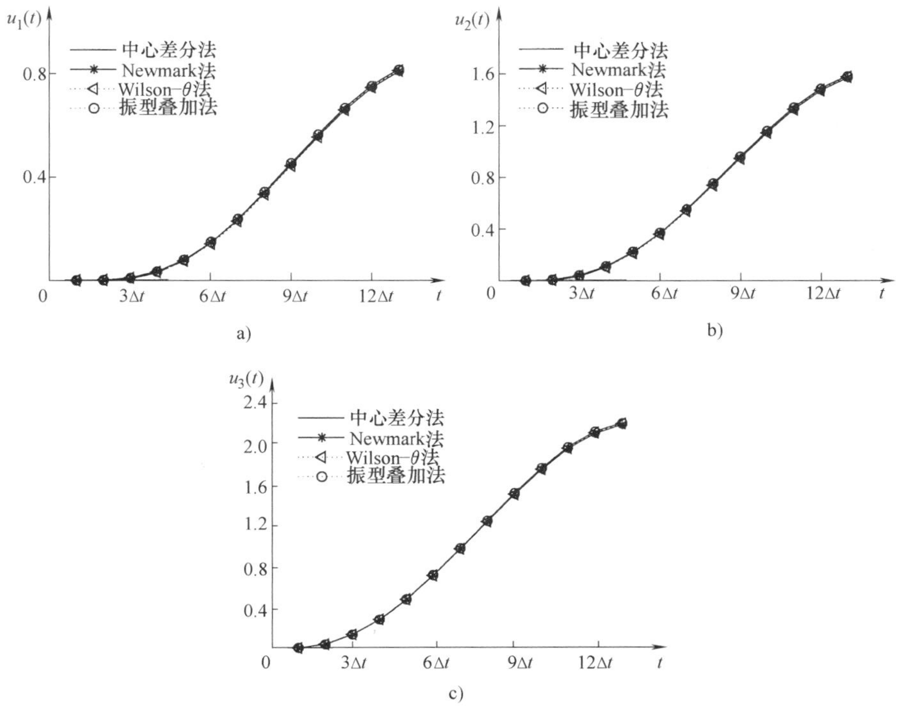

图 5-6　由中心差分法、Newmark 法、Wilson-θ 法、振型叠加法得到的各时刻的位移

5.5　精细积分法

通常求解动力系统方程（5-1）可用模态分解法与直接积分法或振型叠加法，即将大规模的有限元分析系统通过模态分解法将系统降阶，再对其进行直接积分计算或利用振型叠加求解。值得注意的是，直接积分法等数值方法大体上都属于差分类算法，在积分时应当特别注意刚性性质。所以方程组的刚性性质，指的是方程组的特征值相差巨大而导致的计算不稳定问题。而精细积分法在合理的步长范围内，不会产生刚性问题或稳定性问题，可以应用于动力方程的求解，也可以用于常微分方程组的求解。

精细积分法精于处理一阶常微分方程组

$$\begin{cases} \dot{\boldsymbol{v}}(t)=\boldsymbol{H}\boldsymbol{v}(t)+\boldsymbol{r}(t) \\ \boldsymbol{v}(0)=\boldsymbol{v}_0 \end{cases} \tag{5-88}$$

式中，$\boldsymbol{v}(t)$ 是待求向量；$\boldsymbol{H}$ 是定常矩阵；$\boldsymbol{r}(t)$ 是非齐次的外界输入向量；$\boldsymbol{v}_0$ 是系统的初始条件。该式称为精细积分法的标准形式。

为了求解动力系统方程（5-1），将其转化成精细积分的标准形式，可进行坐标变换

$$\boldsymbol{v}(t)=\begin{pmatrix} \boldsymbol{u}(t) \\ \dot{\boldsymbol{u}}(t) \end{pmatrix}_{2n\times 1},\ \dot{\boldsymbol{v}}(t)=\begin{pmatrix} \dot{\boldsymbol{u}}(t) \\ \ddot{\boldsymbol{u}}(t) \end{pmatrix}_{2n\times 1} \tag{5-89}$$

则有

$$H=\begin{pmatrix}\mathbf{0} & \boldsymbol{I}\\ -\boldsymbol{M}^{-1}\boldsymbol{K} & -\boldsymbol{M}^{-1}\boldsymbol{C}\end{pmatrix}_{2n\times 2n},\boldsymbol{r}(t)=\begin{pmatrix}\mathbf{0}\\ \boldsymbol{M}^{-1}\boldsymbol{f}(t)\end{pmatrix}_{2n\times 1}$$

欲解方程（5-88），根据常微分方程组的求解理论，可分两步进行。即先求其齐次方程的通解，再求非齐次方程的特解，将两者相加即为系统的解。方程对应的齐次方程为

$$\dot{\boldsymbol{v}}(t)=\boldsymbol{H}\boldsymbol{v}(t) \tag{5-90}$$

该方程的通解为

$$\boldsymbol{v}(t)=\mathrm{e}^{\boldsymbol{H}t}\boldsymbol{v}_0 \tag{5-91}$$

该式涉及指数矩阵的求解。指数矩阵用途极广，目前已有多种算法对其进行计算。下面将详细讨论指数矩阵函数的计算。

5.5.1 指数矩阵

指数矩阵函数指的是式（5-91）中的 $\mathrm{e}^{\boldsymbol{H}t}$。因为指数项是矩阵，所以它也应符合矩阵的计算规则。如一般情况下，矩阵乘法是不可以交换次序的，即 $\boldsymbol{AB}\neq\boldsymbol{BA}$，所以 $\mathrm{e}^{\boldsymbol{AB}}\neq\mathrm{e}^{\boldsymbol{BA}}$。仅当 $\boldsymbol{AB}=\boldsymbol{BA}$ 时，有

$$\mathrm{e}^{\boldsymbol{A}+\boldsymbol{B}}=\mathrm{e}^{\boldsymbol{B}}\mathrm{e}^{\boldsymbol{A}} \tag{5-92}$$

将其级数展开可得

$$\mathrm{e}^{\boldsymbol{H}t}=\boldsymbol{I}+\boldsymbol{H}t+\frac{(\boldsymbol{H}t)^2}{2}+\cdots+\frac{(\boldsymbol{H}t)^k}{k!}+\cdots \tag{5-93}$$

当 $t=0$ 时有

$$\mathrm{e}^{\boldsymbol{H}\cdot 0}=\begin{pmatrix}1 & & \\ & \ddots & \\ & & 1\end{pmatrix}=\boldsymbol{I}_{2n\times 2n} \tag{5-94}$$

与前文数值方法类似，选定一个时间步长 Δt，即可得到时间序列

$$t_0=0,t_1=\Delta t,t_2=2\Delta t,\cdots,t_k=k\Delta t,\cdots \tag{5-95}$$

对于时不变系统，有

$$\mathrm{e}^{\boldsymbol{H}t}=\mathrm{e}^{\boldsymbol{H}(t-\Delta t)}\cdot\mathrm{e}^{\boldsymbol{H}\Delta t} \tag{5-96}$$

记 $\boldsymbol{T}=\mathrm{e}^{\boldsymbol{H}\Delta t}$，当 $t_1=\Delta t$ 时，式（5-91）为

$$\boldsymbol{v}(t_1=\Delta t)=\boldsymbol{v}_1=\mathrm{e}^{\boldsymbol{H}\Delta t}\boldsymbol{v}_0=\boldsymbol{T}\boldsymbol{v}_0 \tag{5-97}$$

同理可得

$$\boldsymbol{v}_2=\boldsymbol{T}\boldsymbol{v}_1,\boldsymbol{v}_3=\boldsymbol{T}\boldsymbol{v}_2,\cdots,\boldsymbol{v}_{k+1}=\boldsymbol{T}\boldsymbol{v}_k,\cdots \tag{5-98}$$

因此，在已知初始条件下，只要求得 $\boldsymbol{T}=\mathrm{e}^{\boldsymbol{H}\Delta t}$，便可以得到系统在所有时刻的值。即矩阵 $\boldsymbol{T}$ 的精度决定了系统的求解精度，同时需要指出的是，上述公式的推导都是精确的，不含有任何近似。下面介绍一种矩阵 $\boldsymbol{T}$ 的 2^N 类算法并进行精度分析。

选定一个常数 N，记 $p=2^N$，应用指数函数的加法定理，有

$$\boldsymbol{T}=\mathrm{e}^{\boldsymbol{H}\Delta t}=(\mathrm{e}^{\boldsymbol{H}\Delta t/p})^p \tag{5-99}$$

因为时间步长 Δt 本身的值是非常小的，则 $\Delta t/p$ 更是极小的一个时间区间了。如 N 取 20 时，$p=1048576$。所以对于极小区间 $\delta t=\Delta t/p$，代入式（5-93）得

$$e^{\boldsymbol{H}\delta t}=\boldsymbol{I}+\boldsymbol{T}_a \tag{5-100}$$

式中，

$$\begin{aligned}\boldsymbol{T}_a&=\boldsymbol{H}\delta t+\frac{(\boldsymbol{H}\delta t)^2}{2}+\cdots+\frac{(\boldsymbol{H}\delta t)^k}{k!}+\cdots\\&\approx\boldsymbol{H}\delta t+\frac{(\boldsymbol{H}\delta t)^2[\boldsymbol{I}+\boldsymbol{H}\delta t/3+(\boldsymbol{H}\delta t)^2/12]}{2}\end{aligned} \tag{5-101}$$

由此式可以看出 $\boldsymbol{T}_a$ 量级非常小。故在计算式（5-99）或（5-100）时只能存储 $\boldsymbol{T}_a$，而不是 $\boldsymbol{I}+\boldsymbol{T}_a$。因为 $\boldsymbol{T}_a$ 与 $\boldsymbol{I}$ 相比几乎可以忽略不计，如果相加，在计算机计算中将因舍入操作而完全丧失计算精度。

将该式进行分解得

$$\boldsymbol{T}=[\boldsymbol{I}+\boldsymbol{T}_a]^{2^N}=[\boldsymbol{I}+\boldsymbol{T}_a]^{2^{(N-1)}}\times[\boldsymbol{I}+\boldsymbol{T}_a]^{2^{(N-1)}} \tag{5-102}$$

这种分解将一直进行 N 次。另外，注意到

$$[\boldsymbol{I}+\boldsymbol{T}_b]\times[\boldsymbol{I}+\boldsymbol{T}_c]=\boldsymbol{I}+\boldsymbol{T}_b+\boldsymbol{T}_c+\boldsymbol{T}_b\boldsymbol{T}_c \tag{5-103}$$

式（5-102）相当于语句

$$\text{for}(\text{iter}=0;\text{iter}<N;\text{iter}{+}{+})\ \boldsymbol{T}_a=2\boldsymbol{T}_a+\boldsymbol{T}_a\boldsymbol{T}_a \tag{5-104}$$

循环结束后，即可得

$$\boldsymbol{T}=\boldsymbol{I}+\boldsymbol{T}_a \tag{5-105}$$

从上面求解矩阵 $\boldsymbol{T}$ 的过程来看，唯一能产生误差的就是式（5-101），而其他的数学推导都是精确的。式（5-101）的近似表达忽略了高阶项（$\boldsymbol{H}\delta t$）^{5}/5!，可以估算出误差大体上为（$\boldsymbol{H}\delta t$）^{4}/120。将矩阵 $\boldsymbol{H}$ 进行特征值分解为约尔当型

$$\boldsymbol{H}=\boldsymbol{U}\text{diag}(\mu)\boldsymbol{U}^{-1} \tag{5-106}$$

式中，μ 是特征值；diag（μ）是特征值组成的对角阵；$\boldsymbol{U}$ 是特征向量矩阵。则有

$$e^{\boldsymbol{H}\delta t}=\boldsymbol{U}\text{diag}(e^{\mu\delta t})\boldsymbol{U}^{-1} \tag{5-107}$$

式中，

$$e^{\mu\delta t}\approx1+\mu\delta t+\frac{(\mu\delta t)^2}{2}+\frac{(\mu\delta t)^3}{3!}+\frac{(\mu\delta t)^4}{4!} \tag{5-108}$$

上述分析将不同特征值的特征解所产生的误差分离，（$\boldsymbol{H}\delta t$）^{4}/120 的相对误差对于各个特征解为

$$(\mu\delta t)^4/120 \tag{5-109}$$

主要观察（$|\mu|\delta t$）^{4}/120。计算机 8 字节实型数表示的有效位数是 16 位十进制数，因此在

$$(|\mu|\delta t)^4<10^{-14} \tag{5-110}$$

时满足计算机在精度表达范围内不发生影响。即要求

$$|\mu|\frac{\Delta t}{2^N}<3\times10^4 \tag{5-111}$$

显然，当选 $N=20$ 时上式是满足的。在振动系统中，特征值即是系统的固有频率。即使积分步长为 50 个周期，也不会引起展开式截断带来的数值误差。所以，矩阵 $\boldsymbol{T}$ 的精细计算给计算系统的响应带来了精确解，这也是为什么该方法称为精细积分法。

5.5.2 高斯-勒让德积分

对于式（5-88）中的特解部分，即非齐次项响应的处理，人们主要进行两类的研究：一是对非齐次项进行多项式函数拟合，假定非齐次项为常数、线性或其他形式，但这会引起精细积分法的精度丧失；二是对非齐次动力方程进行增维处理，把非齐次项也看作状态变量，从而将非齐次方程增维为齐次方程进行求解。这种方法不仅扩大了系统维数，而且非齐次项使原定常系统转化为时变系统，在每一个积分步内都需要对增维矩阵进行一次精细积分，这样显著会增加计算量。下面介绍一种新的方法，利用高斯-勒让德积分与分段样条插值函数的优点，建立一个基于样条插值高斯状态方程的直接积分格式。

在求得式（5-88）的通解之后，将特解与通解相加得

$$\boldsymbol{v}(t)=\mathrm{e}^{\boldsymbol{H}t}\boldsymbol{v}_0+\int_0^t \mathrm{e}^{\boldsymbol{H}(t-\tau)}\boldsymbol{r}(\tau)\,\mathrm{d}\tau \tag{5-112}$$

下面求特解部分，记 $\boldsymbol{v}^*(t)=\int_0^t \mathrm{e}^{\boldsymbol{H}(t-\tau)}\boldsymbol{r}(\tau)\,\mathrm{d}\tau$ 。在 $t_i=i\Delta t$ 时刻，有

$$\boldsymbol{v}^*(t_i)=\int_0^{i\Delta t} \mathrm{e}^{\boldsymbol{H}(i\Delta t-\tau)}\boldsymbol{r}(\tau)\,\mathrm{d}\tau \tag{5-113}$$

再取 $t_{i+1}=(i+1)\Delta t$ 时刻，得

$$\begin{aligned}\boldsymbol{v}^*(t_{i+1})&=\int_0^{i\Delta t+\Delta t} \mathrm{e}^{\boldsymbol{H}(i\Delta t+\Delta t-\tau)}\boldsymbol{r}(\tau)\,\mathrm{d}\tau\\&=\int_0^{i\Delta t} \mathrm{e}^{\boldsymbol{H}(i\Delta t+\Delta t-\tau)}\boldsymbol{r}(\tau)\,\mathrm{d}\tau+\int_{i\Delta t}^{i\Delta t+\Delta t} \mathrm{e}^{\boldsymbol{H}(i\Delta t+\Delta t-\tau)}\boldsymbol{r}(\tau)\,\mathrm{d}\tau\end{aligned} \tag{5-114}$$

由式（5-113）和式（5-114）可得两者关系为

$$\boldsymbol{v}^*(t_{i+1})=\mathrm{e}^{\boldsymbol{H}\Delta t}\boldsymbol{v}^*(t_i)+\int_{t_i}^{t_{i+1}} \mathrm{e}^{\boldsymbol{H}(t_{i+1}-\tau)}\boldsymbol{r}(\tau)\,\mathrm{d}\tau \tag{5-115}$$

引入高斯-勒让德积分公式

$$\int_a^b f(x)\,\mathrm{d}x=\frac{b-a}{2}\sum_{j=0}^{s}L_j f\left(\frac{a+b}{2}-\frac{b-a}{2}\theta_j\right)+e(f) \tag{5-116}$$

式中，θ_j称为高斯积分点；L_j称为高斯积分系数；$e(f)$ 称为误差余项。令

$$\tau=\frac{t_i+t_{i+1}}{2}+\frac{t_{i+1}-t_i}{2}\theta \tag{5-117}$$

将式（5-116）与式（5-117）代入式（5-115）得

$$\boldsymbol{v}^*(t_{i+1})=\boldsymbol{T}(\Delta t)\boldsymbol{v}^*(t_i)+\frac{\Delta t}{2}\sum_{j=0}^{s}L_j\boldsymbol{T}_j\left(\frac{\Delta t}{2}(1-\theta_j)\right)\boldsymbol{r}\left(t_i+\frac{\Delta t}{2}(1+\theta_j)\right)+o[(\Delta t)^{2s+2}] \tag{5-118}$$

该式是结构动力响应状态方程的直接积分递推公式，其精度取决于时间步长 Δt 和高斯积分点的数目 s。综合考虑积分精度和计算量，并结合有限元中等参单元高斯积分计算的经验，取 $s=2$。与之对应的参数如表 5-7 所示。

表 5-7 高斯-勒让德参数表及其值

参数	$i=0$	$i=1$	$i=2$
θ_i	$-\sqrt{0.6}$	0	$\sqrt{0.6}$
L_i	5/9	8/9	5/9
$\boldsymbol{T}_i$	$e^{\boldsymbol{H}\cdot\frac{\Delta t}{2}(1+\sqrt{0.6})}$	$e^{\boldsymbol{H}\cdot\frac{\Delta t}{2}}$	$e^{\boldsymbol{H}\cdot\frac{\Delta t}{2}(1-\sqrt{0.6})}$

因此，在时间子区间［t_i，t_{i+1}］内，高斯积分点为 $r_0=t_i+\frac{\Delta t}{2}(1-\sqrt{0.6})$，$r_1=t_i+\frac{\Delta t}{2}$，$r_2=t_i+\frac{\Delta t}{2}(1+\sqrt{0.6})$。引入分段样条插值函数计算该点处离散载荷，如

$$r(t)=M_i\frac{(t_{i+1}-t)^3}{6\Delta t}+M_{i+1}\frac{(t-t_i)^3}{6\Delta t}+\left[r_i-\frac{M_i(\Delta t)^2}{6}\right]\frac{t_{i+1}-t}{\Delta t}+\left[r_{i+1}-\frac{M_{i+1}(\Delta t)^2}{6}\right]\frac{t-t_i}{\Delta t} \tag{5-119}$$

式中，M_i和 M_{i+1}分别是子区间［t_i，t_{i+1}］的两端点处的二阶导数值，可采用三弯矩插值法获得。

综上所述，可以归纳精细积分法求解系统动力响应步骤如下：

1）将外激励 $\boldsymbol{f}(t)$ 按照时间步长 Δt 进行分段离散。

2）由式（5-89）确定系统初始条件 $\boldsymbol{v}_0$。

3）确定系统定常矩阵 $\boldsymbol{H}$。

4）确定高斯积分法中高斯积分点以及高斯积分系数。

5）确定系数矩阵 $\boldsymbol{T}$、$\boldsymbol{T}_0$、$\boldsymbol{T}_1$ 与 $\boldsymbol{T}_2$。

6）在每一个时间段［t_i，t_{i+1}］内，由三次样条插值函数确定各高斯积分点处的激励。

7）求取各离散时间点处系统状态向量，提取位移和速度响应。

若有需要，可求系统加速度响应。

例 5-5 用精细积分法计算如下方程

$$m\ddot{u}(t)+c\dot{u}(t)+ku(t)=f(t) \tag{5-120}$$

其中，$m=1$，$c=0.3$，$k=9$，f 是白噪声激励。

解：运用 MATLAB 编制程序解答此题，按照文中步骤进行求解，程序如下。

第一步：编写 pim. m 文件，将精细积分的程序写成 function 函数。

```
function [v,dotv] = pim(dt,H,R,v0)
% dotv=H * v+R
% dt 信号的时间间隔
% H 状态空间向量
% R 激励力
% v0 状态变量的初始值
% v 输出状态向量
% dotv 输出的状态向量导数
if nargin<2
    error('输入个数太少啦！')
```

```
    elseif nargin == 3
        [rrow,~]=size(R);
        v0=zeros(rrow,1);
    end
    [rrow,rcol]=size(R);
    N=rcol;
    T=expm(H*dt);
    % 1. 确定高斯积分点以及积分系数
    L0=5/9; L1=8/9; L2=5/9;
    % 2. 计算积分系数矩阵
    T0=expm(H*dt*(1+sqrt(0.6))/2);
    T1=expm(H*dt/2);
    T2=expm(H*dt*(1-sqrt(0.6))/2);
    % 3. 样条插值
    x1=0:N-1;
    xx=zeros(1,(N-1)*3);
    spf=zeros(rrow,(N-1)*3);
    for kk=0:N-2
        xx(3*kk+1)=kk +(1-sqrt(0.6))/2;
        xx(3*kk+2)=kk +1/2;
        xx(3*kk+3)=kk +(1+sqrt(0.6))/2;
    end
    for k=1:rrow
        cs=spline(x1,[0 R(k,:)0]);
        spf(k,:)=ppval(cs,xx);
    end
    v=zeros(rrow,N);
    v(:,1)=v0;
    for k=2:N
        gl=L0*T0*spf(:,3*(k-2)+1)+L1*T1*spf(:,3*(k-2)+2)+L2*T2*spf
(:,3*(k-2)+3);
        gl=dt/2*gl;
        v(:,k)=T*v(:,k-1)+ gl;
    end
    for k=1:N
        dotv(:,k)=H*v(:,k)+R(:,k);
    end
    end
```

第二步：计算响应，与杜哈梅积分的结果进行比较。

```
M=1; C=0.3; K=9;
H=[0 1;-K/M -C/M];
u0=0; v0=0; a0=1/M;
p=M * v0+C * u0/2;
x0=[u0 v0]';
Fs=32;
dt=1/Fs; ttol =30; N=1024;
t=(0:N-1) * dt;
% 激励力
fce=zeros(2,N);
fce(2,:)=randn(1,N);
% 精细积分计算法
[x,dotx]=pim(dt,H,fce,x0);
% 单位脉冲响应函数法
wn=sqrt(K/M);
zeita=C/(2 * sqrt(K * M));
wd=wn * sqrt(1-zeita^2);
h=(1/M/wd) * exp(-zeita * wn * t). * sin(wd * t);
exc=fce(2,:);
y=conv(h,exc) * dt;
y=y(1:N);
plot(t,x(1,:),t,y,'.')
```

图 5-7 给出了两种不同积分方法计算的结果。从结果来看，精细积分法的计算结果精度是比较高的。

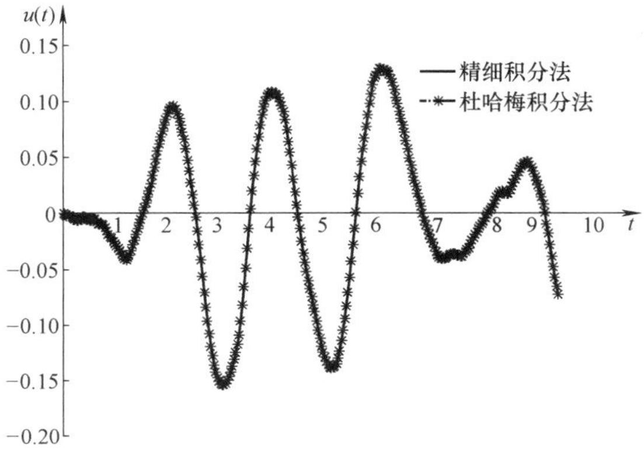

图 5-7　精细积分法与杜哈梅积分法比较

习　　题

5-1　瞬态热传导方程为

$$c\,\dot{\phi}+k\phi=p$$

其中，$c=1$，$k=1$，$p=0$。它是一个单变量方程。初值 $\phi_0=1$。

（1）求该方程的解析解；

（2）将时间步长 Δt 分别取 0.5、0.9、1.5 和 2.5。对于每一时间步长，参数 θ 分别取 0、1/2、2/3 和 1，利用直接积分法求解系统的响应。

5-2　考虑一个三自由度系统，它的运动方程是

$$\begin{pmatrix}1 & 0 & 0\\ 0 & 3 & 0\\ 0 & 0 & 1\end{pmatrix}\ddot{\boldsymbol{u}}+\begin{pmatrix}2 & -1 & 0\\ -1 & 4 & -2\\ 0 & -2 & 2\end{pmatrix}\boldsymbol{u}=\begin{pmatrix}0\\ 0\\ 6\end{pmatrix}$$

已知初始条件为：$\boldsymbol{u}_0=0$，$\dot{\boldsymbol{u}}_0=0$。

（1）求系统的固有频率与固有振型；

（2）用中心差分法求解系统的响应。

5-3　用 Newmark 法求解系统的响应。

5-4　用振型叠加法求解题 5-2 中系统的响应。

5-5　用中心差分法求解图 5-8 中变截面杆在图 5-9 所示外载荷作用下的响应。已知初始条件 $\boldsymbol{u}(x,0)=0,\dot{\boldsymbol{u}}(x,0)=0$。

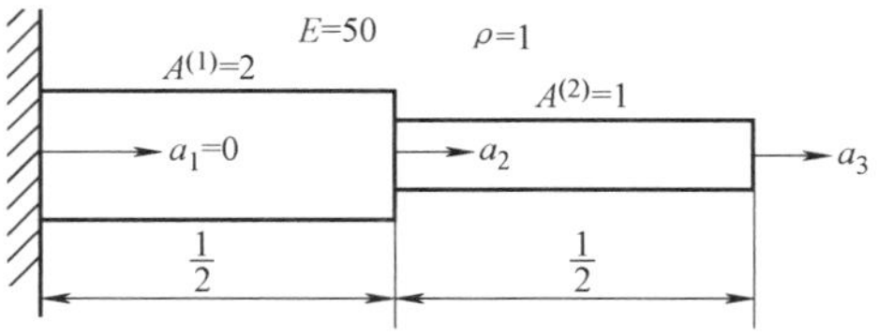

图 5-8　题 5-5 图

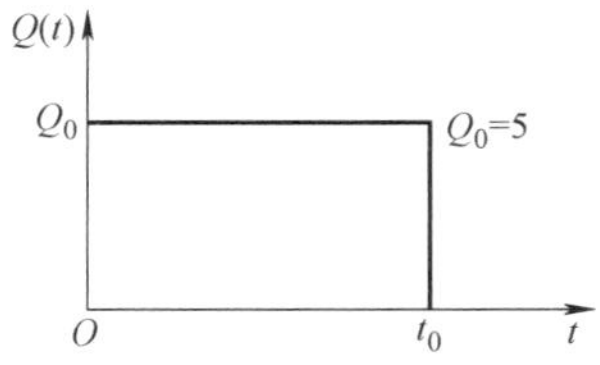

图　5-9

5-6　用 Newmark 法求解题 5-5。

5-7　用振型叠加法求解题 5-5。

5-8　用 Wilson-θ 法求解题 5-5。

5-9　考虑动力系统运动方程

$$\begin{pmatrix}2 & 0\\ 0 & 2\end{pmatrix}\ddot{\boldsymbol{a}}+\begin{pmatrix}6 & -2\\ -2 & 4\end{pmatrix}\boldsymbol{a}=\begin{pmatrix}0\\ 10\end{pmatrix}$$

已知初始条件为 $u_1=u_2=0$，$\dot{u}_1=\dot{u}_2=0$，应用精细积分法求解系统的响应。

5-10　用精细积分法求解李雅普诺夫方程。

第6章

振动控制原理

在实际工程中，振动往往会导致机械零部件磨损加剧、紧固件松弛、精密仪器灵敏度下降、机器加工精度降低，严重时还会引起机器或结构的损坏。当振动产生这些危害时，需要采用合适的振动控制技术。本章围绕用于减小或消除振动的方法，介绍振动控制的基本原理，分析振源产生的原因，研究振动控制方法，包括隔振、动力吸振器以及阻尼减振等被动控制方法、振动的半主动控制与主动控制方法。

6.1　振动控制方法

前面章节提到，振动主要包括三个要素：振源、传递路径与受控对象，对三个要素采取相应的措施都可以对振动进行控制。如图 6-1 所示，振动控制方法有多种，一般分为以下几类：

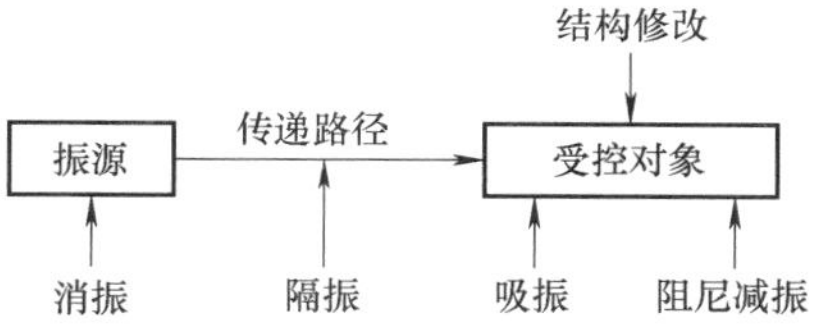

图 6-1　振动控制方法

(1) 消振　消除或减弱振源，但现在的技术还不能做到在不同的机械结构上完全或有效地消除振源。

(2) 隔振　消除或减弱振源与受控对象之间的振动，可以在振源与受控对象之间增加一个子系统（隔振器），从而减小受控对象的振动。隔振一般分为积极隔振与消极隔振两类。

1）积极隔振：通过隔振器将振源与基础隔离开，减小传递到基础的力，抑制振源对周围设备的影响。

2）消极隔振：通过隔振器将振动的基础与设备隔离开，减小基础传递到设备的振动，抑制基础振动对设备的影响。

(3) 吸振　在受控对象上增加一个子系统（动力吸振器），减小受控对象的振动。

(4) 阻尼减振　在受控对象上附加阻尼元件或阻尼器，通过耗散受控对象的能量减小振动。

(5) 半主动/主动控制方法　通过作动器对受控对象施加作用力来抑制振动，通常需要消耗外部能量。

6.2　振源控制

在复杂的机械系统中，振源的形式多种多样，全面准确地掌握振源的特性对于振动控制非常重要。通常，振源可能包括以下几个方面：

(1) 机械冲击 存在冲击力做功的机械可能会产生强烈的冲击力（波），如冲床、打桩机等。此外，内燃机燃烧过程中缸内气体对活塞具有冲击作用，机械设备的起停过程也伴随着冲击。由于冲击作用时间短暂，所以机械冲击是瞬态非周期激励。

(2) 旋转机械是动力机械中主要的振源 如轴承振动、齿轮啮合导致的振动、质量偏心或质量不平衡等引起的振动等。旋转机械，如电动机、风机等静动平衡比较容易实现，但由于加工、装配和安装精度等原因，不可避免地存在质量偏心，当机械做旋转运动时，此质量偏心将会导致周期激励，成为主要的振源。

(3) 往复式机械 如内燃机中的曲柄—连杆机构在运动过程中没有达到完全平衡，会产生周期性的扰动力，使其成为主要的振源。

振动控制首先应消除或减弱振源，从根本上抑制振动，有些振源是不可控的，如路面激励、地震激励等；但也有一些振源是可控的，可以采取适当的措施减小振源振动的强度，具体包括以下几个方面：

1）对于机械冲击，可以在不影响产品加工质量的基础上，改进生产加工工艺，用非冲击的方法取代原有的冲击方法，如用焊接取代铆接、用滚轧取代锤击、用压延取代冲压等。

2）对于旋转机械，应尽量调整好静动平衡，提高产品的加工、装配和安装精度，严格控制对中要求与安装间隙，减小离心与偏心惯性力的产生。

3）对于往复式机械，可以从设计上采取各种平衡方法改善其平衡性能。

6.3 隔振

隔振，就是在振源与基础、振动的基础与设备之间，安装具有一定弹性的装置，使得振源与基础之间或基础与设备之间的近刚性连接变成弹性连接，以隔离或减少振动能量的传递，从而达到减振的目的。根据隔振目的的不同，可将隔振分为积极隔振与消极隔振两类，如图 6-2 所示。积极隔振的目的是降低设备的振动对周围环境的影响，同时减小设备自身的振动，积极隔振又称为第一类隔振或隔力；消极隔振的目的是降低基础的振动对设备的影响，使设备的振动小于基础的振动，达到保护设备的目的，消极隔振又称为第二类隔振或隔幅。

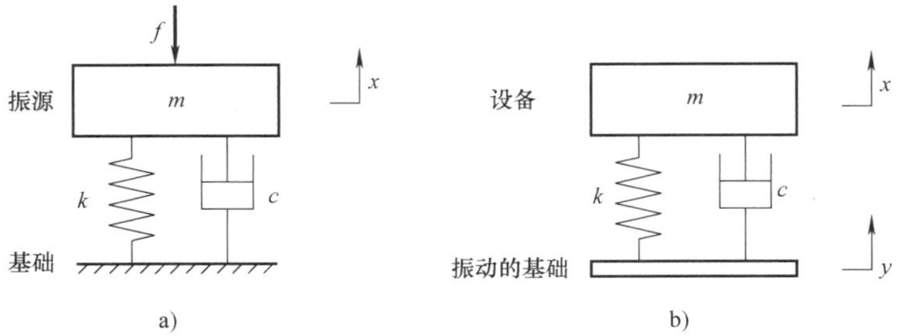

图 6-2 积极隔振与消极隔振

描述和评价隔振效果的指标很多，最常用的是振动传递率 T，对于积极隔振与消极隔振，分别用力传递率 T_f 与位移传递率 T_d 来评价。T_f 定义为经过隔振器传递到基础的力与激励力之间的比值，T_d 定义为经过隔振器传递到设备的位移与激励位移之间的比值。当 $T\geqslant1$ 时，表明振动被放大或完全传递，此时隔振器没有隔振效果；当 $T<1$ 时，表明振动被部分传递，隔振器有隔振效果，且 T 越小，隔振效果越好。

6.3.1　积极隔振

在图 6-2a 中，设作用在质量 m 上的激励力 $f=f_0\sin\omega t$，隔振器中的弹簧刚度系数为 k，阻尼系数为 c，则系统的运动微分方程为

$$m\ddot{x}+c\dot{x}+kx=f_0\sin\omega t \tag{6-1}$$

系统的稳态响应为

$$x=B_{\mathrm{d}}\sin(\omega t+\varphi_{\mathrm{d}}) \tag{6-2}$$

振幅为

$$B_{\mathrm{d}}=\frac{f_0}{\sqrt{(k-m\omega^2)^2+(c\omega)^2}} \tag{6-3}$$

经隔振器传递到基础的弹性力与阻尼力分别为

$$\begin{cases}kx=kB_{\mathrm{d}}\sin(\omega t+\varphi_{\mathrm{d}})\\ c\dot{x}=c\omega B_{\mathrm{d}}\cos(\omega t+\varphi_{\mathrm{d}})\end{cases} \tag{6-4}$$

弹性力与阻尼力是相同频率，相位相差 π/2 的简谐力，其合力幅值为

$$f_t=B_{\mathrm{d}}\sqrt{k^2+(c\omega)^2}=\frac{f_0\sqrt{k^2+(c\omega)^2}}{\sqrt{(k-m\omega^2)^2+(c\omega)^2}}=\frac{f_0\sqrt{1+(2\zeta\lambda)^2}}{\sqrt{(1-\lambda^2)^2+(2\zeta\lambda)^2}} \tag{6-5}$$

式中，

$$\lambda=\omega/\omega_{\mathrm{n}},\omega_{\mathrm{n}}=\sqrt{k/m},\zeta=c/(2m\omega_{\mathrm{n}}) \tag{6-6}$$

则力传递率为

$$T_f=\frac{f_t}{f_0}=\frac{\sqrt{1+(2\zeta\lambda)^2}}{\sqrt{(1-\lambda^2)^2+(2\zeta\lambda)^2}} \tag{6-7}$$

力传递率 T_f 随频率比 λ 的变化曲线如图 6-3 所示，显然，为了达到隔振目的，传递到基础的力应小于激励力，只有当激励频率大于系统固有频率的 $\sqrt{2}$ 倍时，隔振器才有隔振效果。

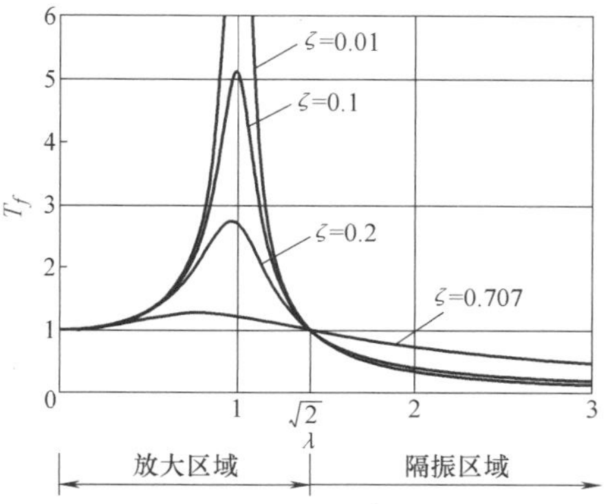

图 6-3　力传递率

力传递率 T_f 与频率比 λ 的关系表现在：

1）当频率比 λ 很小（$\lambda\ll1$）时，即激励力频率远小于系统的固有频率，此时 $T_f\approx1$，表明激励力通过隔振器全部传给了基础，此时隔振器不起隔振作用。

2）当频率比 $\lambda=1$ 时，即激励力频率等于系

统的固有频率，此时 $T_f>1$，表明隔振器对系统的振动有放大作用，甚至发生共振。

3）当频率比 $\lambda>\sqrt{2}$ 时，即激励力频率大于系统固有频率的 $\sqrt{2}$ 倍，此时 $T_f<1$，且频率比 λ 越大，力传递率 T_f 越小，隔振效果越好。因此在设计隔振器时需要考虑系统的固有频率，使设备的固有频率小于外界激励频率，但在实际工程中必须考虑系统安装的稳定性以及成本等因素，通常设计 $\lambda=\omega/\omega_n=2.5\sim5$。

力传递率 T_f 与阻尼比 ζ 的关系表现在：

1）当频率比 $\lambda<\sqrt{2}$ 时，即隔振器不起作用甚至产生共振的区域，阻尼越大，力传递率 T_f 越小，表明在此区域内阻尼越大越有利于振动控制。

2）当频率比 $\lambda>\sqrt{2}$ 时，即隔振器起作用的区域，阻尼越大，力传递率 T_f 越大，表明在此区域内阻尼越小越有利于振动控制，增大阻尼对隔振是不利的。

6.3.2 消极隔振

在图 6-2b 中，设基础为简谐运动 $y=y_0\sin\omega t$，则系统的运动微分方程为

$$m\ddot{x}=-c(\dot{x}-\dot{y})-k(x-y) \tag{6-8}$$

即

$$m\ddot{x}+c\dot{x}+kx=c\dot{y}+ky \tag{6-9}$$

式（6-8）也可写成

$$m\ddot{x}+c\dot{x}+kx=c\omega y_0\cos\omega t+ky_0\cos\omega t \tag{6-10}$$

系统的稳态响应如式（6-2）所示，则振幅为

$$B_d=\frac{y_0\sqrt{k^2+(c\omega)^2}}{\sqrt{(k-m\omega^2)^2+(c\omega)^2}} \tag{6-11}$$

利用式（6-6），式（6-11）可进一步化简为

$$B_d=\frac{y_0\sqrt{1+(2\zeta\lambda)^2}}{\sqrt{(1-\lambda^2)^2+(2\zeta\lambda)^2}} \tag{6-12}$$

则位移传递率为

$$T_d=\frac{B_d}{y_0}=\frac{\sqrt{1+(2\zeta\lambda)^2}}{\sqrt{(1-\lambda^2)^2+(2\zeta\lambda)^2}} \tag{6-13}$$

可见，位移传递率 T_d 与力传递率 T_f 具有完全相同的表达式，其分析类似，这里不再论述。

6.3.3 隔振器设计流程

在工业振动控制中遇到较多的是 6～100Hz 的中频振动，以下简单介绍对中频振动进行抑制的隔振器设计流程：

1）测试分析，确定被隔振设备的系统参数，包括设备及安装基座的尺寸、质量及重心等，激励源的大小、方向、频率及激励位置等。

2）根据以上数据，按照频率比 $\lambda=\omega/\omega_n=2.5\sim5$ 的要求确定隔振系统的固有频率

ω_n，若系统有多个频率的振源需要隔离，则激励频率应取最小的激励频率作为设计计算值。

3）根据隔振系统的固有频率，确定隔振系统的刚度。

4）计算设备工作时的振幅，确定是否满足隔振设计要求，必要时通过增加基座质量或降低隔振系统刚度来满足隔振指标。

5）根据设计计算结果和工作环境要求，确定隔振器的类型及安装方式，计算隔振器的尺寸，对其进行结构设计，考虑隔振系统的隔振效率以及设备起停过程中在共振区域内的振幅，确定隔振系统的阻尼。

6.4 动力吸振器

在主系统上附加一子系统（弹簧-质量系统或弹簧-质量-阻尼系统），使其吸收主系统的振动能量，减小主系统的振动，这样的子系统称为动力吸振器。当外界激励以固定的单一频率为主，或激励频率很低，不宜采用隔振器时，可采用动力吸振器。对于多频激励，可附加一系列的动力吸振器，以抵消不同频率的振动，形成分布式动力吸振器。

6.4.1 无阻尼动力吸振器

当附加子系统为弹簧-质量系统时，为无阻尼动力吸振器，如图6-4所示，其中质量 m_1 和弹簧 k_1 组成主系统，质量 m_2 和弹簧 k_2 组成子系统，显然，这是二自由度无阻尼受迫振动系统，系统的运动微分方程为

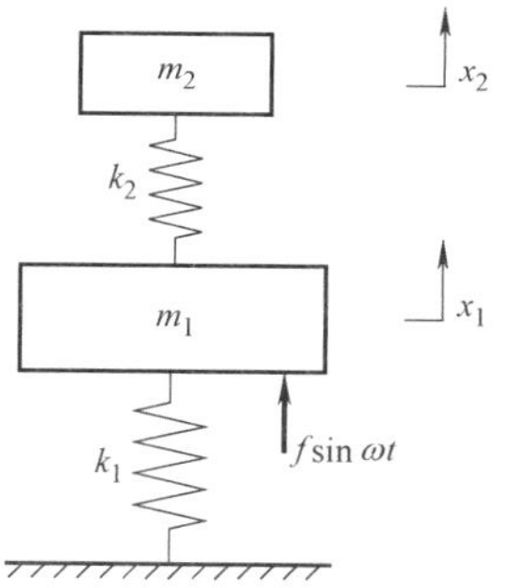

图6-4 无阻尼动力吸振器

$$\begin{pmatrix} m_1 & 0 \\ 0 & m_2 \end{pmatrix}\begin{pmatrix} \ddot{x}_1 \\ \ddot{x}_2 \end{pmatrix}+\begin{pmatrix} k_1+k_2 & -k_2 \\ -k_2 & k_2 \end{pmatrix}\begin{pmatrix} x_1 \\ x_2 \end{pmatrix}=\begin{pmatrix} f\sin\omega t \\ 0 \end{pmatrix} \tag{6-14}$$

设系统的稳态响应为

$$\begin{pmatrix} x_1 \\ x_2 \end{pmatrix}=\begin{pmatrix} B_1 \\ B_2 \end{pmatrix}\sin\omega t \tag{6-15}$$

将式（6-14）代入式（6-15）有

$$\begin{pmatrix} k_1+k_2-m_1\omega^2 & -k_2 \\ -k_2 & k_2-m_2\omega^2 \end{pmatrix}\begin{pmatrix} B_1 \\ B_2 \end{pmatrix}=\begin{pmatrix} f \\ 0 \end{pmatrix} \tag{6-16}$$

从而可得

$$\begin{cases} B_1=\dfrac{(k_2-m_2\omega^2)f}{(k_1+k_2-m_1\omega^2)(k_2-m_2\omega^2)-k_2^2} \\ B_2=\dfrac{k_2 f}{(k_1+k_2-m_1\omega^2)(k_2-m_2\omega^2)-k_2^2} \end{cases} \tag{6-17}$$

令 $\omega_1=\sqrt{k_1/m_1}$ 为主系统的固有频率，$\omega_2=\sqrt{k_2/m_2}$ 为吸振器的固有频率，$B_0=f/k_1$ 为主系统的静变形，$u=m_2/m_1$ 为吸振器质量与主系统的质量之比，则式（6-17）可写成

$$\begin{cases} B_1=\dfrac{[1-(\omega/\omega_2)^2]B_0}{[1+u(\omega_2/\omega_1)^2-(\omega/\omega_1)^2][1-(\omega/\omega_2)^2]-u(\omega_2/\omega_1)^2} \\ B_2=\dfrac{B_0}{[1+u(\omega_2/\omega_1)^2-(\omega/\omega_1)^2][1-(\omega/\omega_2)^2]-u(\omega_2/\omega_1)^2} \end{cases} \tag{6-18}$$

从式（6-18）可看出，当 $\omega=\omega_2$ 时，主系统质量 m_1 的振幅 $B_1=0$，即当无阻尼动力吸振器的固有频率等于激励频率时，可消除主系统的振动，此时质量 m_2 的振幅为

$$B_2=-\left(\frac{\omega_1}{\omega_2}\right)^2\frac{B_0}{u}=-\frac{f}{k_2} \tag{6-19}$$

其运动为

$$x_2(t)=-\frac{f}{k_2}\sin\omega t \tag{6-20}$$

无阻尼动力吸振器经弹簧 k_2 对主系统质量 m_1 的作用力为

$$k_2x_2=-f\sin\omega t \tag{6-21}$$

这个力与作用在主系统质量 m_1 的激励力 $f\sin\omega t$ 大小相等、方向相反、互相平衡。这就是无阻尼动力吸振器消除主振动的原理。

当质量比 $u=0.2$、$\omega_1=\omega_2$ 时，无阻尼动力吸振器幅频特性曲线如图 6-5 所示，从幅频特性曲线可看出，无阻尼动力吸振器具有以下特点：

1）当增加无阻尼动力吸振器后，系统由单自由度系统变成二自由度系统，有两个固有频率 ω_{n1}、ω_{n2}，当激励频率 $\omega=\omega_{n1}$、$\omega=\omega_{n2}$ 时，质量 m_1 与 m_2 的振幅都趋于无穷大。

2）当激励频率偏离动力吸振器的固有频率时，即 ω/ω_2 稍微偏离 1，主质量 m_1 的振幅急剧增大，因此无阻尼动力吸振器的稳定工作频带较窄。

3）为了消除主系统的振动，同时不产生新的共振，使主系统能安全工作在远离共振频率的范围内，ω_{n1} 与 ω_{n2} 相距较远为好。

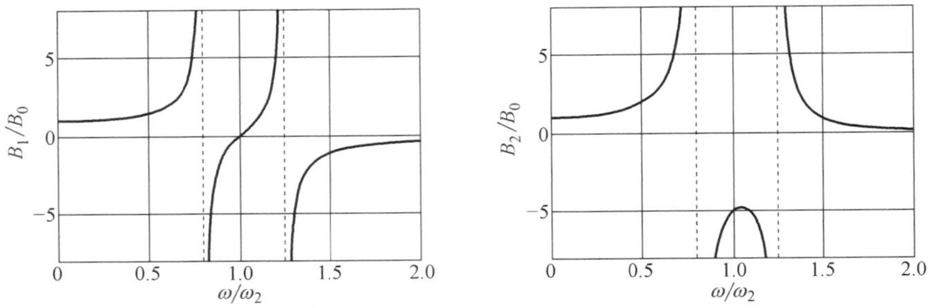

图 6-5　无阻尼动力吸振器幅频特性曲线

6.4.2　有阻尼动力吸振器

无阻尼动力吸振器可在某个给定的激励频率消除主系统的振动，适用激励频率不变或

稍有变动的设备，当激励频率在一个比较宽的范围内变动时，若要消除其振动，需要采用有阻尼动力吸振器。

有阻尼动力吸振器如图 6-6 所示，质量 m_2、弹簧 k_2 和阻尼器 c 组成子系统，主系统与子系统组成了一个新的二自由度系统，系统的运动微分方程为

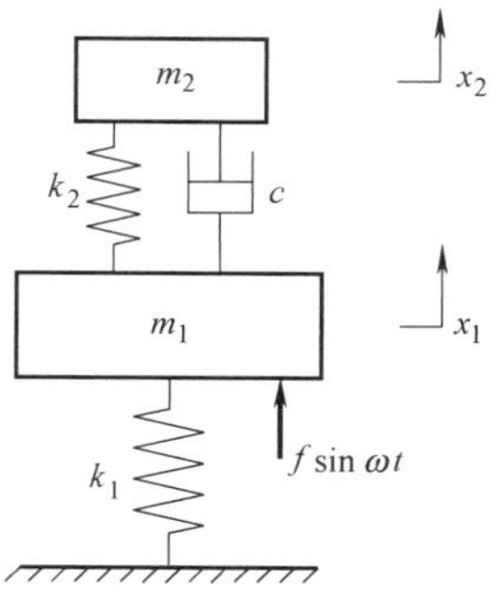

图 6-6　有阻尼动力吸振器

$$\begin{pmatrix} m_1 & 0 \\ 0 & m_2 \end{pmatrix}\begin{pmatrix} \ddot{x}_1 \\ \ddot{x}_2 \end{pmatrix}+\begin{pmatrix} c & -c \\ -c & c \end{pmatrix}\begin{pmatrix} \dot{x}_1 \\ \dot{x}_2 \end{pmatrix}+\begin{pmatrix} k_1+k_2 & -k_2 \\ -k_2 & k_2 \end{pmatrix}\begin{pmatrix} x_1 \\ x_2 \end{pmatrix}=\begin{pmatrix} f\sin\omega t \\ 0 \end{pmatrix} \tag{6-22}$$

用复指数法求解系统的稳态响应，以 $f\mathrm{e}^{\mathrm{j}\omega t}$ 代替 $f\sin\omega t$，设系统的稳态响应为

$$\begin{pmatrix} x_1 \\ x_2 \end{pmatrix}=\begin{pmatrix} \overline{B}_1 \\ \overline{B}_2 \end{pmatrix}\mathrm{e}^{\mathrm{j}\omega t} \tag{6-23}$$

式中，$\overline{B}_1$、$\overline{B}_2$ 为复振幅，将式（6-23）代入式（6-22）有

$$\begin{pmatrix} k_1+k_2-m_1\omega^2+\mathrm{j}\omega c & -k_2-\mathrm{j}\omega c \\ -k_2-\mathrm{j}\omega c & k_2-m_2\omega^2+\mathrm{j}\omega c \end{pmatrix}\begin{pmatrix} \overline{B}_1 \\ \overline{B}_2 \end{pmatrix}=\begin{pmatrix} f \\ 0 \end{pmatrix} \tag{6-24}$$

因此有

$$\begin{pmatrix} \overline{B}_1 \\ \overline{B}_2 \end{pmatrix}=\begin{pmatrix} k_1+k_2-m_1\omega^2+\mathrm{j}\omega c & -k_2-\mathrm{j}\omega c \\ -k_2-\mathrm{j}\omega c & k_2-m_2\omega^2+\mathrm{j}\omega c \end{pmatrix}^{-1}\begin{pmatrix} f \\ 0 \end{pmatrix}=\frac{f}{\Delta(\omega)}\begin{pmatrix} k_2-m_2\omega^2+\mathrm{j}\omega c \\ k_2+\mathrm{j}\omega c \end{pmatrix} \tag{6-25}$$

式中，

$$\Delta(\omega)=(k_1+k_2-m_1\omega^2+\mathrm{j}\omega c)(k_2-m_2\omega^2+\mathrm{j}\omega c)-(k_2+\mathrm{j}\omega c)^2 \tag{6-26}$$

式（6-25）可写为

$$\begin{cases} \overline{B}_1=\dfrac{k_2-m_2\omega^2+\mathrm{j}\omega c}{\Delta(\omega)}f=B_1\mathrm{e}^{-\mathrm{j}\varphi_1} \\ \overline{B}_2=\dfrac{k_2+\mathrm{j}\omega c}{\Delta(\omega)}f=B_2\mathrm{e}^{-\mathrm{j}\varphi_2} \end{cases} \tag{6-27}$$

式中，B_1 和 B_2、φ_1 和 φ_2 分别为系统稳态响应的振幅和相位，因此可得主系统质量 m_1 的振幅为

$$B_1=f\sqrt{\frac{(k_2-m_2\omega^2)^2+(\omega c)^2}{[k_1k_2-(k_1m_2+k_2m_1+k_2m_2)\omega^2+m_1m_2\omega^4]^2+[\omega c(k_1-m_1\omega^2-m_2\omega^2)]^2}} \tag{6-28}$$

令

$$\omega_1=\sqrt{\frac{k_1}{m_1}},\quad \omega_2=\sqrt{\frac{k_2}{m_2}},\quad u=\frac{m_2}{m_1},\quad \alpha=\frac{\omega_2}{\omega_1},\quad \lambda=\frac{\omega}{\omega_1},\quad \zeta=\frac{c}{2m_2\omega_1},\quad B_0=\frac{f}{k_1} \tag{6-29}$$

式（6-28）可写成无量纲形式

$$\beta(\lambda,u,\zeta)=\frac{B_1}{B_0}=\sqrt{\frac{(\lambda^2-\alpha^2)^2+(2\zeta\lambda)^2}{[\alpha^2-(1+\alpha^2+u\alpha^2)\lambda^2+\lambda^4]^2+(2\zeta\lambda)^2(\lambda^2+u\lambda^2-1)^2}} \tag{6-30}$$

当质量比 $u=0.05$、$\alpha=1$ 时，有阻尼动力吸振器幅频特性曲线如图 6-7 所示，从幅频特性曲线可看出，有阻尼动力吸振器具有以下特点：

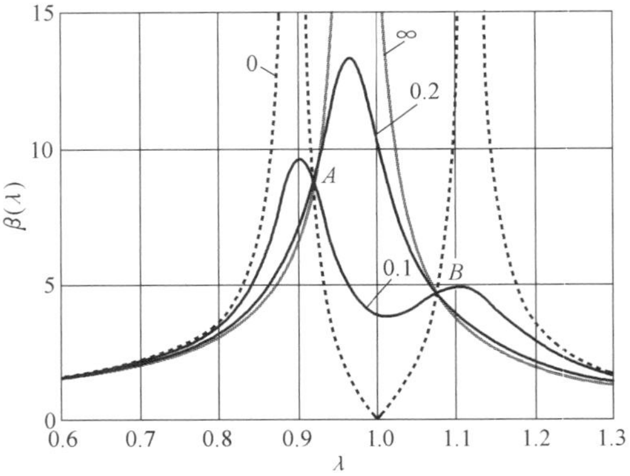

图 6-7　有阻尼动力吸振器幅频特性曲线

1）当阻尼比 $\zeta=0$ 时，相当于无阻尼动力吸振器。$\lambda=0.895$ 和 $\lambda=1.12$ 为两个共振频率，由式（6-30）可得主系统质量 m_1 振幅的无量纲表达式

$$\frac{B_1}{B_0}=\pm\frac{\lambda^2-\alpha^2}{\alpha^2-(1+\alpha^2+u\alpha^2)\lambda^2+\lambda^4} \tag{6-31}$$

2）当阻尼比 $\zeta=\infty$ 时，质量 m_1 和 m_2 相当于刚性连接，系统退化为质量 m_1+m_2 和弹簧 k_1 组成的单自由度系统，$\lambda=0.976$ 为共振频率。由式（6-30）可得主系统质量 m_1 振幅的无量纲表达式

$$\frac{B_1}{B_0}=\pm\frac{1}{1-(1+u)\lambda^2} \tag{6-32}$$

3）对于其他阻尼值，频响曲线介于 $\zeta=0$ 和 $\zeta=\infty$ 之间，图中显示了 $\zeta=0.1$ 和 $\zeta=0.2$ 两条频响曲线。阻尼可显著减小共振频率附近的振幅，而在激励频率 $\omega\ll\omega_{n1}$ 或 $\omega\gg\omega_{n2}$ 范围内，阻尼的影响很小。

4）无论阻尼取何值，所有的频响曲线都相交于两个不动点，点 A 和点 B，表明对于不动点，质量 m_1 的振幅与动力吸振器的阻尼无关。

为了求解两个不动点，将阻尼比作为变量，式（6-30）改写成

$$\beta^2=\frac{A(\lambda)\zeta^2+B(\lambda)}{C(\lambda)\zeta^2+D(\lambda)} \tag{6-33}$$

式中，

$$\begin{cases}A(\lambda)=(\lambda^2-\alpha^2)^2, & B(\lambda)=4\lambda^2\\ C(\lambda)=[\alpha^2-(1+\alpha^2+u\alpha^2)\lambda^2+\lambda^4]^2, & D(\lambda)=4\lambda^2(\lambda^2+u\lambda^2-1)^2\end{cases} \tag{6-34}$$

当质量 m_1 的振幅与阻尼无关时，有

$$\frac{A(\lambda)}{C(\lambda)}=\frac{B(\lambda)}{D(\lambda)} \tag{6-35}$$

将式（6-34）代入到式（6-35），可得点 A 和点 B 的横坐标满足

$$\begin{cases}\lambda^4-\dfrac{2(1+\alpha^2+u\alpha^2)}{2+u}\lambda^2+\dfrac{2\alpha^2}{2+u}=0\\[2ex] \lambda_A^2+\lambda_B^2=\dfrac{2(1+\alpha^2+u\alpha^2)}{2+u},\lambda_A^2\lambda_B^2=\dfrac{2\alpha^2}{2+u}\end{cases} \tag{6-36}$$

由于不动点的振幅与阻尼无关，则点 A 和点 B 的振幅可表示为

$$\beta_A = \frac{1}{1-(1+u)\lambda_A^2}, \quad \beta_B = -\frac{1}{1-(1+u)\lambda_B^2} \tag{6-37}$$

当改变频率比 α 的值时，会使一个不动点的振幅增加，另一个不动点的振幅减小，若选择合适的频率比 α，可使两个不动点的振幅相等，即

$$\beta_A = \beta_B \tag{6-38}$$

将式（6-37）代入到式（6-38），可得

$$\lambda_A^2 + \lambda_B^2 = \frac{2}{1+u} \tag{6-39}$$

结合式（6-36）与式（6-39），可得此时的频率比

$$\alpha = \frac{1}{1+u} \tag{6-40}$$

将该频率比代入到式（6-30），求振幅 β_A、β_B 对频率比 λ 的导数，令导数在频率 $\lambda=\lambda_A$ 和 $\lambda=\lambda_B$ 处等于零，此时不动点振幅取最小值，也可得此时的阻尼比

$$\zeta_{A,B}^2 = \frac{u\left(3 \mp \sqrt{\dfrac{u}{2+u}}\right)}{8(1+u)^3} \tag{6-41}$$

将式（6-40）代入到式（6-36），求得 λ_A^2 与 λ_B^2 的值，再代入到式（6-37），可得此时点 A 与点 B 的无量纲振幅值

$$\beta_A(\lambda_A) = \beta_B(\lambda_A) = \left(1+\frac{2}{u}\right)^{\frac{1}{2}} \tag{6-42}$$

这也是优化有阻尼动力吸振器频率比与阻尼比的过程，称为 H_∞ 优化。式（6-40）确定的是最优频率比 α_{opt} 的值；式（6-41）确定了不动点 A 与 B 振幅取最小值时的阻尼比 ζ_A 与 ζ_B，由于质量比 u 通常较小，ζ_A 与 ζ_B 差别不大，取它们的均方根值作为最优阻尼比

$$\zeta_{opt} = \sqrt{\frac{\zeta_A^2+\zeta_B^2}{2}} = \sqrt{\frac{3u}{8(1+u)^3}} \tag{6-43}$$

因此，设计有阻尼动力吸振器的步骤为：

1）确定不动点 A 与 B 的振幅 β_A 与 β_B，根据式（6-42）得到质量比 u，确定有阻尼动力吸振器的质量 m_2。

2）根据式（6-40）与式（6-43）得到最优频率比 α_{opt} 与最优阻尼比 ζ_{opt}，确定有阻尼动力吸振器弹簧的刚度系数 k_2 与阻尼器的阻尼系数 c。

当有阻尼动力吸振器的质量比 $u=0.05$ 时，其最优频率比 $\alpha_{opt}=0.9524$，最优阻尼比 $\zeta_{opt}=0.2$，有阻尼动力吸振器优化后的幅频特性曲线如图6-8所示，图中还画出了阻尼

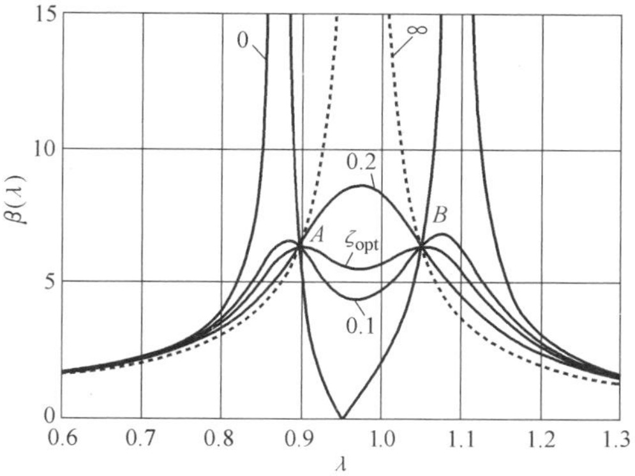

图6-8　有阻尼动力吸振器优化后的幅频特性曲线

比等于0、0.1、0.2与∞的幅频特性曲线。不动点A与B的距离与质量比u有关，质量比较小时，两点的距离很小。由于有阻尼动力吸振器内部存在阻尼力，弹簧的弹性力不能完全与外界激励力互相平衡，因此不能完全消除主系统的振动。式（6-42）表明，将有阻尼动力吸振器进行优化，增加吸振器的质量m_2，能减小主系统的振幅，且随着质量比的增加，最优频率比减小，最优阻尼比增加，有阻尼动力吸振器的有效工作频带变宽。

6.5 阻尼减振

当物体振动时，使其振动能量消耗在阻尼层中的方法，称为阻尼减振。阻尼能阻碍物体的相对运动，并把振动能量转化为热能或其他可以耗散的能量，从而抑制物体的振动，实际工程中的阻尼主要包括以下三种：

1）结合面阻尼与干摩擦阻尼。机械系统中的两个结构表面互相接触并承受动态载荷时，会产生结合面阻尼或干摩擦阻尼。

2）流体的黏性阻尼。当机械结构与流体相接触时，由于流体具有黏滞性，在运动过程中会消耗能量，这种因流体具有黏滞性而产生能耗及阻尼作用的称为流体的黏性阻尼。

3）材料的内阻尼。工程材料种类多样，其耗能的微观机制有所区别，但宏观效应却基本一致，即对物体的振动具有阻尼作用，由于这种阻尼来源于材料内部，因此称为材料的内阻尼。

虽然以上三种阻尼的作用形式各不相同，但一定条件下可将其简化为等效黏性阻尼，相关内容见第2章。

阻尼减振是通过阻尼结构实施的，基本的阻尼结构分为离散阻尼器件与附加阻尼结构。离散阻尼器件一般可分为两类：①应用于减振的阻尼器件，如金属弹簧减振器、空气弹簧减振器、黏弹性材料减振器等；②应用于吸振的阻尼器件，如有阻尼动力吸振器、冲击阻尼动力吸振器等。附加阻尼结构一般可分为三类：①直接黏附阻尼结构，如自由层阻尼结构、约束层阻尼结构等；②直接附加固定的阻尼结构，如封砂阻尼结构、空气挤压薄膜阻尼结构等；③直接固定组合的阻尼结构，如接合面阻尼结构等。

附加阻尼结构是提高机械结构阻尼的主要结构形式，通过在各种机械结构上直接黏附阻尼材料结构层来增加机械结构的阻尼性能，以此提高其减振性与稳定性。附加阻尼结构特别适用于梁、板、壳件的减振，如在汽车车身等薄壳结构的减振与控制中常采用。直接黏附阻尼结构主要包括自由层阻尼结构与约束层阻尼结构。

自由层阻尼结构是将阻尼材料直接黏附在需要减振的机械结构上，当机械结构振动时，阻尼层随结构件变形，产生交变的应力和应变，起到减振和阻尼的作用，自由层阻尼结构多用于薄壳结构的减振。约束层阻尼结构由基本弹性层、阻尼材料层和弹性材料层（称约束层）组成，当基本弹性层产生弯曲振动时，阻尼层上下表面分别产生压缩和拉伸变形，使阻尼层受切应力和切应变，从而耗散结构的振动能量，约束阻尼结构比自由阻尼结构消耗更多的能量，因此具有更好的减振性能。

当采用阻尼进行减振时，应根据实际工作环境条件合理地选取阻尼机构，通常自由层阻尼结构适用于拉压变形，约束层阻尼结构适用于剪切变形。阻尼处理位置对机械结构的减振性能具有显著的影响，有时在机械结构的表面全部进行阻尼处理会造成浪费，此时可根据不同阻尼结构的阻尼机理，进行阻尼位置优化，采用局部阻尼处理以达到最佳的性价比。

6.6　振动主动控制

图 6-9 所示以单自由度系统为例阐述被动、半主动及主动控制的基本思路。当采用被动控制时，通过选择合适的弹簧刚度 k 和阻尼器阻尼 c 来隔离作用在质量 m 上的激励力 f，当 k 和 c 选定时，在整个工作区间内，是完全保持不变的。当采用半主动控制时，刚度 k 和阻尼 c 可随着激励力的不同而产生变化，此时 k 和 c 不再是一个恒定的值，会随着激励力 f 的变化而不断调整，从而比被动控制具有更好的隔振效果。主动控制通过外接能源，驱动一个作动器（如压电式、电磁式、液力式作动器），额外施加一个控制力 f_c 在质量 m 上，通过控制算法可部分或完全抵消激励力 f 的作用，从而提高系统的隔振性能。

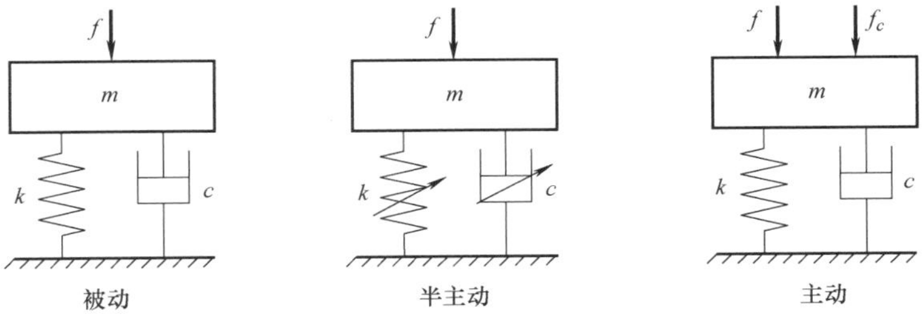

图 6-9　三种控制方式示意图

振动半主动控制系统包括变刚度系统或变阻尼系统，其结合了主动控制与被动控制系统的优点，既具有被动控制系统的可靠性，又部分具备主动控制系统的性能，有时甚至可达到主动控制系统的控制效果，而且结构较简单。

振动主动控制是一种现代振动控制方法，主动控制系统主要由测量系统、控制系统、动力驱动系统等组成。传感器将测得的振动信号传递到控制系统，通过计算机处理这些信号，按给定的控制算法计算所需的控制力，并发送控制信号给动力驱动系统，借助外部能源产生控制力，作用于机械结构，以减小设备的振动。对机械结构进行主动控制，需要时刻施加控制力，主动控制按控制力是否需要被控对象振动信号分为两种：

1）开环控制法：在机械结构激励源一端安装传感器，根据激励源调整控制力，而不参照结构振动响应，即形成了开环控制系统。

2）闭环控制法：用传感器测量机械结构的振动，根据结构响应来调整控制力，形成了闭环控制系统。闭环控制法将机械结构的振动特性反映到控制中，通过反馈提高了控制精度与效果。

振动主动控制减振效果好，能适应外界干扰以及结构参数的不确定性，对机械结构改动不大，调整方便，既适用于干扰力频率变化较大的场合，也适用于低频的减振。

习　题

6-1　对一质量为200kg、工作转速为1000r/min的电动机提供80%以上的隔振，求所需的无阻尼隔振器的最大弹簧刚度。

6-2　发动机工作转速为1500~2000r/min，要隔离发动机引起的电子设备90%以上的振动，求所用的无阻尼隔振器的最小静变形。

6-3　一质量为200kg的电动机以2000r/min的速度转动，若把它安装在4个并联的相同弹簧上，每个弹簧的刚度系数均为3×10^5N/m，求电动机获得的隔振效率。

6-4　一涡轮机质量为100kg，转速为3000r/min，通过4个并联的相同弹簧支承在基础上，欲使传递到基础上的力为偏心质量惯性力的10%，求每个弹簧的刚度。

6-5　一质量为100kg的机器与一个刚度系数为2×10^5N/m的弹簧相连，在运行过程中受到一简谐激励力，其幅值为500N，频率为50rad/s，设计一无阻尼动力吸振器，使主质量的稳态振幅为0，动力吸振器的稳态振幅小于2mm。

6-6　一无阻尼动力吸振器的质量为10kg，固有频率为100rad/s，将其安装到刚度系数为5×10^6N/m的单自由度系统中，此系统的较低固有频率为80rad/s，求系统的较高固有频率。

6-7　一电动机质量为100kg，固有频率为100rad/s，使用一质量为10kg的无阻尼动力吸振器对其进行减振，电动机转速为80rad/s，求无阻尼动力吸振器的刚度。

6-8　一无阻尼动力吸振器的质量为15kg，固有频率为250rad/s，将其安装到一个质量为150kg，刚度系数为1×10^7N/m的机器上，当主系统以频率为250rad/s振动时，吸振器的振幅为3.9mm，求当主系统以频率275rad/s工作时机器的振幅。

第7章

振动数据分析

振动数据分析是振动工程技术应用重要的组成部分，因为无论仿真或试验的最终判定都是对数据进行处理分析。振动数据分析包括信号数据前处理和正式的数据处理，前处理是将最新采集的信号进行数据标准化、趋势项消除以及滤波等技术处理，尽可能地消除外界的干扰以获得工程实际需要的信号。正式的数据处理方法有很多，根据分析的目的和信号的特征可分为时域分析、频域分析和时频分析。

7.1 信号数据前处理

在自然界中，有些振动信号是以数字形式呈现的，如中子发射现象中的信号。然而，在多数情况下原始信号都是模拟信号，为方便处理都必须先通过模/数转换器转换为数字信号。通常而言，振动信号都是以时间为自变量的，即为时间的函数。但也有例外，如在车辆平顺性问题中，车辆所受路面的激励就是以空间长度为自变量的随机信号。本书将重点讨论以时间为自变量的振动信号。在对这些信号进行计算处理时，往往将其表示成时间序列。

将一离散的振动信号表示成如下形式：

$$\{u_n\},n=1,2,\cdots,N \tag{7-1}$$

其中下标 n 表示信号的数值在序列中的排序，它与离散时间有着密切的联系。设初始时间为 t_0，取时间步长为 Δt，则第 n 个序列数值所对应的时间为

$$t_n=t_0+\Delta t,\quad n=1,2,\cdots,N \tag{7-2}$$

即对于一组采样信号，有

$$u_n=u(t_0+n\Delta t),\quad n=1,2,\cdots,N \tag{7-3}$$

因此，对于该采样信号来说，采样时间即为 $T=N\Delta t$。同时，由采样定理可知，其最高分析频率（Nyquist 频率）应为

$$f_A=\frac{1}{2\Delta t} \tag{7-4}$$

在数据处理之前，仍需对采集的信号进行统一处理，主要包含数据标准化处理、趋势项消除以及数字滤波。

7.1.1 数据标准化处理

设有一组采样信号 u_n，$n=1,2,\cdots,N$，其均值可表示为

$$\bar{u} = \frac{1}{N}\sum_{n=1}^{N} u_n \tag{7-5}$$

对于平稳的各态历经过程，$\bar{u}$ 是原信号均值 μ 的无偏估计。为了后面方便，将序列 u_n 转化成一组新的序列 x_n，需进行零均值处理，即

$$x_n = x(t_0 + n\Delta t) = u_n - \bar{u},\quad n = 1,2,\cdots,N \tag{7-6}$$

下面所有的公式都将基于这个处理，即零均值的时间序列 $\bar{x}=0$。该序列的标准差为

$$s = \left(\frac{1}{N-1}\sum_{n=1}^{N} x_n^2\right)^{\frac{1}{2}} \tag{7-7}$$

可以证明，s 是原信号标准差 σ_x 的无偏估计，s^2 是原信号方差 σ_x^2 的无偏估计。在今后的计算机信号处理中，如果采用与浮点计算截然相反的定点计算，或者需要进行除法计算，那么必须再将序列 x_n 转化成一组更新的时间序列

$$z_n = \frac{x_n}{s},\quad n = 1,2,\cdots,N$$

7.1.2 消除趋势项

实际振动测试中采集到的数据，由于传感器频率范围外低频性能的不稳定、传感器周围环境的干扰以及功率放大器随着温度变化产生的零点漂移，往往会偏离基线，甚至偏离的大小还会随时间变化。偏离基线随时间变化的整个过程被称为信号的趋势项，它是一个低频的成分，拥有较大的波长，通常比采样时间 $T=N\Delta t$ 要大。趋势项对信号的正确处理有着较大的影响，应当将其消除。最常用的方法是多项式最小二乘法消除趋势项。

用多项式函数拟合实测采样数据 u_n，即

$$\tilde{u}_n = \sum_{k=0}^{K} b_k (n\Delta t)^k,\quad n = 1,2,\cdots,N \tag{7-8}$$

确定函数 $\tilde{u}_n$ 的各待定系数 b_k，$k=0$，1，2，…，K，使得函数 $\tilde{u}_n$ 与离散数据 u_n 的误差平方和最小，即

$$Q = \sum_{n=1}^{N}(u_n - \tilde{u}_n)^2 = \sum_{n=1}^{N}\left[u_n - \sum_{k=0}^{K} b_k (n\Delta t)^k\right]^2 \tag{7-9}$$

满足 Q 有极值的条件为其对 b_k 的偏导为零，即

$$\frac{\partial Q}{\partial b_m} = 2\sum_{n=1}^{N}(n\Delta t)^m\left(\sum_{k=0}^{K} b_k (n\Delta t)^k - u_n\right) = 0,\quad m = 0,1,2,\cdots,K \tag{7-10}$$

依次取 Q 对 b_k 求偏导，可以产生一个 $K+1$ 元线性方程组

$$\sum_{k=0}^{K} b_k \sum_{n=1}^{N}(n\Delta t)^{k+m} = \sum_{n=1}^{N} u_n (n\Delta t)^m,\quad m = 0,1,2,\cdots,K \tag{7-11}$$

解方程组，可以求出 $K+1$ 个待定系数 b_k，$k=0$，1，2，…，K。上面各式中，K 为设定的多项式的阶次，其值范围为 $0\leqslant k\leqslant K$。

当 $K=0$ 时，式（7-11）变为

$$b_0\sum_{n=1}^{N}(n\Delta t)^0=\sum_{n=1}^{N}u_n(n\Delta t)^0 \tag{7-12}$$

解方程，得

$$b_0=\frac{1}{N}\sum_{n=1}^{N}u_n=\bar{u} \tag{7-13}$$

可以看出，当 $K=0$ 时的趋势项为信号采样数据的算术平均值。消除常数趋势项的计算公式为

$$y_n=u_n-\tilde{u}_n=u_n-b_0 \tag{7-14}$$

当 $K=1$ 为线性趋势项，式（7-11）变为

$$\begin{cases}b_0\sum_{n=1}^{N}(n\Delta t)^0+b_1\sum_{n=1}^{N}(n\Delta t)^1=\sum_{n=1}^{N}u_n(n\Delta t)^0\\ b_0\sum_{n=1}^{N}(n\Delta t)+b_1\sum_{n=1}^{N}(n\Delta t)^2=\sum_{n=1}^{N}u_n(n\Delta t)\end{cases} \tag{7-15}$$

注意到

$$\begin{cases}\sum_{n=1}^{N}n=\dfrac{N(N+1)}{2}\\ \sum_{n=1}^{N}n^2=\dfrac{N(N+1)(2N+1)}{6}\end{cases} \tag{7-16}$$

解式（7-15）得

$$\begin{cases}b_0=\dfrac{2(2N+1)\sum_{n=1}^{N}u_n-6\sum_{n=1}^{N}nu_n}{N(N-1)}\\ b_1=\dfrac{12\sum_{n=1}^{N}nu_n-6(N+1)\sum_{n=1}^{N}u_n}{\Delta tN(N-1)(N+1)}\end{cases} \tag{7-17}$$

消除线性趋势项的计算公式为

$$y_n=u_n-\tilde{u}_n=u_n-b_0-b_1n\Delta t \tag{7-18}$$

当 $K\geqslant 2$ 时为曲线趋势项。在实际振动信号数据处理中，通常取 $K=1\sim3$ 来对采样数据进行多项式趋势项消除的处理。

图 7-1～图 7-3 给出了整个消除趋势项的过程，图 7-1 所示是原始采集信号，从图中可以看出有一个明显的偏移趋势。采用 $K=1$ 时多项式来消除趋势项的影响，消除之后的信号如图 7-2 所示，图 7-3 给出了趋势项多项式。

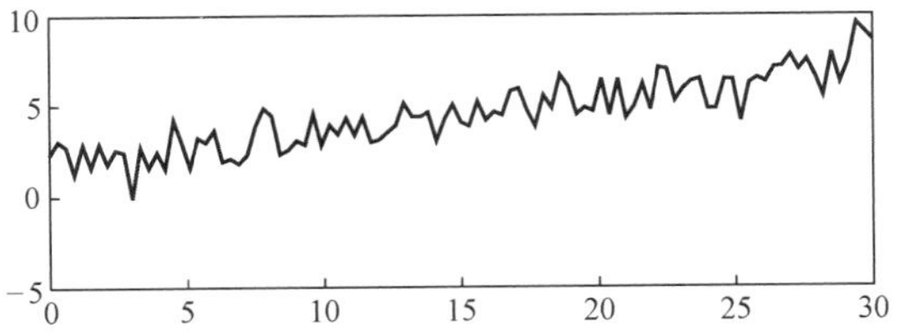

图 7-1　原始采集信号

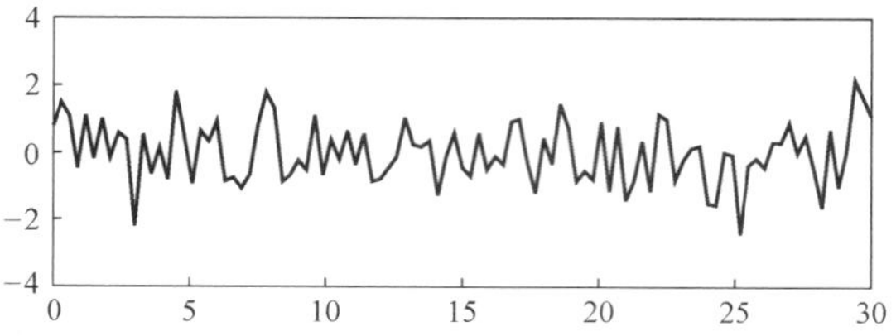

图 7-2　消除趋势项后的信号

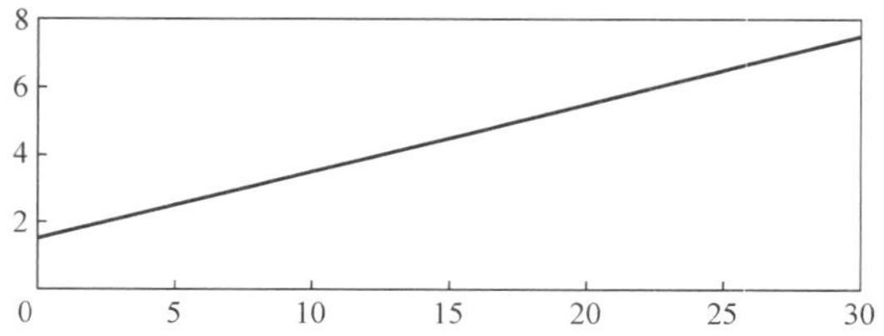

图 7-3　趋势项多项式

7.1.3　数字滤波

在对振动信号进行更深层次分析之前，对其进行数字滤波是很有必要的。之所以要滤波，是因为人们往往只对信号中的部分成分感兴趣，滤波后可滤除测试信号中的噪声或虚假成分、提高信噪比、平滑分析数据、抑制干扰信号以及分离频率分量等。

理想的滤波器应该让信号中感兴趣或者有用频段的分量完整地通过滤波器，而不需要的成分将被完全抑制。用理想的系统函数来表示这种特性就是

$$H_d(\omega)=\begin{cases}1 & 在带通频段内\\0 & 在带阻频段内\end{cases} \tag{7-19}$$

在工程上想要完全实现这样的目标是不可能的，而实际的工程上也并不需要有如此理想的频率特性，只要满足一定的技术指标即可。

如图 7-4 所示，点画线表示的是理想的低通滤波器应具有的特性，在低通频带范围内其谱值为 1，在高频处谱值为 0。事实上这是一个很难实现的过程，只可用工程指标来限制。图中实线表示预定技术指标的系统幅频响应，在通频带内，要求在 $\pm\delta_p$ 的误差内，系统幅频响应逼近于 1，即

$$1-\delta_p \leqslant |H(\mathrm{e}^{\mathrm{j}\omega})| \leqslant 1+\delta_p \tag{7-20}$$

在阻带内，要求系统幅频响应逼近于零，误差不大于 δ_s，即

$$|H(\mathrm{e}^{\mathrm{j}\omega})| \leqslant \delta_s \quad \omega_s \leqslant |\omega| \leqslant \pi \tag{7-21}$$

通带截止频率 ω_p 和阻带截止频率 ω_s 都是数字频率，在 $\omega_s \sim \omega_p$ 的频率区间内的幅频特性单调下降，称为过渡带 $\Delta\omega$。

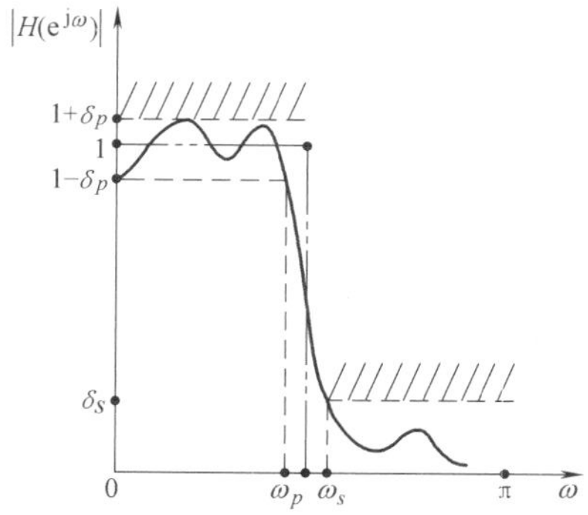

图 7-4　逼近理想低通滤波器容限图

数字滤波一般有频域滤波和时域滤波两种方法，设滤波器的输入时间信号为 $x(t)$，输出时间信号为 $y(t)$，它们在 Z 域的关系表达式为

$$Y(z)=H(z)X(z) \tag{7-22}$$

滤波器实际上就是实现滤波功能的运算环节，数字滤波器可用系统传递函数表示为

$$H(z)=\frac{Y(z)}{X(z)} \tag{7-23}$$

1. 数字滤波的频域方法

在频域滤波中，先将输入信号 $x(t)$ 进行傅里叶变换得到 $X(f)$，与系统传递函数 $H(f)$ 相乘，再将结果进行傅里叶逆变换即可得到滤波后信号

$$y(t)=\text{IFT}[H(f)X(f)] \tag{7-24}$$

其中傅里叶变换与傅里叶逆变换将在下节中介绍。数字滤波的频域方法优点是方法简单，计算速度较快，滤波频带控制精度高，可用来设计包括多带梳状滤波器的任意响应滤波器。特别是计算机技术的快速发展，计算机的运算速度和内存都得到了质的飞跃，数字滤波的频域方法有着更加广泛的应用空间。但由于频域数据的突然阶段造成的谱泄露会造成滤波后的时域信号出现失真变形，在不考虑加平滑衰减过渡带的情况下，数字滤波的频域方法比较适合于数据长度较大的信号或者振动幅值最终是逐渐变小的信号，如冲击响应、地震响应等类似的振动信号处理。

2. 数字滤波的时域方法

数字滤波的时域方法是对信号离散数据进行差分方程数学运算来达到滤波的目的，主要有 FIR 数字滤波器与 IIR 数字滤波器。FIR 又称为有限长冲激响应滤波器，IIR 又称为无限长冲激响应滤波器。

FIR 滤波器的滤波表达式为

$$y_i=\sum_{k=0}^{M}h_k x_{i-k} \tag{7-25}$$

式中，x_i和 y_i分别表示输入和输出时域信号序列；h_k是滤波系数。它是下式卷积积分方程的数字等价形式：

$$y(t)=\int_0^{\infty}h(\tau)x(t-\tau)\,\mathrm{d}\tau \tag{7-26}$$

式中，$h(\tau)$ 是理想滤波器的单位脉冲响应函数。可用类似的方法，定义 h_k为数字滤波器的单位脉冲响应函数。

IIR 滤波器的输出时间序列不仅与输入时间序列有关，还与之前输出序列有关，是二者的叠加，这在工程上称为反馈。一般需要用递归模型来实现，因而又称为递归滤波器。一个简单的 IIR 滤波器可表示为

$$y_n=cx_n+\sum_{k=1}^{M}h_k y_{n-k} \tag{7-27}$$

式中用了 M 个前期输出序列和一个输入序列来表示当前的输出。当然，更一般的情况是用 M 个前期输出序列和一个输入序列来表示，即

$$y_n=\sum_{k=1}^{N}c_k x_{n-k}+\sum_{k=1}^{M}h_k y_{n-k} \tag{7-28}$$

图 7-5 给出了式（7-27）所表示的 IIR 滤波器的流程图。三角形表示前面的值与内部值相乘，方框中的 Δt 表示两点之间的延迟时间，圆圈中符号表示求和。

式（7-27）的傅里叶变换为

$$Y(f)=cX(f)+Y(f)\sum_{k=1}^{M}h_k \mathrm{e}^{-\mathrm{j}2\pi fk\Delta t} \tag{7-29}$$

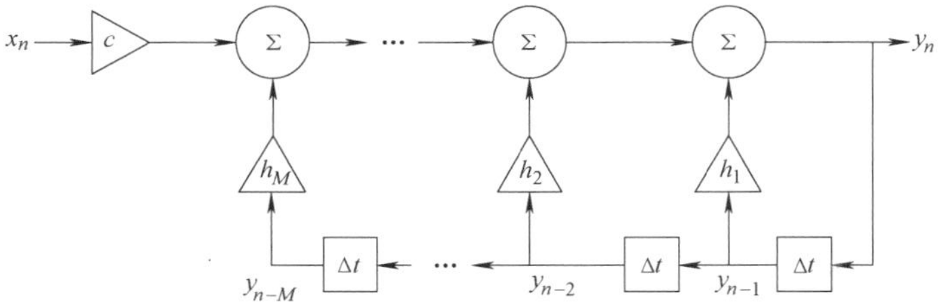

图 7-5　IIR 滤波器流程图

从该式可以得到系统的全局频率响应函数为

$$H(f)=\frac{X(f)}{Y(f)}=\frac{c}{1-\sum_{k=1}^{M}h_k e^{-j2\pi fk\Delta t}} \tag{7-30}$$

式中，M 为 IIR 滤波器的阶数，或可称为滤波器系统频响函数的极点数。

IIR 数字滤波器的设计通常借助于模拟滤波器原型，再将模拟滤波器转换成数字滤波器。模拟滤波器的设计较为成熟，既有完整的计算公式，还有较为完整的可控查询的图表。因此，充分利用这些已有的资源将给数字滤波器的设计带来更多的便利。

例 7-1　设计一个典型的简单 IIR 滤波器，如下式所示：

$$y_n=(1-a)x_n+ay_{n-1} \tag{7-31}$$

式中 $a=e^{-\frac{\Delta t}{RC}}$，这是一低通滤波器。为确定该滤波器的特性，根据式（7-30）得到系统频率响应函数为

$$H(f)=\frac{1-a}{1-ae^{-j2\pi f\Delta t}} \tag{7-32}$$

滤波器增益的二次方为

$$|H(f)|^2=\frac{(1-a)^2}{(1-a)^2-2a\cos2\pi f\Delta t} \tag{7-33}$$

注意到如果 $RC\gg\Delta t$，那么 $a=e^{-\frac{\Delta t}{RC}}\approx1-\frac{\Delta t}{RC}$，即 $1-a\approx\frac{\Delta t}{RC}$。同时，如果 $2\pi f\Delta t\ll1$，那么有 $e^{-j2\pi f\Delta t}\approx1-j2\pi f\Delta t$。在这种情况下，有

$$H(f)\approx\frac{1}{1+j2\pi fRC} \tag{7-34}$$

且

$$|H(f)|^2\approx\frac{1}{1+(2\pi fRC)^2} \tag{7-35}$$

这就是常用的低通 RC 滤波器的结果。

下面再介绍几种常用的模拟低通滤波器的原型产生函数有巴特沃斯滤波器原型、切比雪夫Ⅰ型和Ⅱ型滤波器原型、椭圆滤波器原型和贝塞尔滤波器原型。

（1）巴特沃斯滤波器　低通巴特沃斯滤波器的特性函数为

$$|H(\mathrm{j}\Omega)|^2=\frac{1}{1+\left(\frac{\Omega}{\Omega_c}\right)^{2N}} \tag{7-36}$$

式中，N 为滤波器的阶数；Ω_c 为通带宽度。巴特沃斯滤波器具有通带内最平坦的幅度特性，且随着频率升高呈单调减。

（2）切比雪夫Ⅰ型滤波器　低通切比雪夫Ⅰ型滤波器的特性函数为

$$|H(\mathrm{j}\Omega)|^2=\frac{1}{1+\varepsilon^2 C_N^2(\Omega)} \tag{7-37}$$

式中，ε 为小于 1 的正数，表示通带波纹大小参数，ε 大，波纹也大；$C_N(\Omega)=\cos[N\arccos(\Omega)]$ 为切比雪夫多项式，可查表获得。切比雪夫滤波器的频率特性无论在通带还是阻带幅值都随频率单调变化。如果在通带边缘满足指标，则在通带内必然有富余量，所以并不经济。因此可将指标的精度要求均匀地分布在通带内，或者均匀分布在阻带内，也可同时分布在通带和阻带内。在滤波器设计中，可以通过选择具有等波纹特性的逼近函数来实现精度的均匀分布。在切比雪夫Ⅰ型滤波器中，通带中是等波纹的，在阻带内是单调的。在切比雪夫Ⅱ型滤波器中，通带中是单调的，在阻带内是等波纹的。

（3）切比雪夫Ⅱ型滤波器　低通切比雪夫Ⅱ型滤波器的特性函数为

$$|H(\mathrm{j}\Omega)|^2=\frac{1}{1+\varepsilon^2\left[\frac{C_N^2(\Omega_s)}{C_N^2(\Omega_s/\Omega)}\right]} \tag{7-38}$$

式中，Ω_s 为阻带衰减达到规定数值的最低频率。

（4）椭圆滤波器　低通椭圆滤波器的特性函数为

$$|H(\mathrm{j}\Omega)|^2=\frac{1}{1+\varepsilon^2 U_N^2\left[\frac{\Omega}{\Omega_s}\right]} \tag{7-39}$$

式中，$U_N(x)$ 为 N 阶雅可比椭圆函数。低通椭圆滤波器可得到更大的下降斜度，同时通带和阻带内均为等波纹，一般情况下椭圆滤波器能以最低的阶数实现指定性能的指标。

7.2　信号时域分析方法

振动信号的时域处理主要是对时域信号波形的分析处理，上节所介绍的滤波也属于时域分析的重要内容之一。根据需要，滤除或保留实测信号波形的某些频率成分可通过滤波来实现。波形的最大值、平均值、有效值，分析波形与波形之间相似程度的相关函数以及将位移、速度和加速度进行相互转换的积分和微分变换也属于振动信号时域处理的范畴。对于随机振动信号，除了上述处理方法外，更常用的是一些概率和数理统计的处理方法，如概率分布函数、概率密度函数、均值、均方值和相关分析等。

在信号处理中，我们主要针对的是采集到的振动数据，它们大多以离散数据形式存在，所采用的算法也是针对离散数据的算法。在此，有必要先将采样相关的内容进行简要的介绍。在进行振动信号采集时，主要涉及的参数有分析频率 f_n，表示感兴趣或者有效的

分析信号成分的最高频率；采样频率f_s，即每秒钟采样的点数或个数，它与分析频率之间必须满足采样定理

$$f_s \geqslant 2f_n \tag{7-40}$$

通常为了方便数据后面进行快速傅里叶变换处理，取$f_s = 2.56f_n$。采样点数N，表示采样信号的数据量，一般为2的整数次方个。采样周期T，表示一个采样样本的时间长度。时间间隔Δt，表示相邻两个采样数据之间的时间间隔。频率分辨率Δf，表示对采样数据进行频域分析时两个离散点之间最小的频率长度。这些参数之间的关系如下：

$$\begin{cases} \Delta t = \dfrac{1}{f_s} = \dfrac{T}{N} \\ \Delta f = \dfrac{1}{T} = \dfrac{f_s}{N} \\ T = N\Delta t = \dfrac{N}{f_s} \end{cases} \tag{7-41}$$

一般情况下，只要知道其中两个参数，其余的参数均可通过式（7-41）获取。在实际的振动信号分析中，通常设定分析频率f_n和采样点数N这两个参数。

7.2.1 时域积分和微分

设振动信号离散数据为$\{x(k)\}(k=1, 2, \cdots, N)$，数值积分中采取时间步长$\Delta t$为积分步长，则梯形数值求积公式为

$$y(k) = \Delta t \sum_{i=1}^{k} \frac{x(i-1) + x(i)}{2}, \quad k = 2,3,\cdots,N \tag{7-42}$$

中心差分数值微分公式为

$$y(k) = \frac{x(k+1) - x(k-1)}{2\Delta t}, \quad k = 2,3,\cdots,N-1 \tag{7-43}$$

7.2.2 信号的幅值分布

对于平稳振动信号$x(t)$，按照等间隔采样得到N个离散数据，表示为序列$\{x(k)\}$$(k=1, 2, \cdots, N)$，可从该组采样数据中估算出信号的幅值分布，用概率密度函数$p(x)$来表示。其值可表示为

$$p(x) = \frac{N_x}{N\Delta x} \tag{7-44}$$

式中，N_x是序列$\{x(k)\}$内N个离散数值落在区间$[x-\Delta x/2, x+\Delta x/2]$中的数据个数，$\Delta x$是中心为$x$的窄区间。设$\{x(k)\}$的数值分布在$[a, b]$区间内，并将该区间分成$n$个窄的区间，那么每个窄区间的宽度为

$$\Delta x = \frac{b-a}{n} \tag{7-45}$$

第i个区间的起点为$a+i\Delta x$，终点为$a+(i+1)\Delta x$，记N_i为落在第i个区间内数值的个数，将所有区间内的个数都排列出来，得表7-1。

表 7-1　离散数据区间及落入其中数值的个数

区　间	区间内数值个数
$[a, a+\Delta x)$	N_1
$[a+\Delta x, a+2\Delta x)$	N_2
$\vdots$	$\vdots$
$[a+(i-1)\Delta x, a+i\Delta x)$	N_i
$\vdots$	$\vdots$
$[a+(n-1)\Delta x, b]$	N_n

显然，有

$$N = \sum_{i=1}^{n} N_i \tag{7-46}$$

得到信号概率密度函数

$$p(x) = \frac{N_i}{N\Delta x} = \frac{nN_i}{(b-a)\sum_{i=1}^{n} N_i} \tag{7-47}$$

由于 n 的取值不一样，对于确定的数据序列 $\{x(k)\}$ 所求得的 $p(x)$ 结果不是唯一的，因此式（7-47）只是 $p(x)$ 的估计值。

7.2.3　时域统计特征参数处理

对于确定性信号，如简谐信号或具有表达式的周期信号，其时域特征是比较容易获得的。比如简谐信号的周期、频率、幅值以及相位等，都可从信号数据中识别出来。但对于如随机信号之类的不确定信号，没有具体的数学表达式，不可预测未来某时刻的具体数值，只可用一些统计参数来表征信号的特征。对于平稳的随机信号，通常用以下参数来表示。

1. 均值

信号的均值描述了随机信号的静态分量。设振动信号离散数据为 $\{x(k)\}(k=1, 2, \cdots, N)$，其均值可表示为

$$\mu_x = \frac{1}{N}\sum_{k=1}^{N} x_k \tag{7-48}$$

因为

$$\mu_x = \frac{1}{N}\left(\sum_{k=1}^{N-1} x_k + x_N\right) \tag{7-49}$$

用递推算法，有

$$\mu_{x_n} = \frac{n-1}{n}\left(\frac{1}{n-1}\sum_{k=1}^{n-1} x_k\right) + \frac{1}{n}x_n = \frac{n-1}{n}\mu_{x_{n-1}} + \frac{1}{n}x_n \tag{7-50}$$

式中，μ_{x_n} 表示信号离散数据前 n 项的均值。

2. 均方值

信号的均方值一般表示信号的能量，可表示为

$$\psi_x^2 = \frac{1}{N}\sum_{n=1}^{N} x_n^2 \tag{7-51}$$

类似均值的递推算法，可得前 n 项的均方值与前 $n-1$ 项均方值的关系为

$$\psi_{x_n}^2 = \frac{n-1}{n}\psi_{x_{n-1}}^2 + \frac{1}{n}x_n^2 \tag{7-52}$$

3. 方均根值

对于各态历经过程，方均根值往往具有重要的作用，它表示信号的振动量级。它就是均方值的正二次方根

$$\psi_x = \sqrt{\psi_x^2} = \sqrt{\frac{1}{N}\sum_{n=1}^{N} x_n^2} \tag{7-53}$$

4. 方差

信号的方差表示了振动幅值的动态分量

$$\sigma_x^2 = \frac{1}{N}\sum_{k=1}^{N}(x_k - \mu_x)^2 \tag{7-54}$$

用递推算法，可得

$$\sigma_{x_n}^2 = \frac{n-1}{n}\left[\sigma_{x_{n-1}}^2 + \frac{1}{n}(x_n - \mu_{x_{n-1}})\right] \tag{7-55}$$

7.2.4 相关分析

相关分析是从时差域来描述随机信号的特征的，它可描述信号在不同时间的相似特性。设一个随机过程在 t 与 $t+\tau$ 时刻的随机变量分别是 $x(t)$ 和 $x(t+\tau)$，参数 τ 表示时差，即 $x(t+\tau)$ 比 $x(t)$ 延时了时间 τ。将两者乘积的数学期望定义为信号 $x(t)$ 的自相关函数，即

$$R_{xx}(t,\tau) = E[x(t)x(t+\tau)] \tag{7-56}$$

从式（7-56）可以看出，一个信号的自相关函数与信号的起点和时差有关。对于各态历经的平稳随机信号，知其自相关函数与起点无关，只与时差有关，即

$$R_{xx}(t,\tau) = R_{xx}(\tau) = E[x(t)x(t+\tau)] = \lim_{T\to\infty}\frac{1}{T}\int_0^T x(t)x(t+\tau)\mathrm{d}t \tag{7-57}$$

显然，当 $\tau=0$ 时，有

$$R_{xx}(0) = E[x(t)x(t)] = \lim_{T\to\infty}\frac{1}{T}\int_0^T x^2(t)\mathrm{d}t = \psi_x^2 \tag{7-58}$$

即在时差为 0 时，自相关函数等于信号的均方差，从另一角度说明了自相关函数与系统的能量也有关系。当时差 $\tau\to\infty$ 时，

$$R_{xx}(\tau)\big|_{\tau\to\infty} = E[x(t)x(t+\tau)]\big|_{\tau\to\infty} = \lim_{\substack{T\to\infty\\ \tau\to\infty}}\frac{1}{T}\int_0^T x(t)x(t+\tau)\mathrm{d}t = \mu_x^2 \tag{7-59}$$

式（7-59）说明了自相关函数收敛于信号均值的平方。图 7-6 给出了自相关函数的曲线图，从图中我们可以得出自相关函数的几个特征：

1）$R_{xx}(\tau)$ 是实函数。

2）$R_{xx}(\tau)$ 是偶函数。

3）$R_{xx}(0)=\psi_x^2$，$R_{xx}(\infty)=\mu_x^2$。

4）$R_{xx}(\tau)\leqslant R_{xx}(0)$。

图中显示，信号时差越小，自相关函数越大，说明两者的相似性越高。时差越大，两者相似性就越低。

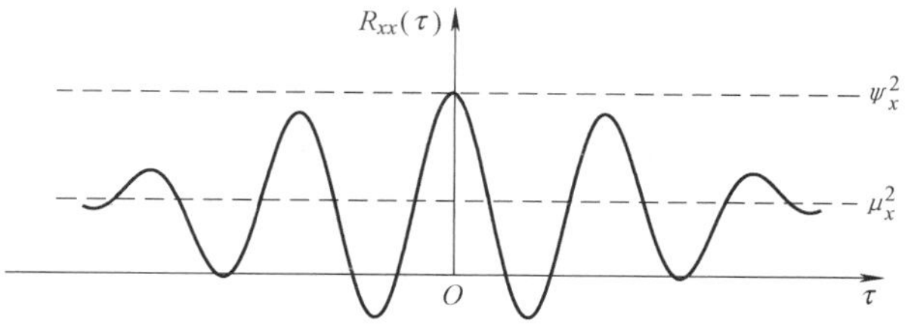

图 7-6　随机信号的自相关函数曲线

相关分析除了自相关分析，还包含两个不同信号的互相关分析。设有两个不同的随机过程 X 和 Y，它们的随机变量分别为 $x(t)$ 和 $y(t)$，则两者的互相关函数定义为

$$R_{xy}(t,\tau)=E[x(t)y(t+\tau)] \tag{7-60}$$

或者

$$R_{yx}(t,\tau)=E[y(t)x(t+\tau)] \tag{7-61}$$

互相关函数有以下特征：

1）对于各态历经的随机信号 $x(t)$ 和 $y(t)$，它们的互相关函数只跟时间差有关，而与时间起点无关

$$R_{xy}(t,\tau)=R_{xy}(\tau)=\lim_{T\to\infty}\frac{1}{T}\int_0^T x(t)y(t+\tau)\mathrm{d}t \tag{7-62}$$

2）$R_{xy}(t,\tau)=R_{yx}(t,-\tau)$

互相关函数在工程中应用较广，它可以用来检测振动系统的响应信号与激励信号之间的时间差，求两个信号的互相关函数，在函数最大值所对应的时间即为两者的时间差，或者说是响应相对于激励的滞后时间。它还可以用于确定信号的传递通道，具体做法是先测定某通道的传递时间，再计算与该通道互相关函数达到最大值所对应的时间，若两者相等，则可判定信号主要是通过该通道传递的。互相关函数还可用于检测噪声中的周期信号或随机信号，确定各种振源在振动响应中所占的比重等。

下面介绍自相关函数和互相关函数的离散数值算法。对连续零均值平稳随机信号 $x(t)$ 进行数据采样，得到序列 $x(k)$，$k=0$，1，2，…，$N-1$，其中采样的时间间隔为 Δt。根据式（7-57）知延迟时间 τ 也是离散值，并且是时间间隔 Δt 的整数倍，记为 $\tau=r\Delta t$，则该信号的自相关函数 $R_{xx}(r\Delta t)$ 为

$$R_{xx}(r\Delta t)=\frac{1}{N\Delta t}\sum_{k=0}^{N-1}x(k)x(k+r)\Delta t=\frac{1}{N}\sum_{k=0}^{N-1}x(k)x(k+r) \tag{7-63}$$

其中 $r=1$，2，…，m 表示时间差的度量。因为时间滞后了 $r\Delta t$，所以 k 的最大取值为 $N-r$，所以有

$$R_{xx}(r\Delta t)=\frac{1}{N-r}\sum_{k=0}^{N-r-1}x(k)x(k+r) \tag{7-64}$$

对于互相关函数，同样应用上面的讨论，可以得到

$$R_{xy}(r\Delta t)=\frac{1}{N-r}\sum_{k=0}^{N-r-1}x(k)x(k+r),\quad r=1,2,\cdots,m \tag{7-65}$$

事实上，自相关函数和自功率谱密度、互相关函数和互功率谱密度都是傅里叶变换

对，它们之间的计算可以通过傅里叶变换与傅里叶逆变换获得，后文将详细介绍两者的关系，此处暂且不表。

7.3 傅里叶级数与傅里叶变换

上文所述都是在时间域里分析信号的特征，在实际信号分析中，我们更多地想知道信号中的频率成分，这就需要应用频域分析方法。傅里叶分析是信号频域分析的基本方法之一，也是非常重要的方法。它们之间的差别是，傅里叶级数分析针对的是周期函数，而傅里叶变换是面向任意信号的。它们虽然在理论上有区别，但在数值计算时并无差别。因为在对实际采样信号进行傅里叶分析时，总是对一段信号进行分析，这又回归于傅里叶级数分析。另外，傅里叶分析在后文谱密度计算或时频分析中具有重要作用，故在此有必要将其进行详细介绍。

7.3.1 傅里叶级数

设周期信号 $x(t)$ 的周期为 T_p，则该信号的基频为

$$f_1 = \frac{1}{T_p} \tag{7-66}$$

可用傅里叶级数表示为

$$x(t) = \frac{a_0}{2} + \sum_{q=1}^{\infty}(a_q \cos 2\pi q f_1 t + b_q \sin 2\pi q f_1 t) \tag{7-67}$$

式中，

$$a_q = \frac{2}{T_p}\int_0^{T_p} x(t)\cos 2\pi q f_1 t\mathrm{d}t, \quad q = 0,1,2,\cdots$$

$$b_q = \frac{2}{T_p}\int_0^{T_p} x(t)\sin 2\pi q f_1 t\mathrm{d}t, \quad q = 1,2,3,\cdots \tag{7-68}$$

式（7-67）和式（7-68）是傅里叶级数的标准形式。它表明任一周期函数可以表示成若干三角函数的线性叠加，叠加系数可通过式（7-68）求得。频率成分是基频 f_1 的整数倍，即只有在 qf_1 处才有值，可将其用幅值和频率两坐标表示，称为频谱。换句话说，周期信号的频谱是离散的。

考虑一段采样信号 $x(t)$，其长度 T_r正好为一个周期，即 $T_r = T_p$。根据采样定理，采样间隔为 Δt，采样点数为 N，则有 $T_p = N\Delta t$。记信号的初始时间为 Δt，则采样数据可表示为

$$x_n = x(n\Delta t), \quad n = 1,2,\cdots,N \tag{7-69}$$

计算这有限数据的傅里叶级数，对于时间区间 0 到 T_p内任一时刻 t，有

$$x(t) = A_0 + \sum_{q=1}^{N/2} A_q \cos\left(\frac{2\pi q t}{T_p}\right) + \sum_{q=1}^{N/2-1} B_q \sin\left(\frac{2\pi q t}{T_p}\right) \tag{7-70}$$

在离散点 $t = n\Delta t$，$n = 1$，2，…，N 处，

$$x_n = x(n\Delta t) = A_0 + \sum_{q=1}^{N/2} A_q \cos\left(\frac{2\pi qn}{N}\right) + \sum_{q=1}^{N/2-1} B_q \sin\left(\frac{2\pi qn}{N}\right) \tag{7-71}$$

式中的系数计算公式为

$$\begin{cases} A_0 = \dfrac{1}{N}\sum\limits_{n=1}^{N} x_n = \bar{x} = 0 \\ A_q = \dfrac{2}{N}\sum\limits_{n=1}^{N} x_n \cos\dfrac{2\pi qn}{N}, \quad q = 1,2,\cdots,\dfrac{N}{2}-1 \\ A_{N/2} = \dfrac{1}{N}\sum\limits_{n=1}^{N} x_n \cos n\pi \\ B_q = \dfrac{2}{N}\sum\limits_{n=1}^{N} x_n \sin\dfrac{2\pi qn}{N}, \quad q = 1,2,\cdots,\dfrac{N}{2}-1 \end{cases} \tag{7-72}$$

根据上式，计算参数 A_q 和 B_q 包含如下步骤：

1）对于确定的 q 与 n，计算出 $\theta=2\pi qn/N$。

2）计算 $\cos\theta$、$\sin\theta$。

3）计算 $x_n\cos\theta$、$x_n\sin\theta$。

4）计算式（7-72）中的求和部分。

5）增加 q 值，并重复上述步骤。

所有过程计算完毕，总共需要 N^2 个乘法计算和 $N(N-1)$ 个加法计算。对于 N 值比较大的情况，为了计算系数 A_q 和 B_q，这种标准的数值计算方法将是十分耗时的，且效率低下。为了解决这个问题，1965 年发展了快速傅里叶变换的方法，将计算效率大大提高了。为了介绍该方法，先介绍傅里叶级数的拓展形式——傅里叶变换。

7.3.2 傅里叶变换

对于非周期振动信号 $x(t)$，要想得到其频率成分，可对其进行傅里叶变换

$$X(\omega) = \int_{-\infty}^{+\infty} x(t)\,e^{-j\omega t}dt \tag{7-73}$$

式中，$X(\omega)$ 称为时域信号 $x(t)$ 的傅里叶变换。它是以频率 ω 为自变量的函数，且是复数。其模对应频率的变化称为幅频特性，相位对应频率的变化称为相频特性。$x(t)$ 与 $X(\omega)$ 是信号在不同域里的表现形式，它们之间可以互相转化。在已知 $X(\omega)$ 的情况下，可以通过傅里叶逆变换得到对应的时域信号 $x(t)$，即

$$x(t) = \frac{1}{2\pi}\int_{-\infty}^{+\infty} X(\omega)\,e^{-j\omega t}d\omega \tag{7-74}$$

式（7-73）与式（7-74）称为傅里叶变换对，记为 $x(t)\Leftrightarrow X(\omega)$。傅里叶变换的性质可如表 7-2 所示。

表 7-2 傅里叶变换的性质及其数学表示

性质	数学表示
叠加性质	若 $x_1(t)\Leftrightarrow X_1(\omega)$，$x_2(t)\Leftrightarrow X_2(\omega)$，对于任意常数 a_1，a_2，有 $a_1x_1(t)+a_2x_2(t)\Leftrightarrow a_1X_1(\omega)+a_2X_2(\omega)$

（续）

性质	数学表示
相似性质	对于任意常数 a，有 $x(at)\Leftrightarrow\frac{1}{\vert a\vert}X\left(\frac{\omega}{a}\right)$
时延性质	对于任意常数 a，有 $x(t-\tau)\Leftrightarrow X(\omega)e^{-j\omega\tau}$
频移性质	$X(\omega-\omega_0)\Leftrightarrow x(t)e^{j\omega_0 t}$
微分定理	$\dot{x}(t)\Leftrightarrow j\omega X(\omega)$
积分定理	$\int_0^t x(t)dt\Leftrightarrow\frac{1}{j\omega}X(\omega)$
卷积定理	若 $x_1(t)\Leftrightarrow X_1(\omega)$，$x_2(t)\Leftrightarrow X_2(\omega)$，$x_1(t)$ 与 $x_2(t)$ 的卷积定义为 $x_3(t)=\int_{-\infty}^{+\infty}x_1(\tau)x_2(t-\tau)d\tau$ 则有 $X_3(\omega)=X_1(\omega)X_2(\omega)$
能量定理	$\int_{-\infty}^{+\infty}x^2(t)dt=\frac{1}{2\pi}\int_{-\infty}^{+\infty}\vert X(\omega)\vert^2 d\omega$

表中，卷积定理可类比振动系统在任意激励下响应的杜哈梅积分方法。我们知道，响应可用单位脉冲响应函数与激励进行卷积求得，即

$$x(t)=\int_0^t h(t-\tau)f(\tau)d\tau \tag{7-75}$$

记 $x(t)\Leftrightarrow X(\omega)$，$f(t)\Leftrightarrow F(\omega)$，单位脉冲响应函数 $h(t)$ 与频响函数 $H(\omega)$ 是一对傅里叶变换对，即

$$h(t)\Leftrightarrow H(\omega) \tag{7-76}$$

所以

$$X(\omega)=H(\omega)F(\omega) \tag{7-77}$$

这就是我们熟知的激励与响应在频域内的关系式。

另一性质为能量定理，即信号在时域内的能量表示与在频域内的能量表示是相等的，这个定理又称为帕塞瓦尔（Parseval）定理。

7.3.3 快速傅里叶变换

采样信号 $x(t)$ 既可以是实数，也可以是复数，它的傅里叶变换形式是式（7-73）。理论上，该式所要求的时间在无限范围内，实际很难满足。而且它要求 $x(t)$ 满足在时域上绝对可积，对于无限时长的平稳随机过程，这个条件也是很难满足的。但是，实际采样数据不可能时间无限长，总是采集一段信号，或者说就是在原信号上加上一个时长为 T 的矩形窗。即在 0 到 T 时间区域内，有限时长的傅里叶变换是存在的，定义为

$$X(\omega,T)=\int_0^T x(t)e^{-j\omega t}dt \tag{7-78}$$

依据采样定理对该段信号进行采样，采样间隔为 Δt，在［0，T］时间段内采样点数为 N。记起始时刻为 0，则离散时间点为 $t_n=n\Delta t$，时间序列为

$$x_n=x(n\Delta t),\quad n=0,1,2,\cdots,N-1 \tag{7-79}$$

所以，式（7-78）的离散形式可表示为

$$X(\omega,T)=\Delta t\sum_{n=0}^{N-1}x_n e^{-j\omega n\Delta t} \tag{7-80}$$

根据式（7-41），频域分析中的频率分辨率为采样周期的倒数，其幅值是离散的，只有在如下频率处才有值：

$$f_k=\frac{k}{T}=\frac{k}{N\Delta t},\quad k=0,1,2,\cdots,N-1 \tag{7-81}$$

通常称为f_k处的幅值为第 k 根谱线值 $X(f_k)$。其表达式为

$$X(f_k)=\Delta t\sum_{n=0}^{N-1}x_n e^{-j2\pi k\Delta f n\Delta t}=\Delta t\sum_{n=0}^{N-1}x_n e^{-j\frac{2\pi kn}{N}} \tag{7-82}$$

为便于计算，将采样间隔 Δt 移到式子的左边，记 X_k，即

$$X_k=\frac{X(f_k)}{\Delta t}=\sum_{n=0}^{N-1}x_n e^{-j\frac{2\pi kn}{N}} \tag{7-83}$$

注意到，X_k只有前 $N/2$ 项是独立的。因为根据采样定理，采样频率f_s是分析频率f_n的 2 倍，频率分辨率

$$\Delta f=\frac{1}{T}=\frac{f_s}{N} \tag{7-84}$$

所以

$$\frac{N}{2}\Delta f=\frac{N}{2}\frac{f_s}{N}=f_a \tag{7-85}$$

在进行频谱分析时，只要取前 $N/2$ 项即可得到分析频带内的所有信息，分析频率 f_n 又称为奈奎斯特（Nyquist）频率。式（7-83）称为离散傅里叶变换。记

$$W_N(u)=e^{-j\frac{2\pi u}{N}} \tag{7-86}$$

有 $W(N)=1$，对于任意的 u 和 v，有

$$W_N(u+v)=W_N(u)W_N(v) \tag{7-87}$$

令

$$X(k)=X_k,x(n)=x_n \tag{7-88}$$

则式（7-83）可写为

$$X(k)=\sum_{n=1}^{N-1}x(n)W_N(kn),\quad k=0,1,2,\cdots,N-1 \tag{7-89}$$

为了得到结果需要进行 N^2 次复数乘法和 $N(N-1)$ 次复数加法计算，而 1 次复数的乘法计算又相当于 4 次实数乘法和 2 次实数加法计算，这是相当耗时且繁杂的。

1965 年，库利和图基首次发现计算离散傅里叶变换的一种快速算法，这种算法是基于离散傅里叶变换的一些内在的规律。它的发现为离散傅里叶变换的广泛应用奠定了坚实的基础，称作快速傅里叶变换（FFT）。快速傅里叶变换有多种理论形式，如时间抽取基-2 算法和频率抽取基-2 算法。下面简要介绍一下频率抽取基-2 算法。

设时间序列长度 N 为 2 的整数幂次方，即

$$N=2^M \tag{7-90}$$

式中，M 是正整数。将该序列分为前后两个部分，根据式（7-89）得

$$
\begin{aligned}
X(k) &= \sum_{n=0}^{N-1} x(n) W_N(kn) \\
&= \sum_{n=0}^{N/2-1} x(n) W_N(kn) + \sum_{n=N/2}^{N-1} x(n) W_N(kn) \\
&= \sum_{n=0}^{N/2-1} x(n) W_N(kn) + \sum_{n=0}^{N/2-1} x\left(n+\frac{N}{2}\right) W_N\left(k\left(n+\frac{N}{2}\right)\right) \\
&= \sum_{n=0}^{N/2-1} \left[x(n) + W_N\left(\frac{kN}{2}\right) x\left(n+\frac{N}{2}\right) \right] W_N(kn) \\
&= \sum_{n=0}^{N/2-1} \left[x(n) + (-1)^k x\left(n+\frac{N}{2}\right) \right] W_N(kn)
\end{aligned}
\tag{7-91}
$$

当 k 为偶数时，$k=2r$，则

$$
\begin{aligned}
X(k) = X(2r) &= \sum_{n=0}^{N/2-1} \left[x(n) + x\left(n+\frac{N}{2}\right) \right] W_N(2rn) \\
&= \sum_{n=0}^{N/2-1} x_1(n) W_{N/2}(rn) = X_1(r)
\end{aligned}
\tag{7-92}
$$

式中，

$$
x_1(n) = x(n) + x\left(n+\frac{N}{2}\right) \tag{7-93}
$$

当 k 为奇数时，$k=2r+1$，则

$$
\begin{aligned}
X(k) = X(2r+1) &= \sum_{n=0}^{N/2-1} \left[x(n) - x\left(n+\frac{N}{2}\right) \right] W_N(n(2r+1)) \\
&= \sum_{n=0}^{N/2-1} \left[x(n) - x\left(n+\frac{N}{2}\right) \right] W_N(n) W_{N/2}(nr) \\
&= \sum_{n=0}^{N/2-1} x_2(n) W_{N/2}(rn) = X_2(r)
\end{aligned}
\tag{7-94}
$$

式中，

$$
x_2(n) = \left[x(n) - x\left(n+\frac{N}{2}\right) \right] W_N(n) \tag{7-95}
$$

式（7-92）~式（7-95）表明 N 点序列的离散傅里叶变换可由两个 $N/2$ 点序列傅里叶变换的和求得。这两个 $N/2$ 点序列分别为 $x_1(n)$ 和 $x_2(n)$，分别对应于原序列的偶数部分和奇数部分。图 7-7 所示是式（7-93）与式（7-95）的运算关系蝶形图。采用这种算法之后，每一个 $N/2$ 点的离散傅里叶变换需要 $N^2/4$ 次复数乘法运算，两个变换共需要 $N^2/2$ 次复数乘法运算。这与直接计算相比几乎节省了一半的运算量。

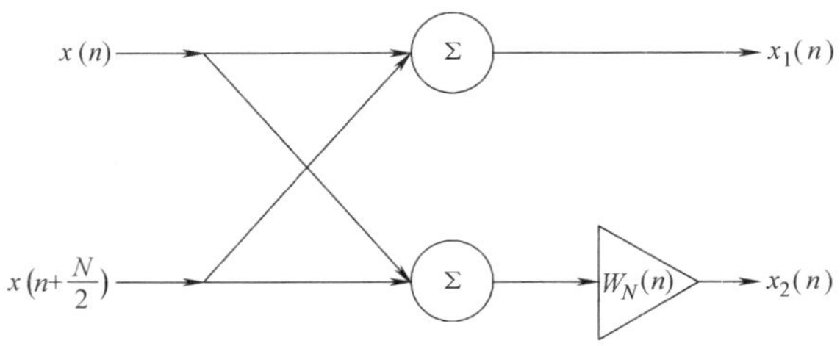

图 7-7　频率抽取基-2 的蝶形运算

因为 $N/2$ 仍然是偶数，可仿上述过程继续进行分解，直到分解为最后两个点为止。而两个点的离散傅里叶变换仍然可用图 7-7 所示的蝶形图来表示。这种方法每次都是按输出 $X(k)$ 在频域上的顺序是偶数还是奇数分解为两组，故称为基-2 的频率抽取法。通过分析可知，完成所有的运算需要 $(N\log_2 N)/2$ 次复数乘法和 $N\log_2 N$ 次复数加法运算。当 N 值越大时，这种算法的优势体现得越明显。

例 7-2　傅里叶变换的折叠特性。

计算 16 点采样信号的傅里叶变换，并分析其特性。采样信号为 x=[0.1　5.1　2.1　2.5　0.6　3.5　2.6　-0.2　2.5　-3.4　5.9　-0.2　-0.36　-4.6　2.8　0.9]，利用 MATLAB 的 fft 命令对该信号进行傅里叶变换，得到频谱的幅频图和相频图如图 7-8 所示。谱值如表 7-3 所示。

表 7-3　16 点傅里叶变换的谱值

序号	1	2	3	4	5	6	7	8
谱值	1.240	0.116 -0.684i	0.201 -0.357i	0.551 +0.068i	-0.660 +0.150i	-0.532 -0.406i	0.094 -0.032i	-0.734 -0.917i
序号	9	10	11	12	13	14	15	16
谱值	0.790	-0.734 +0.917i	0.094 +0.032i	-0.532 +0.406i	-0.660 -0.150i	0.551 -0.068i	0.201 +0.357i	0.116 +0.684i

从表 7-3 可知，第 1 点和第 9 点谱值为实数，而其余 14 个点的谱值均为复数。且第一个点的谱值为信号 x 的均值，即

$$X(1)=\frac{1}{16}\sum_{i=1}^{16}x_i \tag{7-96}$$

称为信号的直流分量。第 9 点值为

$$X(9)=\sum_{i=1}^{16}(-1)^{i+1}x_i \tag{7-97}$$

剩下 14 个谱值点，第 2 到第 8 与倒数第 16 到第 10 个点值关于第 9 点对称共轭，这从图 7-8 可明显看出，幅值是关于第 9 点轴对称的，而相位是关于第 9 点中心对称的。这种特性称为傅里叶变换的折叠特性。

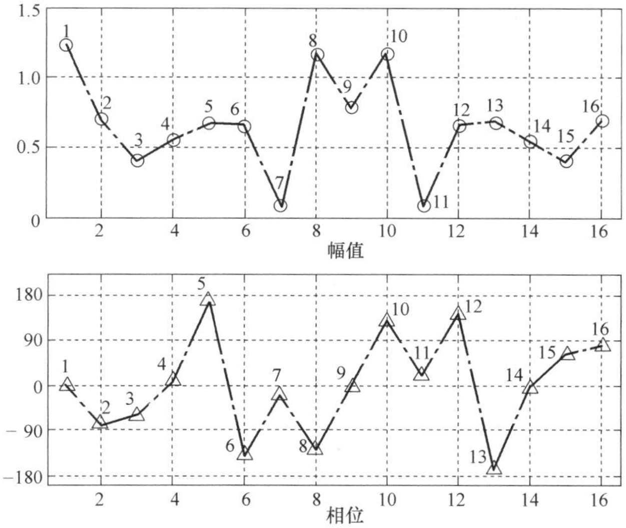

图 7-8　快速傅里叶变换的折叠特性

7.4　信号频域分析方法

有了傅里叶级数与傅里叶变换这两个工具，就可以更进一步地分析信号的频率成分了。最常用的两个概念是频谱分析和功率谱密度分析，频谱分析指的是通过傅里叶变换获

得信号幅值在频率域的分布特征，功率谱密度分析指的是获取信号平均功率在频率域上的分布。下面进行详细介绍。

7.4.1 频谱分析

根据上文，再次写出信号 $x(t)$ 的傅里叶变换

$$X(\omega)=\int_{-\infty}^{+\infty}x(t)\mathrm{e}^{-\mathrm{j}\omega t}\mathrm{d}t \tag{7-98}$$

一般而言，信号的傅里叶变换是复数，其模 $|X(\omega)|$ 对于频率的变化称为幅频特性，其相位 $\angle X(\omega)$ 对于频率的变化称为相频特性。式（7-98）存在的条件是信号 $x(t)$ 在时间域内绝对可积，即

$$\int_{-\infty}^{+\infty}|x(t)|<\infty \tag{7-99}$$

不论是时域信号 $x(t)$，还是其频谱 $X(\omega)$，描述的都是同一个信号，只是在不同的域里描述而已。通过它们表示的信号能量是相等的，这是毫无疑问的。即

$$\int_{-\infty}^{+\infty}x^2(t)\mathrm{d}t=\frac{1}{2\pi}\int_{-\infty}^{+\infty}|X(\omega)|^2\mathrm{d}\omega \tag{7-100}$$

式中，$|X(\omega)|^2$ 为能量谱密度，表示能量在频率域的分布情况。这就是著名的帕塞瓦尔定理，即时域的总能量等于频域的总能量。显然，要使该式成立，需得满足

$$\int_{-\infty}^{+\infty}x^2(t)\mathrm{d}t<\infty \tag{7-101}$$

即要求信号的总能量是有限的。这个条件在事实上不总是能够满足的，随机过程在整个时间域上的积分往往趋近于无穷大。但是，实际观测到的随机过程的各个样本函数却能够满足这样的要求。因为观测时间是有限的，我们用随机过程的平均功率分布来描述

$$P=\lim_{T\to\infty}\frac{1}{2T}\int_{-\infty}^{+\infty}|x(t)|^2\mathrm{d}t<\infty \tag{7-102}$$

下面引入功率谱密度的概念。

7.4.2 功率谱密度

设一随机过程 $X(t)$ 的某个样本函数为 $x_i(t)$，该样本函数不满足绝对可积条件。但是，可以对该函数加矩形窗，或者说乘以一个截尾函数，定义为

$$x_{Ti}(t)=\begin{cases}x_i(t) & |t|<T\\ 0 & |t|\geqslant T\end{cases} \tag{7-103}$$

这意味着只取信号在 $[-T,T]$ 时间段内的值，其他时间的值置为零。那么对于这段时间内的信号来说，它的傅里叶变换是存在的，即

$$X_{Ti}(\omega)=\int_{-\infty}^{+\infty}x_{Ti}(t)\mathrm{e}^{-\mathrm{j}\omega t}\mathrm{d}t=\int_{-T}^{T}x_{Ti}(t)\mathrm{e}^{-\mathrm{j}\omega t}\mathrm{d}t=\int_{-T}^{T}x_i(t)\mathrm{e}^{-\mathrm{j}\omega t}\mathrm{d}t \tag{7-104}$$

同样，时域的 x_{Ti} 也可以用傅里叶逆变换获得，即

$$x_{Ti}(t)=\frac{1}{2\pi}\int_{-\infty}^{+\infty}X_{Ti}(\omega)\mathrm{e}^{\mathrm{j}\omega t}\mathrm{d}\omega \tag{7-105}$$

前面说过，对于一个随机过程在全时间段上的能量是无穷的，但其平均功率是存在的。尤其是对上述的样本函数而言，其平均功率更是可以表示为

$$P_i = \lim_{T\to\infty}\frac{1}{2T}\int_{-T}^{T} x_i^2(t)\,\mathrm{d}t = \lim_{T\to\infty}\frac{1}{2T}\int_{-T}^{T} x_{Ti}^2(t)\,\mathrm{d}t \tag{7-106}$$

根据帕塞瓦尔定理，有

$$\begin{aligned} P_i &= \lim_{T\to\infty}\frac{1}{2T}\int_{-T}^{T} x_{Ti}^2(t)\,\mathrm{d}t \\ &= \lim_{T\to\infty}\frac{1}{2T}\int_{-T}^{T}\frac{1}{2\pi}|X_{Ti}(\omega)|^2\mathrm{d}\omega \\ &= \frac{1}{2\pi}\int_{-\infty}^{+\infty}\lim_{T\to\infty}\frac{1}{2T}|X_{Ti}(\omega)|^2\mathrm{d}\omega \end{aligned} \tag{7-107}$$

观察式（7-107），平均功率是某个值在频率域上的积分，记该值为

$$G_i(\omega) = \lim_{T\to\infty}\frac{1}{2T}|X_{Ti}(\omega)|^2 \tag{7-108}$$

则有

$$P_i = \frac{1}{2\pi}\int_{-\infty}^{+\infty} G_i(\omega)\,\mathrm{d}\omega \tag{7-109}$$

总结前面几个式子，P_i是样本函数 $x_i(t)$ 的平均功率，而 $G_i(\omega)$ 在整个频率域上的积分恰好等于该平均功率，所以 $G_i(\omega)$ 可看作是 $x_i(t)$ 的功率谱密度。需要注意的是，$x_i(t)$只是随机过程 $X(t)$ 的一个样本函数。对于同一个随机过程，不同的测试结果会有不同的样本函数，所以对应的 P_i和 $G_i(\omega)$ 也是不同的。由此可见，平均功率和功率谱密度也是随机的。在工程上，通常用平均法求取随机过程的功率谱密度。

对于所有的样本函数 $x(t,\ e)$，都有其频谱

$$X_T(\omega,e) = \int_{-\infty}^{+\infty} x(t,e)\,\mathrm{e}^{-\mathrm{j}\omega t}\mathrm{d}t \tag{7-110}$$

则每个样本函数的平均功率为

$$P(e) = \frac{1}{2\pi} = \int_{-\infty}^{+\infty}\lim_{T\to\infty}\frac{1}{2T}|X_T(\omega,e)|^2\mathrm{d}\omega \tag{7-111}$$

对样本函数的平均功率取数学期望，就可得到随机过程的平均功率

$$P = E[P(e)] = \frac{1}{2\pi}\int_{-\infty}^{+\infty} E\left[\lim_{T\to\infty}\frac{1}{2T}|X_T(\omega,e)|^2\right]\mathrm{d}\omega = \frac{1}{2\pi}\int_{-\infty}^{+\infty} G_X(\omega)\,\mathrm{d}\omega \tag{7-112}$$

式中，P 和 $G_X(\omega)$ 都是确定的，因此，随机过程的功率谱密度定义为

$$G_X(\omega) = E\left[\lim_{T\to\infty}\frac{1}{2T}|X_T(\omega)|^2\right] \tag{7-113}$$

随机过程的功率谱密度的另一定义是它与自相关函数是一对傅里叶变换对，即

$$\begin{aligned} G_X(\omega) &= \int_{-\infty}^{+\infty} R_X(\tau)\,\mathrm{e}^{-\mathrm{j}\omega\tau}\mathrm{d}\tau \\ R_X(\tau) &= \frac{1}{2\pi}\int_{-\infty}^{+\infty} G_X(\omega)\,\mathrm{e}^{-\mathrm{j}\omega\tau}\mathrm{d}\omega \end{aligned} \tag{7-114}$$

这就是维纳-辛钦定理严格的数学证明略。

功率谱密度从频率域描述了一个随机过程，可清晰地表述一个随机过程的频率构成。不同类型的时域信号有不同的功率谱密度，但同一类型的不同状态的时域信号可能对应相同的自功率谱密度。这是因为在功率谱密度分析中，忽略了信号的相位信息，只保留了幅值和频率信息。也就是说，同一个功率谱密度可能对应于不同的时域信号，这些信号可能有相位的差别，但是其幅值和频率的成分是一样的。工程中，由于频率值为非负，通常使用单边谱来表示信号的功率谱密度

$$\begin{aligned} &S_X(\omega)=2G_X(\omega), \omega\geqslant 0 \\ &S_X(\omega)=0, \qquad \omega<0 \end{aligned} \tag{7-115}$$

自功率谱密度曲线下的面积为信号的均方值，即

$$\int_{-\infty}^{+\infty} G_X(\omega)\,\mathrm{d}\omega = R_X(0) = E(x^2(t)) = \psi_X^2 \tag{7-116}$$

通常使用方均根值来表示信号的振动量级，通过功率谱密度求方均根值是常用的方法之一。

下面介绍三种功率谱密度的工程算法。

1. 定义法

对原始数据直接进行傅里叶分析得到功率谱密度。应用维纳-辛钦定理，随机过程的功率谱密度可以由自相关函数的傅里叶变换获得

$$\begin{aligned} G_X(\omega) &= \frac{1}{2\pi}\int_{-\infty}^{+\infty} R_X(\tau)\mathrm{e}^{-\mathrm{j}\omega\tau}\mathrm{d}\tau \\ &= \frac{1}{2\pi}\int_{-\infty}^{+\infty}\left[\frac{1}{T}\int_0^T x(t)\cdot x(t+\tau)\mathrm{d}t\right]\mathrm{e}^{-\mathrm{j}\omega\tau}\mathrm{d}\tau \\ &= \frac{1}{2\pi T}\int_{-\infty}^{+\infty}\int_0^T x(t)\mathrm{e}^{-\mathrm{j}\omega\tau}\mathrm{d}t\cdot x(t+\tau)\mathrm{e}^{-\mathrm{j}\omega(t+\tau)}\mathrm{d}(t+\tau) \\ &= \frac{1}{2\pi T}\int_{-\infty}^{+\infty} x(t+\tau)\mathrm{e}^{-\mathrm{j}\omega(t+\tau)}\mathrm{d}(t+\tau)\int_0^T x(t)\mathrm{e}^{-\mathrm{j}\omega t}\mathrm{d}t \end{aligned} \tag{7-117}$$

单边谱有

$$S_X(f) = \frac{2}{T}\int_0^T x(t)\mathrm{e}^{\mathrm{j}2\pi ft}\mathrm{d}t\int_0^{+\infty} x(t)\mathrm{e}^{-\mathrm{j}2\pi ft}\mathrm{d}t \tag{7-118}$$

依据采样定律对信号 $x(t)$ 进行采样，采样点数为 N，采样间隔为 h，则样本长度为 $T=Nh$。由采样参数之间的关系可知任一离散频率点的离散频率值 f_k 为

$$f_k = k\frac{1}{T} = \frac{k}{Nh}, \quad k=0,1,2,\cdots,N-1 \tag{7-119}$$

式中采样样本长度的倒数为频率分辨率，将式（7-118）离散化可得到单边功率谱在离散频率点上的离散值为

$$\begin{aligned} S_k(f) &= \frac{2}{Nh}\left[\sum_{n=0}^{N-1} x(nh)\mathrm{e}^{\mathrm{j}\frac{2\pi knh}{Nh}}h\right]\left[\sum_{n=0}^{N-1} x(nh)\mathrm{e}^{-\mathrm{j}\frac{2\pi knh}{Nh}}h\right] \\ &= \frac{2h}{N}\left(\sum_{n=0}^{N-1} x_n\mathrm{e}^{\mathrm{j}\frac{2\pi kn}{N}}\right)\left(\sum_{n=0}^{N-1} x_n\mathrm{e}^{-\mathrm{j}\frac{2\pi kn}{N}}\right) \end{aligned} \tag{7-120}$$

对于离散时间序列 x_n，其离散傅里叶变换为

$$X_k = \frac{1}{N}\sum_{n=0}^{N-1} x_n e^{-j\frac{2\pi kn}{N}} \tag{7-121}$$

共轭为

$$X_k^* = \frac{1}{N}\sum_{n=0}^{N-1} x_n e^{j\frac{2\pi kn}{N}} \tag{7-122}$$

所以由上面的公式可以直接求得单边功率谱密度函数为

$$S_k(f) = 2NhX_kX_k^* = 2Nh\,|X_k|^2,\quad k=0,1,\cdots,N-1 \tag{7-123}$$

2. 布莱克曼-图基法

设 x_n（$n=0$，1，…，$N-1$）是均值为零的平稳随机信号 x（t）进行等间隔采样后得到的 N 个离散值，当时间滞后 rh 的自相关函数 $R_X(rh)$ 的估计值为

$$R_X(rh) = \frac{1}{Nh}\sum_{n=0}^{N-1} x_n x_{n+r} h = \frac{1}{N}\sum_{n=0}^{N-1} x_n x_{n+r} = \frac{1}{N-r}\sum_{n=0}^{N-r-1} x_n x_{n+r},\quad r=1,2,\cdots,m \tag{7-124}$$

在（0，+∞）的频率范围内定义的单边自由度估计值为

$$S_X(k,h) = 2h\left[R_X(0,h) + 2\sum_{r=1}^{m-1} R_X(r,h)\cos\left(\frac{2\pi kr}{m}\right) + R_X(m,h)\right],\quad k=1,2,\cdots,\frac{m}{2} \tag{7-125}$$

3. 滤波法

功率谱密度与均方值的关系

$$\sigma_X^2 = E[x^2(t)] = \int_0^{+\infty} S_X(f)\,df \tag{7-126}$$

式中，$S_X(f)$ 是单边谱。将 $x(t)$ 通过中心频率为 f_0，带宽为 B_e 的窄带滤波器后，求此瞬时值 $x(f_0$，B_e，$t)$ 的二次方，然后再求平均并除以带宽 B_e，便可得到功率谱密度的估计值

$$S_X(f) = \frac{1}{B_e}E[x^2(f_0,B_e,t)] \tag{7-127}$$

功率谱密度估计的窄带滤波方法应用最早；相关函数方法可以由模拟量实现，也可以数字化。但随着 FFT 算法的出现，直接由信号的傅里叶变换求功率谱密度的数字化谱分析逐渐取代前两种方法，成为谱密度分析的主流方法。

例 7-3　计算如下加速度信号的功率谱密度：

$$x(t) = 2\sin(2\pi\cdot 300t) + \sin(2\pi\cdot 500t) + y_r$$

式中，y_r 是背景噪声。对信号进行数据采集，信号长度为 $N=1024$，采样频率为 $F_s=2048$Hz。则频率分辨率为 $df=2$Hz，采样间隔为 $dt=1/2048$s，采样时间为 $T=0.5$s。其时域信号如图 7-9 所示，MATLAB 程序如下：

（1）时域信号

```
Fs=2048;dt=1/Fs;N=1024;df=Fs/N;
t=(0:N-1)*dt;f=(0:N-1)*df;
x=2*sin(2*pi*500*t)+5*sin(2*pi*300*t)+.1*randn(1,N);% 时域信号
plot(t,x),xlabel('时间/s'),ylabel('幅值/g'),title('时域信号')
```

（2）单帧信号功率谱密度，无平均

将这 1024 个点做一次 FFT，并运用式（7-123）计算功率谱密度（见图 7-10），程序如下：

```
T=N/Fs;
X=fft(x,N)/N;
Sxx1=2*N*dt*X.*conj(X);
ptx=inline('10*log10(abs(x))');
plot(f(1:N/2),ptx(Sxx1(1:N/2))),title('N=1024,PSD,df=2Hz','fontsize',8)
xlabel('频率/Hz','fontsize',8),ylabel('幅值/dB/Hz','fontsize',8)
axis tight
```

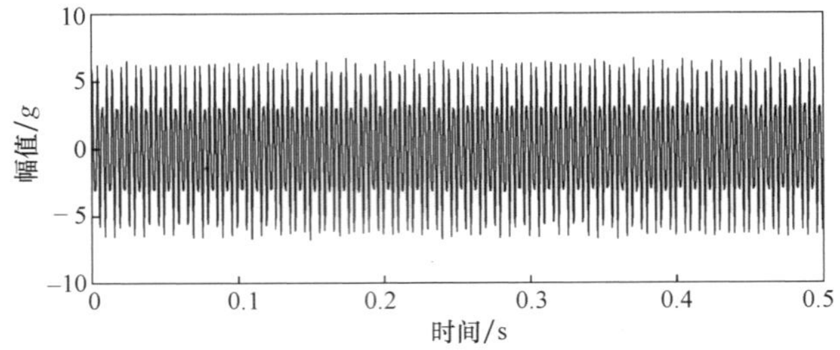

图 7-9　时域信号

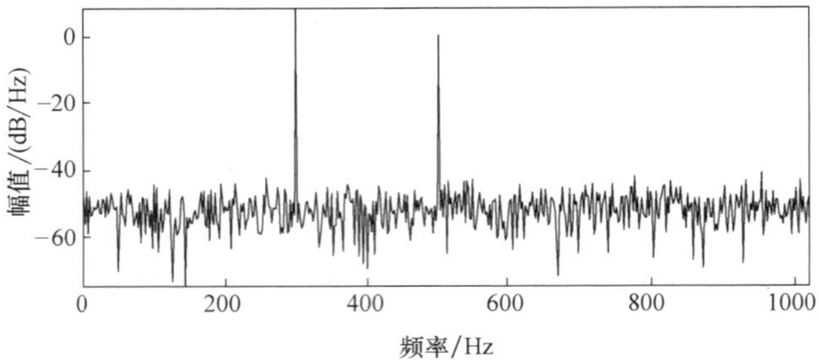

图 7-10　$N=1024$ 时单帧计算功率谱密度

（3）前 $N/4$ 个数据的 FFT

取前 $N/4$ 个点（256 个点）做 FFT，分析频带不变，则频率分辨率降低为原来的1/4，变为 8Hz。图 7-11 表示分辨率降低必然给功率谱估计带来很大的影响。

```
nc=N/4;
X=fft(x,nc)/nc;
Sxx2=2*nc*dt*X.*conj(X);
plot((0:nc/2-1)*Fs/nc,ptx(Sxx2(1:nc/2))),title('N=256,PSD,df=8Hz','fontsize',8)
xlabel('频率/Hz','fontsize',8),ylabel('幅值/dB/Hz','fontsize',8)
```

为此可以将数据补零至 N 个点，补零后频率分辨率提高了，但谱估计的误差仍然很严重。

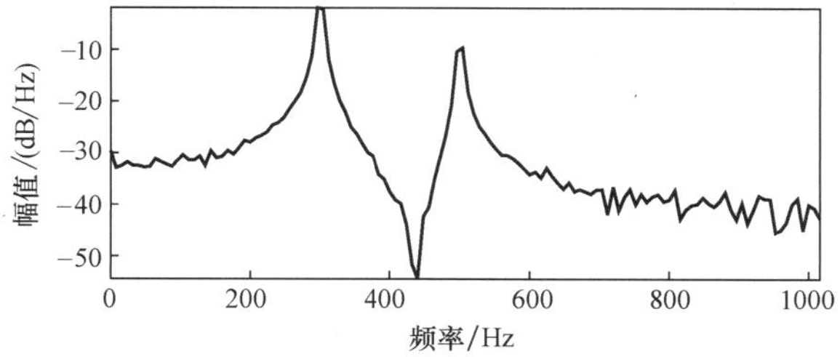

图 7-11 前 256 个点的 FFT

(4) 四段无重叠

将 1024 个点依次分为 4 段，每段 256 个点，分别做 4 次功率谱估计，然后取平均，如图 7-12 所示。

```
nc=N/4;
Sxx3=0;
for k=1:4
    X(k,:)= fft(x((k-1)*nc+1:k*nc),nc)/nc;
    S1(k,:)= 2*nc*dt*X(k,:).*conj(X(k,:));
    Sxx3=S1(k,:)+Sxx3;
end
Sxx3=Sxx3/4;
% subplot(323),
plot((0:nc/2-1)*Fs/nc,ptx(Sxx3(1:nc/2)))
title('N=256,4 段平均 PSD,无重叠,df=8Hz','fontsize',8)
xlabel('频率/Hz','fontsize',8),ylabel('幅值/dB/Hz','fontsize',8)
axis tight
```

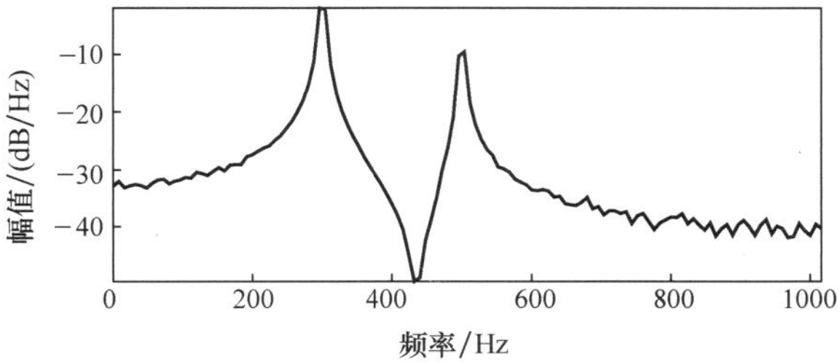

图 7-12 四段无重叠平均

(5) 六段 2∶1 重叠平均，不加窗

将 1024 个点分成六段，每段 256 个点，相邻两端有 128 个点重复，做 6 次功率谱估计，取平均，如图 7-13 所示。

```
nc=N/4;
Sxx4=0;
```

```
for k = 1:6
    X(k,:)= fft(x((1:nc)+(k-1) * nc/2),nc)/nc;
    S2(k,:)= 2 * nc * dt * X(k,:). * conj(X(k,:));
    Sxx4 = S2(k,:)+Sxx4;
end
Sxx4 = Sxx4/6;
% subplot(324),
plot((0:nc/2-1) * Fs/nc,ptx(Sxx4(1:nc/2))),
title('N = 256,128 点重叠,6 次平均 PSD,df = 8Hz','fontsize',8)
xlabel('频率/Hz','fontsize',8),ylabel('幅值/dB/Hz','fontsize',8)
axis tight
```

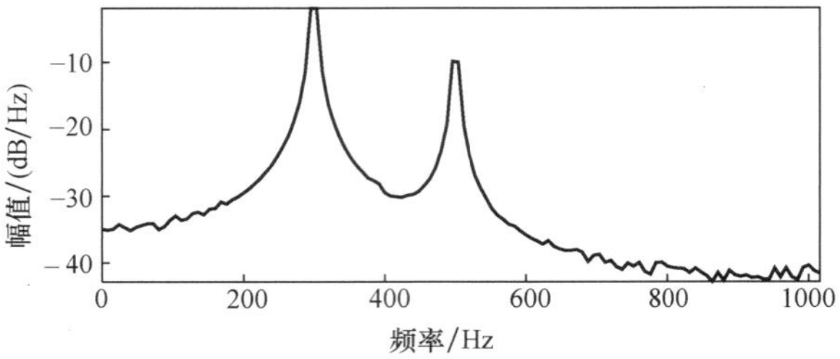

图 7-13　六段 2∶1 重叠平均，不加窗

（6）六段 2∶1 重叠平均，加窗（见图 7-14）

```
nc = N/4;
Sxx5 = 0;
hn = hanning(nc)';
kg = nc/norm(hn)^2;
for k = 1:6
    X(k,:)= fft(x((1:nc)+(k-1) * nc/2). * hn,nc) * kg/nc;
    S3(k,:)= 2 * nc * dt * X(k,:). * conj(X(k,:));
    Sxx5 = S3(k,:)+Sxx5;
end
Sxx5 = Sxx5/6;
% subplot(325),
plot((0:nc/2-1) * Fs/nc,ptx(Sxx5(1:nc/2))),
title('N = 256,128 点加汉宁窗重叠,6 次平均 PSD,df = 8Hz','fontsize',8)
xlabel('频率/Hz','fontsize',8),ylabel('幅值/dB/Hz','fontsize',8)
axis tight
hold on
```

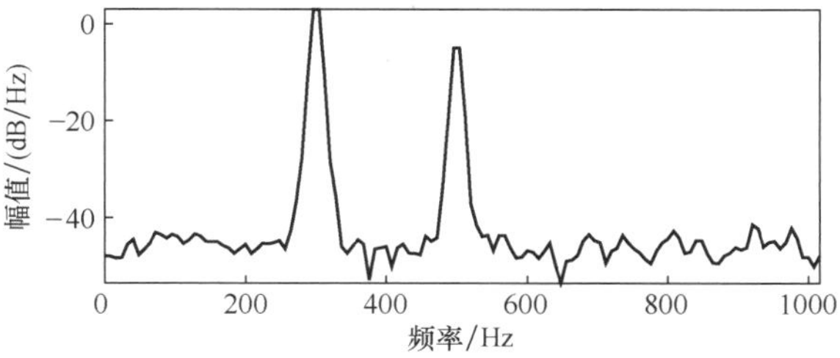

图 7-14 六段 2∶1 重叠平均，加窗

（7） Welch 法（见图 7-15）

```
nc=N/4;
hn=hanning(nc)';
noverlap=nc/2;
nfft=nc;
[Sxx6,f]=pwelch(x,hn,noverlap,nfft,Fs,'oneside');
% subplot(325),plot(f,ptx(Sxx6*nc/norm(hn)^2),':r'),
% subplot(326),
plot(f,ptx(Sxx6*nc/norm(hn)^2)),
title('Welch 法,汉宁窗,1/2 重叠,df=8Hz','fontsize',8)
xlabel('频率/Hz','fontsize',8),ylabel('幅值/dB/Hz','fontsize',8)
axis tight
```

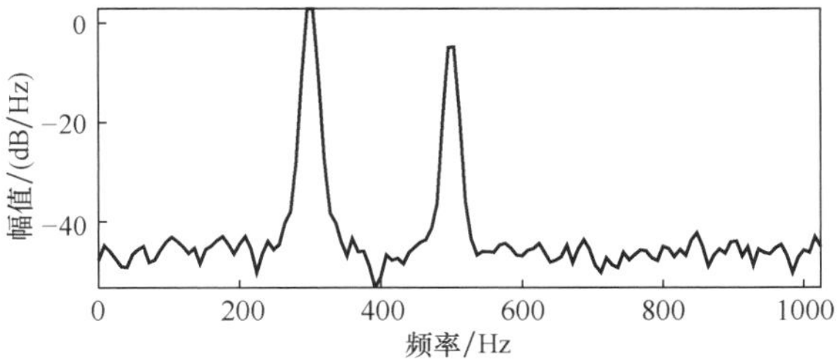

图 7-15 Welch 法求功率谱

7.5 信号时频分析方法

对于非平稳信号，不仅要知道其频率成分，还需知道某频率出现的时间点。前文所述的时域方法或谱分析方法都是基于全频域的，即知某信号的频率组成，但不能确切地显示随时间的变化关系。本节所介绍的内容就是能够处理非平稳信号的方法，称为时频分析方法，主要包括短时傅里叶变换和小波变换。

7.5.1 短时傅里叶变换

短时傅里叶变换（Short-Time Fourier Transform，STFT），是一种将非平稳信号进行时间分段并进行傅里叶分析的方法。非平稳信号在时间里程内无法使用传统的傅里叶变换，因为后者无法给出前者频率成分在时间上的分布。也就是说，傅里叶变换无法解决非平稳信号分析问题。但是它认为非平稳信号是有很多个平稳信号组成的，在整个时间内是非平稳的，但在某个小的时间段内却是平稳的。对这个短时间内平稳的信号进行傅里叶变换，再将分析时间移到另一个小的时间段，继续分析。依次重复这样的步骤，就可以得到整个时间段上的傅里叶分析。这种算法是通过选择一个窗函数实现的，即

$$STFT_x(t,\omega)=\int_{-\infty}^{+\infty}[x(\tau)g(\tau-t)]\mathrm{e}^{-\mathrm{j}\omega\tau}\mathrm{d}\tau \tag{7-128}$$

式中，$x(\tau)$ 是原信号；$g(\tau)$ 是窗函数；τ 是窗函数的平移时间。

图 7-16 所示为短时傅里叶变换过程的示意图，实线表示原始信号，三个类似半正弦函数的虚曲线表示窗函数。在 t_1 时刻加窗函数 $g(t-t_1)$，在 t_2 时刻加窗函数 $g(t-t_2)$，在 t_k 时刻加窗函数 $g(t-t_k)$。然后分别对加窗后的函数进行傅里叶变换，得到 k 个瞬时的傅里叶变换结果，这样最终我们得到了原始信号的时频分析结果。

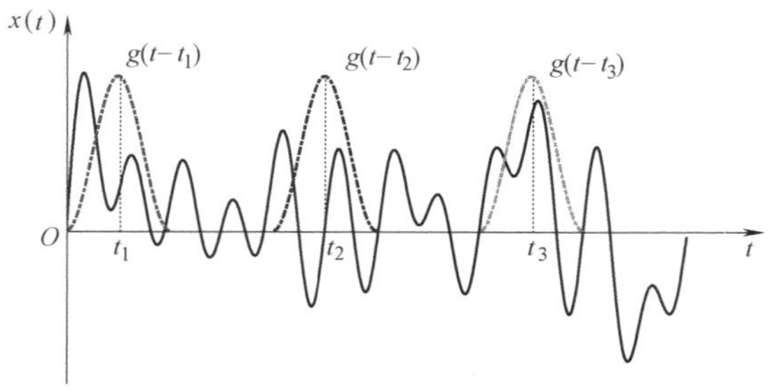

图 7-16　短时傅里叶变换过程的示意图

原则上，窗函数的宽度必须与假设平稳的短时间段相等，但这一条件往往是无法满足的。也就是短时傅里叶变换对信号要求较高，一旦窗函数 $g(t)$ 确定，其窗口大小也随之确定。如果信号的时变或频变小于窗口的宽度，则假设“短时平稳”就失去意义，此时再用短时傅里叶变换进行分析肯定不会得到理想的结果。其次，短时傅里叶变换没有快速算法。

7.5.2　小波变换的概念

小波变换（Wavelet Transform，WT）是一种新的变换分析方法，它继承和发展了短时傅里叶变换局部化的思想，同时又克服了窗口大小不随频率变化等缺点，能够提供一个随频率改变的“时间-频率”窗口，是进行信号时频分析和处理的理想工具。它通过变换充分突出问题某些方面的特征，对时间（空间）频率的局部化分析，通过伸缩平移运算对信号逐步进行多尺度细化，最终达到高频处时间细分，低频处频率细分，能自动适应时频信号分析的要求，从而可聚焦到信号的任意细节。

为得到能随频率改变的窗口，小波的波形应具有衰减性和波动性。设函数 $\phi(t)\in L^2(\mathbf{R})$ 的傅里叶变换为 $\hat{\phi}(\omega)$，其满足

$$\int_{-\infty}^{+\infty}\frac{|\hat{\phi}(\omega)|^2}{|\omega|}\mathrm{d}\omega<+\infty \tag{7-129}$$

称 $\phi(t)$ 为允许小波，式（7-129）称为允许性条件。其等价条件为

$$\int_{-\infty}^{+\infty}\phi(t)\,\mathrm{d}t=0 \tag{7-130}$$

满足该式的函数称为基小波或母小波。将基小波通过平移和伸缩而产生的函数族 $\{\phi_{a,b}\}$ 为

$$\phi_{a,b}(t)=\frac{1}{\sqrt{|a|}}\phi\left(\frac{t-b}{a}\right),\quad a,b\in\mathbf{R},a\neq 0 \tag{7-131}$$

式中，a 称为伸缩因子（又称尺度因子）；b 称为平移因子。之所以在变换前面乘上一个因子 $\frac{1}{\sqrt{|a|}}$ 是为了保证在伸缩过程中的能量归一。式（7-131）表明 $\phi(t)$ 具有振荡特性，它肯定包含了某些频率特性。因为 a 和 b 以及时间 t 都是连续型变量，所以 $\phi(t)$ 又称为连续小波。

设 $\{\phi_{a,b}\}$ 是由式（7-131）确定的小波函数，对任意函数 $x(t)\in L^2(\mathbf{R})$，它的小波变换定义为

$$WT_x(a,b)=\frac{1}{|\sqrt{a}|}\int_{-\infty}^{+\infty}x(t)\phi^*\left(\frac{t-b}{a}\right)\mathrm{d}t \tag{7-132}$$

该式称为连续小波变换。

与傅里叶变换或短时傅里叶变换相比，小波变换的窗函数更具优势，有着极其丰富的连续和离散形式。在短时傅里叶变换中，参数 ω 的大小与时频窗口的大小无关，即参数 ω 的变化与时窗的长度和宽度无关。当窗函数 $g(t)$ 确定时，时频窗口大小也随之确定。但在小波变换中，尺度因子 a 决定了信号 $x(t)$ 的尺度变化。当 $a>1$ 时，信号波形收缩；当 $0<a<1$ 时，信号波形伸展。时频窗口的长度和宽度随着 a 变化而变化，所以小波变换的实质就是以基小波的形式将信号 $x(t)$ 分解为不同频带的子信号。

表 7-4 给出了小波变换的一些性质。

表 7-4 小波变换的性质及其数学表示

性　质	数学表示或描述
线性性质	一个函数的连续小波变换等价于该函数各分量的连续小波变换
平移的共变性	连续小波变换在任何平移 b_0 下是共变或协变的，即若 $x(t)\Leftrightarrow WT_x(a,b)$，则 $x(t-b_0)\Leftrightarrow WT_x(a,b-b_0)$
伸缩的共变性	小波变换通过 a_0 的任何伸缩是共变的，若 $x(t)\Leftrightarrow WT_x(a,b)$，则 $x(a_0t)\Leftrightarrow\frac{1}{\sqrt{a_0}}WT_x(a_0,a,a_0b)$
微分性质	信号的 m 次微分的小波变换满足 $WT_{\phi_{a,b}}\left(\frac{\partial^m x(t)}{\partial t^m}\right)=(-1)^m\int_{-\infty}^{+\infty}x(t)\frac{\partial^m}{\partial t^m}[\phi_{a,b}^*(t)]\mathrm{d}t$
局域正则性	如果函数或信号在 t_0 处 m 阶连续可微，则有 $WT_x(a,b)\leqslant a^{m+1}a^{1/2}$
小波变换能量守恒	$\int_{-\infty}^{+\infty}\|x(t)\|^2\mathrm{d}t=\frac{1}{C_\phi}\int_{-\infty}^{+\infty}\int_{-\infty}^{+\infty}\|WT_x(a,b)\|^2\frac{\mathrm{d}a\mathrm{d}b}{a^2}$，其中 $C_\phi=\int_0^{+\infty}\frac{\|\phi(\omega)\|^2}{\omega}\mathrm{d}\omega$

7.5.3 几种常见的小波变换

下面介绍几种常见的小波及相应的小波变换。

1. Haar 小波

Haar 小波是已知小波中最简单的小波，1910 年由数学家 Haar 提出，是已知的最早的小波。它的形式很简单，即

$$\phi_{\mathrm{H}}(t)=\begin{cases}1 & 0\leqslant t<1/2\\ -1 & 1/2\leqslant t<1\\ 0 & 其他\end{cases} \tag{7-133}$$

函数波形如图 7-17 所示。对于 t 的平移，Haar 小波是正交的，即

$$\int_{-\infty}^{+\infty}\phi_{\mathrm{H}}(t)\phi_{\mathrm{H}}(t-n)\,\mathrm{d}t=0,\quad n=0,\pm1,\pm2,\cdots \tag{7-134}$$

从而 $\{\phi_H(t-n)\}_{n\in\mathbf{Z}}$形成一正交函数系。Haar 小波不是连续小波，在实际应用中优势并不明显，一般用 Haar 小波来解释小波变换的原理。

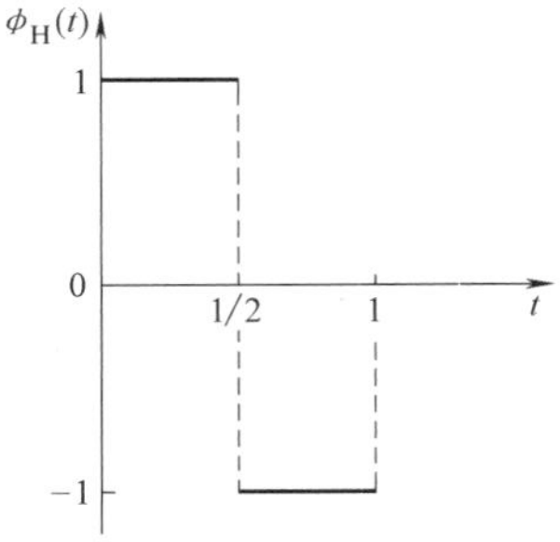

图 7-17　Haar 小波波形图

2. Mexico 草帽小波

Mexico 草帽小波因其波形像墨西哥草帽的剖面轮廓线而得名，如图 7-18 所示。它的表达式为

$$\phi(t)=\frac{1}{\sqrt{2\pi}}(1-t^2)\mathrm{e}^{-\frac{t^2}{2}},\quad -\infty<t<+\infty \tag{7-135}$$

Mexico 草帽小波是实值函数，具有对称性。

观察式（7-135）发现，Mexico 草帽小波就是高斯函数 $\mathrm{e}^{-\frac{t^2}{2}}$的二阶导数，它的普遍形式可由高斯函数的 m 阶导数给出，即

$$\phi_m(t)=(-1)^m\frac{\mathrm{d}^m}{\mathrm{d}t^m}\mathrm{e}^{-\frac{|t|^2}{2}} \tag{7-136}$$

相应的谱为

$$\hat{\phi}_m(t)=m(\mathrm{i}\omega)\mathrm{e}^{-\frac{|t|^2}{2}} \tag{7-137}$$

使用最广泛的 Mexico 草帽小波是取 m 为 2 的情形，它的 n 维形式是各向同性的，因而不能检测信号的不同方向。

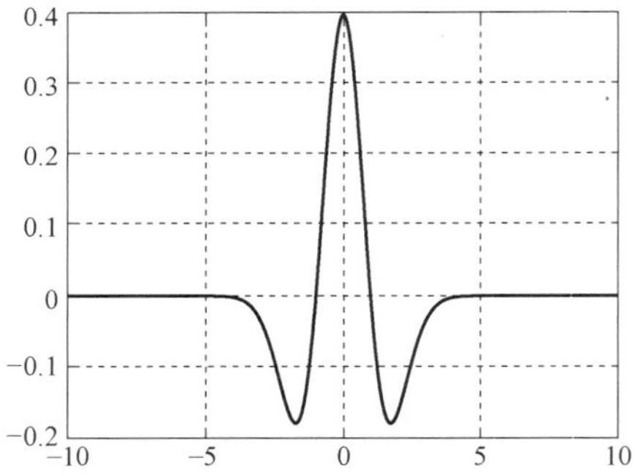

图 7-18　Mexico 草帽小波波形图

3. Morlet 小波

Morlet 小波是复值小波，以法国地球物理学家 Morlet 命名，表达式为

$$\phi(t)=\pi^{-\frac{1}{4}}(\mathrm{e}^{-\mathrm{j}\omega_0 t}-\mathrm{e}^{-\frac{\omega_0^2}{2}})\mathrm{e}^{-\frac{t^2}{2}} \tag{7-138}$$

可以证明，该小波是满足容许条件的。其傅里叶变换为

$$\hat{\phi}(\omega)=\pi^{-\frac{1}{4}}[\mathrm{e}^{-\frac{(\omega-\omega_0)^2}{2}}-\mathrm{e}^{-\frac{\omega_0^2}{2}}\mathrm{e}^{-\frac{\omega^2}{2}}] \tag{7-139}$$

观察该式，发现当 $\omega=0$ 时，$\hat{\phi}(0)=0$。而当 $\omega_0\geqslant5$ 时，$e^{-\frac{\omega_0^2}{2}}\approx0$，故可忽略式（7-139）的第二项。所以，Morlet 小波通常也可近似地表示为

$$\phi(t)=\pi^{-\frac{1}{4}}e^{-j\omega_0 t}e^{-\frac{t^2}{2}} \tag{7-140}$$

它的傅里叶变换为

$$\hat{\phi}(\omega)=\pi^{-\frac{1}{4}}e^{-\frac{(\omega-\omega_0)^2}{2}} \tag{7-141}$$

取 $\omega_0=5$，Morlet 小波图形如图 7-19 所示。因 Morlet 小波是复值小波，故其能提取被分析的时间过程或信号的幅值与相位信息。在实际应用中，也可以取 Morlet 小波的实部来进行小波分析，此时 Morlet 小波称为实值 Morlet 小波。

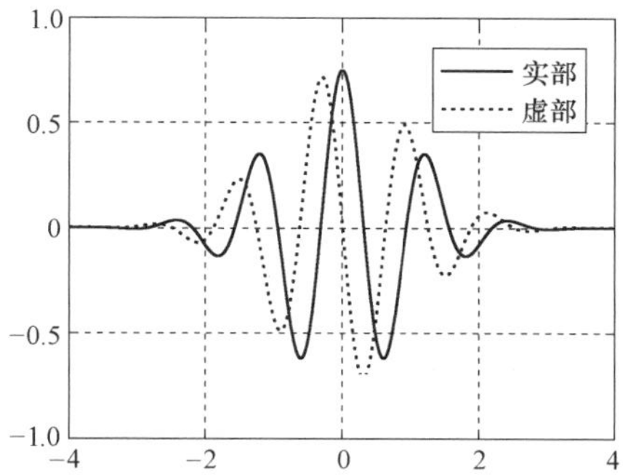

图 7-19 Morlet 小波波形图

4. Shannon 小波

Shannon 小波也是幅值小波，表达式为

$$\phi(t)=w^{\frac{1}{2}}\mathrm{sinc}(wt)e^{j2\pi f_0 t} \tag{7-142}$$

式中，w 代表 Shannon 小波的频带带宽；f_0 为频带中心。图 7-20 给出了当 $w=4$，$f_0=6$ 时的 Shannon 小波波形图。

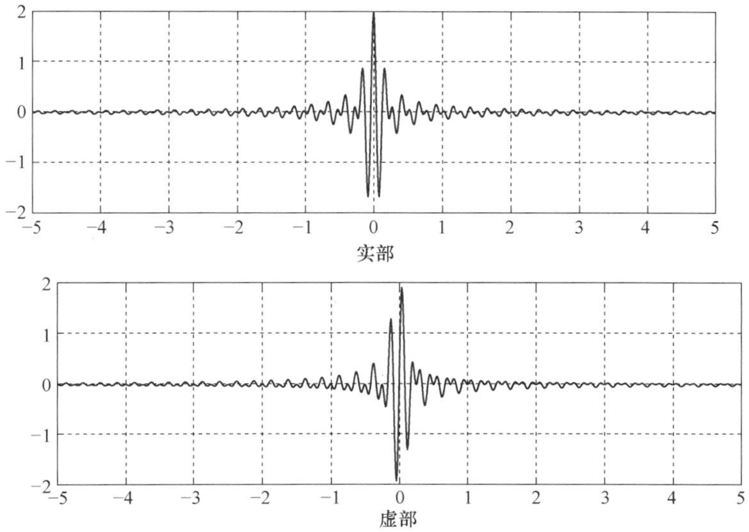

图 7-20 Shannon 小波波形图

5. 复频率 B-样条小波

复频率 B-样条小波的表达式为

$$\phi(t)=w^{\frac{1}{2}}\mathrm{sinc}^m\left(\frac{wt}{m}\right)e^{j2\pi f_0 t} \tag{7-143}$$

式中，w 代表复频率 B-样条小波的频带带宽；f_0 为频带中心；$m\geqslant1$ 为复频率 B-样条小波

的阶次。图 7-21 表示当 $w=4$、$f_0=6$、$m=2$ 时的复频率 B-样条小波波形图。

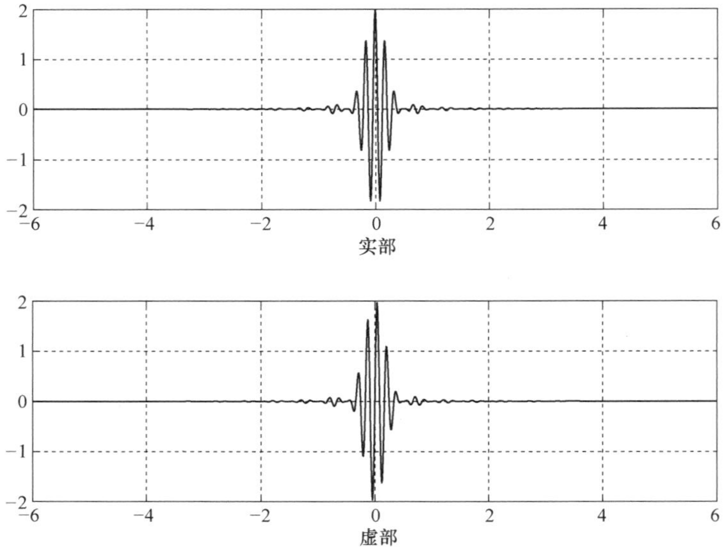

图 7-21 复频率 B-样条小波波形图

习 题

7-1 设计一巴特沃斯低通滤波器，要求在 20rad/s 处的幅频响应衰减不多于 -2dB；在 30rad/s 处的衰减大于 -10dB。

7-2 证明图 7-22a 所示的矩形窗信号的自相关函数是图 7-22b 所示的三角形。

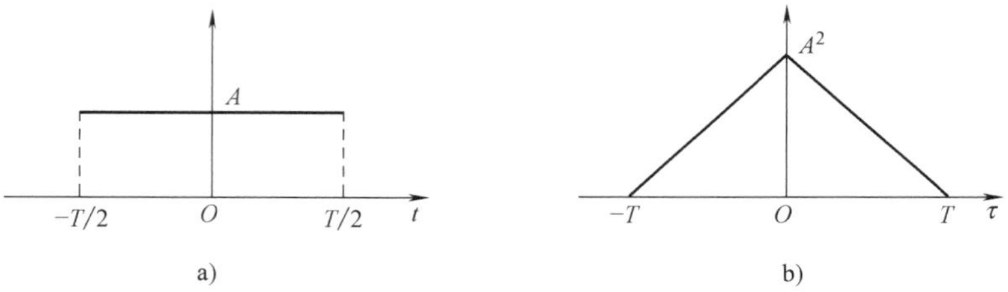

图 7-22 题 7-2 图

7-3 计算图 7-23 所示周期信号 $f(t)$ 的傅里叶变换系数 c_n，并计算信号的功率谱密度。

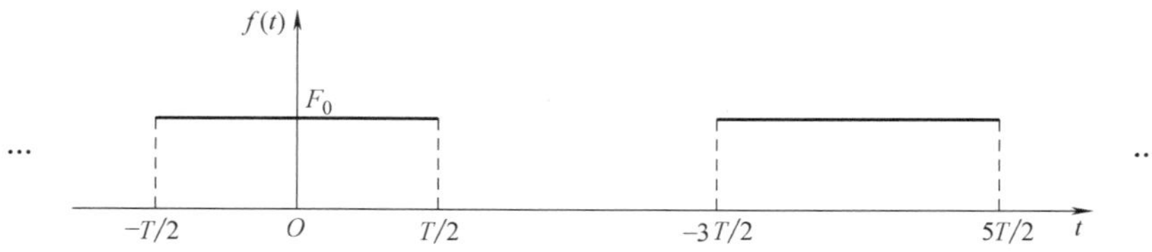

图 7-23

7-4　用傅里叶变换的形式表示信号的自相关函数。

7-5　用傅里叶变换的形式表示信号的均方值。

7-6　证明：频响函数 $H(\omega)$ 与单位脉冲响应函数 $f(t)$ 是傅里叶变换对。

7-7　已知正弦稳态信号

$$x=A_0+A_1\sin\omega t$$

求信号的期望值与均方值。

7-8　求余弦函数 $x(t)=A\cos t$ 的自相关函数，并画出图形。

7-9　已知某信号的功率谱密度如图 7-24 所示，求该信号的均方根值。

7-10　某随机信号的功率谱密度如图 7-25 所示，图中横坐标与纵坐标都是对数坐标，在 50～100Hz 之间的斜率为 6dB/oct，1000～2000Hz 之间的斜率为－6dB/oct。试画出在线性坐标下该信号的功率谱密度，并求其均方根值。

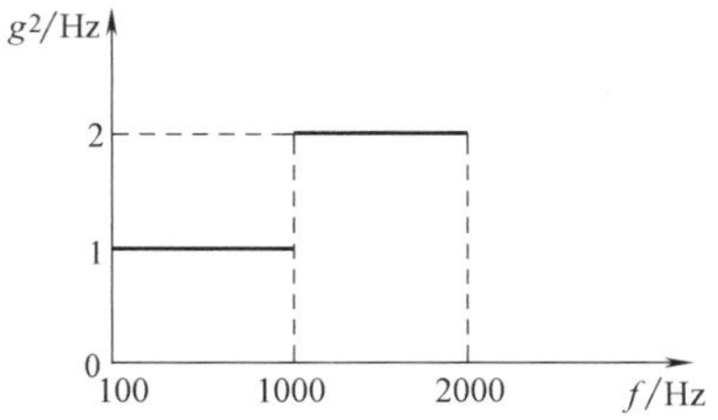

图 7-24　题 7-9 图

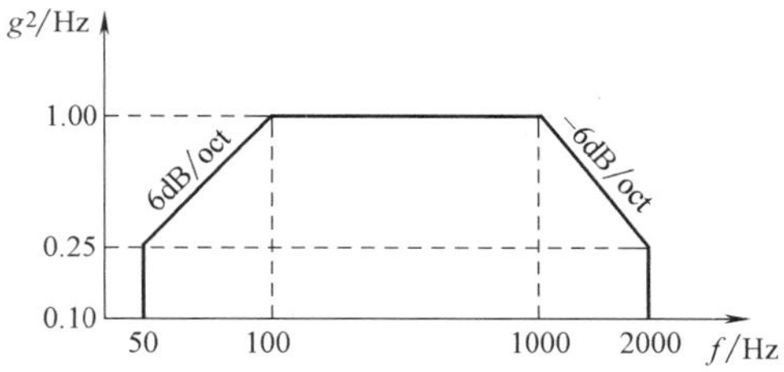

图 7-25　题 7-10 图

7-11　利用短时傅里叶变换求信号 $s(t)=\mathrm{e}^{\mathrm{j}\omega_0 t}$ 在高斯窗 $g(t)=\left(\dfrac{a}{\pi}\right)^{1/4}\mathrm{e}^{-\frac{at^2}{2}}$ 下的频谱图。

7-12　利用短时傅里叶变换求信号 $s(t)=(\beta/\pi)^{1/4}\mathrm{e}^{-\beta t^2/2}$ 在高斯窗 $g(t)=\left(\dfrac{a}{\pi}\right)^{1/4}\mathrm{e}^{-\frac{at^2}{2}}$ 下的频谱图。

7-13　设函数 $\psi(t)$ 为允许小波，其傅里叶变换 $\hat{\psi}(\omega)$ 满足

$$C_\psi=\int_{-\infty}^{+\infty}\frac{|\hat{\psi}(\omega)|^2}{|\omega|}\mathrm{d}\omega<\infty$$

其中，$\hat{\psi}(\omega)\int_{-\infty}^{+\infty}\psi(t)\mathrm{e}^{-\mathrm{j}\omega t}\mathrm{d}t$。证明：对于一切函数 $f(t)$，$g(t)\in L^2(\mathbf{R})$ 有

$$C_\psi\langle f,g\rangle=\iint_{-\infty}^{+\infty}WT_f(a,b)WT_g^*(a,b)\frac{\mathrm{d}a\mathrm{d}b}{a^2}$$

$$f(t)=\frac{1}{C_\psi}\iint_{-\infty}^{+\infty}WT_f(a,b)\psi_{a,b}(t)\frac{\mathrm{d}a\mathrm{d}b}{a^2}$$

参考文献

[1] 季文美，方同，陈松淇. 机械振动［M］. 北京：科学出版社，1985.

[2] 倪振华. 振动力学［M］. 西安：西安交通大学出版社，1989.

[3] 大崎顺彦. 振动理论［M］. 谢礼立，译. 北京：地震出版社，1990.

[4] 胡志强，法庆衍，洪宝林，等. 随机振动试验应用技术［M］. 北京：中国计量出版社，1996.

[5] 刘延柱，陈文良，陈立群. 振动力学［M］. 北京：高等教育出版社，1998.

[6] 俞卞章. 数字信号处理［M］. 西安：西北工业大学出版社，2002.

[7] 王济，胡晓. MATLAB 在振动信号处理中的应用［M］. 北京：知识产权出版社，2006.

[8] 胡海岩. 机械振动基础［M］. 北京：北京航空航天大学出版社，2008.

[9] THOMASON W T，DAHLEH M D. 振动理论［M］. 5 版. 北京：清华大学出版社，2008.

[10] 王勖成. 有限单元法［M］. 北京：清华大学出版社，2009.

[11] RAO S S. 机械振动［M］. 李欣业，张明路，译. 北京：清华大学出版社，2009.

[12] 张义民，李鹤. 机械振动学基础［M］. 北京：高等教育出版社，2010.

[13] BENDAT J S，PIERSOL A G. Random Data：Analysis and Measurement Procedures［M］. Hoboken：John Wiley & Sons，Inc.，2010.

[14] 张雄，王天舒. 计算动力学［M］. 北京：清华大学出版社，2011.

[15] 闻邦椿，刘树英，张纯宇. 机械振动学［M］. 北京：冶金工业出版社，2011.

[16] 吴天行，华宏星. 机械振动［M］. 北京：清华大学出版社，2014.

[17] 岩壶卓三，松久寛. 振動工学の基礎［M］. 东京：森北出版株式会社，2014.

[18] 刘习军，贾启芬，张素侠. 振动理论及工程应用［M］. 2 版. 北京：机械工业出版社，2018.